C++ 沉思录

Ruminations on C++

[美] 安德鲁 · 凯尼格（Andrew Koenig） 芭芭拉 · 摩尔（Barbara Moo）◎ 著
黄晓春 ◎ 译　　　孟岩 ◎ 审校

U0277523

人民邮电出版社

北　京

图书在版编目（CIP）数据

C++沉思录 / （美）安德鲁·凯尼格
（Andrew Koenig），（美）芭芭拉·摩尔（Barbara Moo）
著；黄晓春译. -- 北京：人民邮电出版社，2020.8（2023.10重印）
ISBN 978-7-115-52126-2

Ⅰ. ①C⋯ Ⅱ. ①安⋯ ②芭⋯ ③黄⋯ Ⅲ. ①C++语言
—程序设计 Ⅳ. ①TP312.8

中国版本图书馆CIP数据核字(2019)第217857号

◆ 著 ［美］安德鲁·凯尼格（Andrew Koenig）
　　　　　［美］芭芭拉·摩尔（Barbara Moo）
　 译 黄晓春
　 审　校 孟　岩
　 责任编辑 傅道坤
　 责任印制 王　郁　焦志炜

◆ 人民邮电出版社出版发行　北京市丰台区成寿寺路 11 号
　 邮编 100164　电子邮件 315@ptpress.com.cn
　 网址 https://www.ptpress.com.cn
　 三河市君旺印务有限公司印刷

◆ 开本：800×1000　1/16
　 印张：22.25　　　　　　　　　　2020 年 8 月第 1 版
　 字数：476 千字　　　　　　　　2023 年10月河北第 7 次印刷
　 著作权合同登记号　图字：01-2002-1080 号

定价：89.00 元
读者服务热线：(010)81055410　印装质量热线：(010)81055316
反盗版热线：(010)81055315
广告经营许可证：京东市监广登字 20170147 号

内容提要

　　本书基于作者在知名技术杂志发表的技术文章、世界各地发表的演讲以及斯坦福大学的课程讲义整理、写作而成，融聚了作者 10 多年 C++程序生涯的真知灼见。

　　本书分为 6 篇，共 32 章，分别对 C++语言的历史和特点、类和继承、STL 与泛型编程、库的设计等几大技术话题进行了详细而深入的讨论，细微之处几乎涵盖了 C++所有的设计思想和技术细节。本书通过精心挑选的实例，向读者传达先进的程序设计方法和理念。

　　本书适合有一定经验的 C++程序员阅读学习，可以帮助他们提升技术能力，成为 C++程序设计的高手。

作者简介

Andrew Koenig

AT&T 大规模程序研发部（前贝尔实验室）成员。他从 1986 年开始从事 C 语言的研究，1977 年加入贝尔实验室。他编写了一些早期的类库，并在 1988 年组织召开了第一个具有相当规模的 C++会议。在 ISO/ANSI C++委员会成立的 1989 年，他就加入了该委员会，并一直担任项目编辑。他已经发表了 100 多篇 C++方面的论文，并在 Addsion-Wesley 出版了 *C Traps and Pitfalls* 一书（中文版名为《C 缺陷与陷阱》，由人民邮电出版社出版），还应邀到世界各地演讲。

Barbara Moo

AT&T 网络体系结构部门负责人。在 1983 年加入贝尔实验室不久，她开始从事 Fortran 77 编译器的研究工作，这是第一个用 C++编写的商业产品。她一直负责 AT&T 的 C++编译器项目，直到 AT&T 卖掉它的软件业务。她还为 SIG 会议、Lund 技术学院和斯坦福大学提供辅导课程。

Anderw Koenig 和 Barbara Moo 不仅有着多年的 C++开发、研究和教学经验，而且还亲身参与了 C++的演化和变革，对 C++的变化和发展产生了重要的影响。

中文版序

　　这是一本关于 C++程序设计的图书。说得具体些，它首先是一本关于程序设计的书，其次才是一本关于 C++的书。从这个意义上讲，本书与市面上大部分 C++图书不一样，那些书所关注的是语言本身，而不是如何运用这种语言。

　　识字最多的人一定是最好的作家吗？能演奏最多音符的人一定是最好的音乐家吗？最勤于挥舞画笔的人一定是最好的画家吗？显然不是——这些观点极其荒谬。然而，我们却经常认为，那些了解最多语言特性的人就是最好的程序员。这一看法同样是荒谬的：编程工作中最困难的部分并不是去学习语言细节，而是理解问题的解决之道。

　　本书对于语言本身并没有着墨太多，相反，本书谈了很多关于程序设计技术方面的话题。一个作家必须学习如何讲述故事，同样，一个程序员也必须学习如何分析问题。本书包含了大量的问题，以及针对这些问题的解决方案。认真地研习这些内容[1]，将会有助于你成为更出色的程序员。

　　本书所展示的解决方案有一个共同的思想，那就是抽象——集中注意力，只关注问题中那些在当前背景下最为重要的部分。可以说，如果不以某种方式进行抽象，你就不可能编写任何计算机程序，只此一点已经足以使"抽象"成为程序设计中最重要的单个思想。C++支持好几种不同的抽象形式，其中最著名的有抽象数据类型（Abstract Data Type，ADT）、面向对象程序设计和泛型程序设计。

　　在本书出版时，泛型程序设计还没有得到广泛的认知。短短几年后，STL（Standard Template Library，标准模板库）成为了 C++标准库的一部分，这一思想也已经非常流行。所有这些使得本书中的思想随着时间的推移而越来越重要。

　　希望你能运用这些思想去理解一堆拼凑的代码与一个抽象之间的差别——这种差别就好像一堆辞藻与一篇文章、一堆音符与一支歌曲、一纸涂鸦与一幅图画之间的差别一样。

Andrew Koenig

Barbara Moo

2002 年 10 月

美国新泽西州吉列市

---

[1] 这里"研习"一词，原文是 study。ACCU 主席 Francis Glassborow 曾经说过，所谓 study，就是"阅读，学习，再阅读，再学习，反复阅读和学习，直到彻底理解"。——译者注

Preface to the Chinese Edition

This is a book about programming in C++. In particular, it is first a book about programming and then a book about C++. In that sense, it is very different from most books about C++, which concentrate on what the language is rather than on how to use it.

Is the best author the one who knows the most words? Is the best musician the one who can play the most notes? Is the best painting the one with the most brush strokes? Of course not—these ideas are very absurd. Yet too often, we think that the best programmers are the ones who know the most language features. This idea is equally absurd: The hard part of programming is not learning the details of language features—it is understanding how to solve problems.

This book doesn't talk much about language features. Instead, it talks about programming techniques. Just as a writer must learn how to tell a story, a programmer must learn how to analyze a problem. Accordingly, this book is full of problems and their solutions. Studying them is one way to become a better programmer.

Most of the solutions in this book share the idea of abstraction—concentrating one's attention on just the parts of a problem that are important in the current context. It is impossible to write computer programs without using abstraction in one way or another, a fact that makes abstraction the most important single idea in programming. C++ supports abstraction in several forms, the best known of which are abstract data types, object-oriented programming, and generic programming.

Generic programming was not a widely known idea when we published this book. The idea became popular only a few years later, when the STL (Standard Template Library), a library designed to support generic programming, became part of the C++ standard library. As a result, the ideas in this book have become more important with time.

We hope that you can use these ideas to understand the difference between a pile of code and an abstraction—a difference that is as important as the difference between a pile of words and a story, or a pile of notes and a song, or a pile of brush strokes and a painting.

Andrew Koenig
Barbara Moo
Gillette, New Jersey, USA
October, 2002

大师的沉思

——读 C++经典著作 *Ruminations on C++*有感

  人民邮电出版社即将推出 C++编程领域的又一部经典著作 *Ruminations on C++*中文版——《C++沉思录》。作为一个普通的 C++程序员，很荣幸能有机会成为本书中文版的第一个读者，先饱眼福。原书英文版我有，也时不时拿出来翻看，但是随意的摘读与通篇的浏览不同，通篇的浏览与技术审校又不同，此番对照中英文，从头到尾把此书读过一遍，想过一遍，确实是收获丰厚，感慨良多。

  本书作者不需要我去过多地介绍。虽然我们不赞成论资排辈的习气，但是所谓公道自在人心，Andrew Koenig 在 C++的发展历史中具有不可置疑的权威地位。作为 Bjarne Stroustrup 的亲密朋友兼 ANSI C++标准委员会的项目编辑，Koenig 在 C++的整个发展过程中发挥了极其重要的作用，是 C++社群中最受尊敬的大师之一。特别值得一提的是，在 C++大师中，Koenig 的教学实践和文字能力历来备受好评，在前后十几年的时间里，他在各大技术刊物上发表了近百篇 C++技术文章。这些文章长时间以来以其朴实而又精深的思想、准确而又权威的论述、高屋建瓴而又平易近人的表达方式，成为业界公认的"正统 C++之声"。本书第二作者 Barbara Moo 是 Koenig 的夫人，也是他在贝尔实验室的同事，曾经领导 AT&T 的 Fortran 77 和 CFront 编译器项目，可谓计算机科学领域中的巾帼英雄。本书正是在 Barbara Moo 的建议下，由两人共同从 Koenig 所发表的文章中精选、编修、升华而成的一本结集之作。由于本书源自杂志的专栏文章，因此内容具有可读性高、知识密度大、表现力强等特点。更重要的是，这些文章是在发表之后若干年由原作者挑选出来，在经过了多年的沉淀和反思后重新编辑整理的。由于融入了作者多年的心得与思考，自然有一种千锤百炼的韧性和纯度。也正因为如此，作者当仁不让地把本书命名为 *Ruminations on C++*。rumination 一词充分显现出作者的自信和对本书的珍爱。

  这两位 C++发展史上的重要人物夫唱妇随，一同出版著作，本身就足以引起整个 C++社群的高度重视，而本书不平凡的来历和出版之后 5 年间所获得的极高赞誉，更加确立了它在 C++技术图书中的经典地位。Bjarne Stroustrup 在他的主页上特别推荐人们去阅读这本书，

ACCU 的主席 Francis Glassborow 在书评中向读者热诚地推荐本书，说"我对这本书没什么更多可说的，因为每个 C++程序员都应该去读这本书。如果你在阅读的过程中既没有感到快乐，又没学到什么东西，那你可真是罕见的人物"。而著名 C++专家 Chuck Allison 在他自己的书 *C & C++ Code Capsules*（中文版《C 和 C++代码精粹》，由人民邮电出版社出版）中，更是直截了当地说："对我来说，这是我所有的 C++藏书中最好的一本。"

对我来说，合适地评价本书超出了我现在的能力。究竟它能够为我的学习和工作带来怎样的启发，还需要更长时间的实践来验证。不过就目前而言，本书的一些特色已经给我留下了深刻的印象。

一方面，作者对 C++的见识高屋建瓴，对 C++的设计理念和实际应用有非常清晰的观点。众多纷繁复杂的 C++特性如何组合运用，如何有效运作，什么是主流，什么是旁支，哪些是通用技术，哪些是特殊的技巧，在本书中都有清晰明白的介绍。我们都知道，C++有自己的一套思想体系，它虽然有庞大的体系、繁多的特性、无穷无尽的技术组合能力，但是其核心理念也是很朴实、很简单的。掌握了 C++的核心理念，在实践中就会有"主心骨"，有自己的技术判断力。但是在很多 C++图书甚至某些经典名著中，C++的核心理念被纷繁的技术细节所遮掩，变得模糊不清，读者很容易偏重于技术细节，最后深陷其中，不能自拔。而在本书中，作者毫不含糊地把 C++的核心观念展现在读者面前，为读者引导方向。本书中多次强调，C++最基本的设计理念就是用类来表示概念，C++解决复杂性的基本原则是抽象，面向对象思想是C++的手段之一，而不是全部；等等。这些言论可以说是掷地有声，对很多程序员来说是一剂纠偏良药。

另一方面，本书在 C++的教学方式上有独到之妙。作者循循善诱，娓娓道来，所举的例子虽然小，但是非常典型，切中要害，让你花费不大的精力就可以掌握相当多的知识。比如本书关于面向对象编程先后只讲了几项技术，举了两个例子，但是细细读来，就会对 C++面向对象编程有一个基本的正确观念，知道应该用具体类型来隐藏一个派生层次，知道应该如何处理动态内存管理的问题。从这一点点内容中能够得到的收获，比看一大堆厚书都来得清晰深刻。本书对于 STL 的介绍更是独具匠心。作者不是一上来就讲 STL，而是把 STL 之前的那些类似技术一一道来，把优点和缺点讲清楚，然后从道理上给你讲清楚 STL 的设计和运用，让你不仅知其然而且知其所以然，做到胸有成竹。

本书尽管不厚，但重要的并不是本书教给了你什么技术。所谓授人以鱼不如授人以渔。本书最大的特点就在于，它不仅仅告诉你什么是答案，更重要的是告诉你思考的方法，以及解决问题的步骤和方向。本书包含了大量宝贵的建议，正是这些建议为本书增添了永不磨灭的价值。Francis Glassborow 甚至说，仅仅本书第 32 章给出的建议，就足以体现全书的价值。

当前，C++位于其发展历史中一个非常重要的时期。一方面，它受到了不公正的质疑和诋毁，个别新兴语言的狂热拥护者甚至迫不及待地想宣布 C++的死讯。而另一方面，C++在学术界和工业界中稳定地发展，符合 ISO 标准的 C++编译器呼之欲出，人们对于 C++特性的合理运用的认识也越来越丰富，越来越成熟和全面。事实上，根据我个人从业界了解到的情况，以及从近期 C++出版物的内容和质量上看，C++经过这么多年的积淀，已经进入真正的成熟发展时期，它的步子越来越稳健，思路越来越清晰，越来越演化为一种强大而又实用的编程语言。作为工业界的基础技术，C++还将在很长的一段时间里扮演不可替代的重要角色。因此，本书也会在很长的时间里伴随我们的学习与实践，并且引导我们以正确的观点看待技术的发展，帮助我们中国程序员形成属于我们自己的、成熟的、独立的技术判断力。

孟　岩

2002 年 10 月

原由

1988 年初，大概是我刚刚写完 *C Traps and Pitfalls*（《C 陷阱与缺陷》）的时候，Bjarne Stroustrup 跑来告诉我，他刚刚被邀请加入了一个新杂志的编委会，那个杂志名为《面向对象编程月刊》（*Journal of Object-Oriented Programming，JOOP*）。该杂志试图在那些面孔冰冷的学术期刊与满是产品介绍和广告的庸俗杂志之间寻求一个折中。他们在找一个 C++ 专栏作家，问我是否感兴趣。

那时，C++ 对于编程界的重要影响才刚刚开始。USENIX 才刚刚在新墨西哥圣达菲举办了第一届 C++ 交流会。他们预期有 50 人参加，结果到场了 200 人。更多的人希望搭上 C++ 的快车，这意味着 C++ 社群急需一个准确而理智的声音，去对抗必然汹涌而至的谣言大潮。需要有人能够在谣言和实质之间明辨是非，在任何混乱之中保持冷静的头脑。无论如何，我顶了上去。

在写下这些话的时候，我正在构思为 *JOOP* 撰写的第 63 期专栏。这个专栏每期或者每两期就会刊登一次。其间，我也有过非常想中断的念头，特别幸运的是，Jonathan Shopiro 接替了我。偶尔，我只是写一些当期专栏的介绍，然后到卓越的丹麦计算机科学家 Bjørn Stavtrup[1] 那里去求助。此外，Livleen Singh 曾跟我谈起为季刊 *C++ Journal* 撰写稿件的事，那个杂志在发行 6 期之后停刊了。Stanley Lippman 也甜言蜜语地哄着我在 *C++ Report* 上开设专栏，当时这本杂志刚刚从一份简陋的通信时刊正式成为成熟的杂志。加上我在 *C++ Report* 上发表的 29 篇专栏文章，我一共发表了 98 篇文章。

在这些杂志刊物里，刊载着大量的材料。如果这些文章单独看来是有用的，那么集结起

---

[1] 就是 C++ 创造者 Bjarne Stroustrup，这里可能是丹麦文。——译者注

来应该会更有用。所以，Barbara[1]和我（主要是 Barbara）重新回顾了所有的专栏，选择出其中最好的文章，并根据一致性和连续性的原则进行了增补和重写。

本书正是你所需的又一本 C++图书

既然你已经知道了本书的由来，我就再讲讲为什么要选择这本书，而不是其他的 C++图书。众所周知，有关 C++方面的图书太多了，为什么要选这一本呢？

第一个原因是，我想你们会喜欢它。大部分 C++图书都没有顾及这点：它们应该是基于科目教学式的。吸引人最多不过是次要目标。

杂志专栏则不同。我猜想肯定会有一些人站在书店里，手里拿着一本 JOOP，扫一眼 Koenig 的专栏之后，便立刻决定购买整本杂志。但是，要是我自认为这种情况很多的话，就未免太狂妄自大了。绝大多数读者是在买了书之后才读我的专栏的，也就是说他们有绝对的自由来决定是否读我的专栏。所以，我得让我的每期专栏都货真价实。

本书不对那些晦涩生僻的细节进行琐碎烦人的长篇大论。初学者不应该指望只读本书就能学会 C++。具备了一定基础的人，比如已经知道几种编程语言的人，以及已经体会到如何通过阅读代码就能推断出一门新语言的规则的人，将能够通过本书对 C++有所了解。大部分从头开始学习的读者应该先读 Bjarne Stroustrup 的 *The C++ Programming Language* 或者 Stanley Lippman 的 *C++ Primer*，然后再读本书，这样效果可能会更好。

这是一本关于思想和技术的书，不关乎具体细节。如果你试图了解怎样用虚基类实现向后翻腾两周半，就请到别处去找吧。这里所能找到的是许多等待你去阅读分析的代码。请试一试这些范例。根据我们的课堂经验，想办法使这些程序运行起来，然后加以改进，能够很好地巩固你的理解。

如果你已经对 C++有所了解，那么本书不仅能让你过一把瘾，而且能对你有所启示。这也是你应该阅读本书的第二个原因。本书并不是教 C++语言本身，而是想告诉你用 C++编程时怎样进行思考，以及如何思考问题并用 C++表述解决方案。知识可以通过系统学习获取，智慧则不能。

本书的知识框架

就专栏来说，我尽力使每期文章都独立成章，但我相信，对于结集来说，如果能根据概念进行编排，将更易于阅读，也更有趣味。因此，本书划分为 6 篇。

第一篇是对主题的扩展介绍，这些主题将遍布本书的其他章节中。本篇没有太多的代码，但是所展现的有关抽象和务实的基本思想将贯穿本书，更重要的是，这些思想在 C++设计原则和应用策略中得以充分体现。

---

[1] 本书合作者 Barbara Moo 是 Andrew Koenig 的夫人，退休前是贝尔实验室高级项目管理人员，曾负责 Fortran 和 CFront 编译器的项目管理。——译者注

第二篇着眼于继承和面向对象编程，大多数人认为这些是 C++ 中最重要的思想。你将知道继承的重要性，以及它能做什么。你还会知道为什么将继承对用户隐藏起来是有益的，以及什么时候要避免继承。

第三篇探索模板技术，我认为这才是 C++ 中最重要的思想。之所以这样认为，是因为这些模板提供了一种特别强大的抽象机制。它们不仅可以构造对所包含的对象类型一无所知的容器，还可以建立远远超出类型范畴的泛型抽象。

继承和模板之所以重要的另一个原因是，它们能够扩展 C++，而不必等待（或者雇佣）人去开发新的语言和编译器。进行扩展的方法之一就是通过类库。第四篇谈到了库——包括库的设计和使用。

对基础有了很好的理解以后，就可以学习第五篇中的一些特殊编程技术了。在这一篇，你可以知道如何把类紧密地组合在一起，或者把它们尽可能地分离开。

最后，在第六篇，我们将返回头来对本书所涉及的内容做一个回顾。

编译和编辑

这些经年累月写出来的文章有一个缺陷，就是它们通常没有用到语言的现有特性。这就导致一个问题：我们是应该在 C++ 标准尚未最终定稿的时候，假装 ISO C++ 已经成熟了，然后重写这些专栏，还是维持古迹，保留老掉牙的过时风格[1]？

这样的问题还有许多，我们选择了折中。对那些原来的栏目中有错的地方——无论是由于后来语言规则的变化而导致的错误，还是由于看待事物的方式改变而导致的错误——我们都做了修正。一个很普遍的例子就是对 const 的使用。自从 const 加入到语言中以来，它的重要性就在我们的意识中日益加强。

另一方面，尽管标准委员会已经接受 bool 作为内建数据类型，这里大量的范例还是使用 int 来表示真或者假的值。这是因为这些专栏文章早在之前就完成了，使用 int 作为真假值还将继续有效，而且要使绝大多数编译器支持 bool 还需要一些年头。

致谢

除了在 *JOOP*、*C++ Report*、*C++ Journal* 中发表我们的观点外，我们还在许多地方通过发表讲演（和听取学生的意见）对它们进行了提炼。尤其值得感谢的是 USENIX Association 和 SIG Publications 举办的会议，以及 *JOOP* 和 *C++ Report* 的发行人。另外，在计算机科学西部研究院的赞助下，我们俩在斯坦福大学讲授过多次单周课程，我们还在贝尔实验室为声学研究实验室和网络服务研究实验室的成员讲过课。还有 Dag Brück 曾为我们在瑞典组织了一系列的课程和讲座。Dag Brück 当时在朗德理工学院自动控制系任教，现在供职于 Dynasim AB。

---

[1] 本书编写于 1996 年年底，当时 C++ 标准已经发布了草案第二版，非常接近最终标准。次年（1997 年），C++ 标准正式定稿。本书内容是完全符合 C++ 97 标准的。——译者注

　　我们也非常感谢那些阅读过本书草稿和那些专栏并对它们发表意见的人：Dag Brück、Jim Coplien、Tony Hansen、Bill Hopkins、Brian Kernighan（他曾笔不离手地认真阅读了两遍）、Stanley Lippman、Rob Murray、George Otto 和 Bjarne Stroustrup。

　　如果没有以下人员的帮助，这些专栏永远也成不了书。他们是 Deborah Lafferty、Loren Stevens、Addison-Welsey 的 Tom Stone 以及本书编辑 Lyn Dupré。

　　最后特别感谢 AT&T 的开明经理，是他们使得编写这些专栏并编辑成书成为可能。他们是 Dave Belanger、Ron Brachman、Jim Finucane、Sandy Fraser、Wayne Hunt、Brian Kernighan、Rob Murray、Ravi Sethi、Bjarne Stroustrup 和 Eric Sumner。

Andrew Koenig

Barbara Moo

新泽西州吉列市

1996 年 4 月

资源与支持

本书由异步社区出品，社区（https://www.epubit.com/）为您提供相关资源和后续服务。

提交勘误

作者和编辑尽最大努力来确保书中内容的准确性，但难免会存在疏漏。欢迎您将发现的问题反馈给我们，帮助我们提升图书的质量。

当您发现错误时，请登录异步社区，按书名搜索，进入本书页面，单击"提交勘误"，输入勘误信息，单击"提交"按钮即可。本书的作者和编辑会对您提交的勘误进行审核，确认并接受后，您将获赠异步社区的 100 积分。积分可用于在异步社区兑换优惠券、样书或奖品。

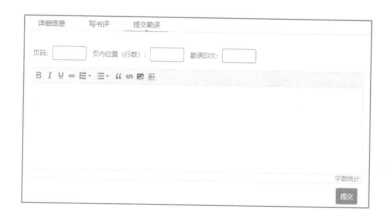

扫码关注本书

扫描下方二维码，您将会在异步社区微信服务号中看到本书信息及相关的服务提示。

与我们联系

我们的联系邮箱是 contact@epubit.com.cn。

如果您对本书有任何疑问或建议，请您发邮件给我们，并请在邮件标题中注明本书书名，以便我们更高效地做出反馈。

如果您有兴趣出版图书、录制教学视频，或者参与图书翻译、技术审校等工作，可以发邮件给我们；有意出版图书的作者也可以到异步社区在线投稿（直接访问 www.epubit.com/selfpublish/submission 即可）。

如果您所在的学校、培训机构或企业，想批量购买本书或异步社区出版的其他图书，也可以发邮件给我们。

如果您在网上发现有针对异步社区出品图书的各种形式的盗版行为，包括对图书全部或部分内容的非授权传播，请您将怀疑有侵权行为的链接发邮件给我们。您的这一举动是对作者权益的保护，也是我们持续为您提供有价值的内容的动力之源。

关于异步社区和异步图书

"异步社区" 是人民邮电出版社旗下 IT 专业图书社区，致力于出版精品 IT 技术图书和相关学习产品，为作译者提供优质出版服务。异步社区创办于 2015 年 8 月，提供大量精品 IT 技术图书和电子书，以及高品质技术文章和视频课程。更多详情请访问异步社区官网 https://www.epubit.com。

"异步图书" 是由异步社区编辑团队策划出版的精品 IT 专业图书的品牌，依托于人民邮电出版社近 30 年的计算机图书出版积累和专业编辑团队，相关图书在封面上印有异步图书的 LOGO。异步图书的出版领域包括软件开发、大数据、AI、测试、前端、网络技术等。

异步社区

微信服务号

目录

第三篇 模 板

第

0

章

序 幕

有一次我遇到一个人，他曾经用各种语言写过程序，唯独没用过 C 和 C++。他提了一个问题："你能说服我去学习 C++，而不是 C 吗？"，这个问题还真让我想了一会儿。我给许多人讲过 C++，可是突然间我发现他们全都是 C 程序员出身。到底该如何向从没用过 C 的人解释 C++ 呢？

于是，我首先问他使用过什么与 C 相近的语言。他曾用 Ada[1] 编写过大量程序——但这对我毫无用处，我不了解 Ada。还好他知道 Pascal，我也知道。于是我打算在我们两个之间有限的共通点之上找一个例子。

下面看看我是如何向他解释什么事情是 C++ 可以做好而 C 做不好的。

0.1　第一次尝试

C++ 的核心概念就是类，所以我一开始就定义了一个类。我想写一个完整的类定义，它要尽量小，要足够说明问题，还要有用。另外，我还想在例子中展示数据隐藏（data hiding），因此希望它有公有数据（public data）和私有数据（private data）。经过几分钟的思索，我写下这样的代码：

```
# include <stdio.h>

class Trace {
public:
        void print(char* s) { printf("%s", s); }
};
```

---

[1] Ada 语言是在美国国防部组织下于 20 世纪 70 年代末开发的基于对象的高级语言，特别适合开发高可靠性、实时的大型嵌入式系统软件，在 1998 年之前，Ada 是美国国防部唯一准许的军用软件开发语言，至今仍然是最重要的军用系统软件开发语言。——译者注

我解释了这段代码是如何定义一个名叫 Trace 的新类，以及如何用 Trace 对象来打印输出消息：

```
int main()
{
    Trace t;
    t.print("begin main()\n");
    // main 函数的主体
    t.print("end main()\n");
}
```

到目前为止，我所做的一切都和其他语言很相似。实际上，即使是 C++，直接使用 printf 也是很不错的，这种先定义类然后创建类的对象，最后再打印这些消息的方法，简直舍近求远。然而，当我继续解释类 Trace 定义的工作方式时，我意识到，即便是如此简单的例子，也已经触及某些重要的因素，正是这些因素使得 C++如此强大而灵活。

0.1.1 改进

例如，一旦我开始使用 Trace 类，就会发现，如果能够在必要时关闭跟踪输出（trace output），这将会是个有用的功能。小意思，只要改一下类的定义就行：

```
#include <stdio.h>

class Trace {
public:
    Trace() {noisy = 0; }
    void print(char* s) { if (noisy) printf("%s", s); }
    void on() { noisy = 1; }
    void off() { noisy = 0; }

private:
    int noisy;
};
```

此时类定义包括两个公有成员函数 on 和 off，它们影响私有成员 noisy 的状态。只有 noisy 为 on（非零）才可以输出。因此，

```
t.off();
```

会关闭 t 的对外输出，直到我们通过下面的语句恢复 t 的输出能力：

```
t.on();
```

我还指出，由于这些成员函数定义在 Trace 类自身的定义内，C++会内联（inline）扩展它

们，所以这使得即使在不进行跟踪的情况下，在程序中保留 Trace 对象也不必付出许多代价。我立刻想到，只要让 print 函数不做任何事情，然后重新编译程序，就可以有效地关闭所有 Trace 对象的输出。

0.1.2　另一种改进

当我问自己"如果用户想要修改这样的类，将会如何"时，我获得了更深层的理解。

用户总是要求修改程序。通常，这些修改是一般性的。例如，"你能让它随时关闭吗？"或者，"你能让它打印到标准输出设备以外的东西上吗？"我刚才已经回答了第一个问题。接下来着手解决第二个问题。后来证明这个问题在 C++ 里可以轻而易举地解决，而在 C 里却得大动干戈。

我当然可以通过继承来创建一种新的 Trace 类。但是，我还是决定尽量让示例简单，避免介绍新的概念。所以，我修改了 Trace 类，用一个私有数据来存储输出文件的标识，并提供了构造函数，让用户指定输出文件：

```
#include <stdio.h>

class Trace {
public:
        Trace() { noisy = 0; f = stdout; }
        Trace (FILE* ff) { noisy = 0; f = ff; }
        void print(char* s)
               { if (noisy) fprintf(f, "%s", s); }
        void on() { noisy = 1; }
        void off() { noisy = 0; }

private:
        int noisy;
        FILE* f;
};
```

这样改动，基于一个事实：

```
printf(args);
```

等价于：

```
fprintf(stdout, args);
```

创建一个没有特殊要求的 Trace 类，则其对象的成员 f 为 stdout。因此，调用 fprintf 所做的工作与调用前一个版本的 printf 是一样的。

类 Trace 有两个构造函数：一个是无参构造函数，跟上例一样输出到 stdout；另一个构造函数允许明确指定输出文件。因此，上面那个使用了 Trace 类的示例程序可以继续工作，但也可以将输出定向到 stderr 上：

```
int main()
{
        Trace t(stderr);
        t.print("begin main()\n");
        // main 函数的主体
        t.print("end main()\n");
}
```

简而言之，我运用 C++ 类的特殊方式，使得对程序的改进变得轻而易举，而且不会影响使用这些类的代码。

0.2 不用类来实现

此时，我又开始想，对于这个问题，典型的 C 解决方案会是怎样的。它可能会从一个类似于函数 trace()（而不是类）的东西开始：

```
#include <stdio.h>
void trace(char *s)
{
        printf("%s\n", s);
}
```

它还可能允许我以如下形式控制输出：

```
#include <stdio.h>
static int noisy = 1;
void trace(char *s)
{
        if(noisy)
                printf("%s\n", s);
}
void trace_on() { noisy = 1; }
void trace_off() { noisy = 0; }
```

这个方法是有效的，但与 C++ 方法比较起来有 3 个明显的缺点。

第一，函数 trace 不是内联的，因此即使当跟踪关闭时，它还保持着函数调用的开销[1]。在很多 C 的实现中，这个额外负担是无法避免的。

第二，C 版本引入了 3 个全局名字：trace、trace_on 和 trace_off，而 C++ 只引入了 1 个。

第三，也是最重要的一点，即我们很难将这个例子一般化，使之能输出到一个以上的文

---

[1] Dag Brück 指出，首先考虑效率问题，是 C/C++ 文化的 "商标"。我在写这段文字时，不由自主地首先把效率问题提出来，可见这种文化对我的影响有多深！

件中。为什么呢？考虑一下我们会怎样使用这个 trace 函数：

```
int main()
{
        trace("begin main()\n");
        // main 函数主体
        trace("end main()\n");
}
```

采用 C++，可以只在创建 Trace 对象时一次性指定文件名。而在 C 版本中，情况相反，没有合适的位置指定文件名。一个显而易见的办法就是给 trace 函数增加一个参数，但是需要找到所有对 trace 函数的调用，并插入这个新增的参数。另一种办法是引入名为 trace_out 的第 4 个函数，用来将跟踪输出转向到其他文件。这当然也得判断和记录跟踪输出是打开还是关闭。考虑一下，main 调用的一个函数恰好利用了 trace_out 向另一个文件输出，则何时切换输出的开关状态呢？显然，要想使结果正确需要花费相当大的精力。

0.3　为什么用 C++ 更简单

为什么在 C 方案中进行扩展会如此困难呢？难就难在没有一个合适的位置来存储辅助的状态信息——在本例中是文件名和"noisy"标记。在这里，这个问题尤其让人恼火，因为在原来的情况下根本就不需要状态信息，只是到后来才知道需要存储状态。

向原本没有考虑存储状态信息的设计中添加这项能力是很难的。在 C 中，最常见的做法就是找个地方把它藏起来，就像我这里采用"noisy"标记一样。但是这种技术也只能做到这样；如果同时出现多个输出文件来搅局，就很难有效控制了。C++版本则更简单，因为 C++ 鼓励采用类来表示类似于输出流的事物，而类就提供了一个理想的位置来放置状态信息。

结果是，C 倾向于不存储状态信息，除非事先已经规划妥当。因此，C 程序员趋向于假设有这样一个"环境"：存在一个位置集合，他们可以在其中找到系统的当前状态。如果只有一个环境和一个系统，这样考虑毫无问题。但是，系统在不断增长的过程中往往需要引入某些独一无二的东西，并且创建更多这类东西。

0.4　一个更大的例子

我的客人认为这个例子很有说服力。他走后，我意识到刚刚所揭示的内容跟我认识的另一个人在一个非常大的项目里得到的经验非常相似。

他们开发交互式事务处理系统：屏幕上显示着纸样表单的电子版本，一群人围坐在跟前。人们填写表单，表单的内容用于更新数据库；等等。在项目接近尾声的时候，客户要求做些改动：划分屏幕以同时显示两个无关的表单。

这样的改动是很恐怖的。这种程序通常充满了各种库函数调用，并假设都知道"屏幕"

在哪里和如何更新。这种改变通常要求查找出每一条用到了"屏幕"的代码，并要把它们替换为表示"屏幕的当前部分"的代码。

当然，这些概念就是我们在前面的例子中看到的隐藏状态（hidden state）的一种。因此，如果说在 C++ 版本中修改这类应用程序比在 C 版本中容易，就不足为奇了。所需要做的事就是改变屏幕显示程序本身。相关的状态信息已经包含在类中，这样在类的多个对象中复制它们只是小事一桩。

0.5　小结

是什么使得对系统的改变如此容易呢？关键在于，一项计算的状态作为对象的一部分应当是显式可用的，而不是某些隐藏在幕后的东西。实际上，将一项计算的状态显式化，这个理念对于整个面向对象编程思想来说，都是一个基础[1]。

小例子里可能还看不出这些考虑的重要性，但在大程序中它们会对程序的可理解性和可修改性产生很大的影响。如果我们看到如下的代码：

```
push(x);
push(y);
add();
z=pop();
```

我们可以理所当然地猜测存在一个被操作的堆栈，并设置 z 为 x 和 y 的和，但是我们还必须知道应该到何处去找这个堆栈。反之，如果我们看到

```
s.push(x);
s.push(y);
s.add();
z=s.pop();
```

猜想堆栈就是 s 准没错。确实，即使在 C 中，我们也可能会看到

```
push(s, x);
push(s, y);
add(s);
z=pop(s);
```

但是 C 程序员对这样的编程风格通常不以为然，以至于在实践中很少采用这种方式——除非他们发现确实需要更多的堆栈。其原因就是 C++ 采用类将状态和动作绑在一起，而 C 则不然。C 不赞成上述最后一个例子的风格，因为要使例子运行起来，就要在函数 push、add 和 pop 之外单独定义一个 s 类型。C++ 提供了单个地方来描述所有这些内容，表明所有内容都是相互关联的。通过把有关系的事物联系起来，我们就能更加清晰地用 C++ 来表达自己的意图。

---

[1] 关于面向对象程序设计和函数式程序设计（functional programming）之间的区别，下面的这种说法可能算是无伤大雅的：在面向对象程序设计中，某项计算的结果状态将取代先前的状态，而在函数式程序设计中，并非如此。

第 一 篇
动 机

抽象是有选择的忽略。比如你要驾驶一辆汽车，但你又必须时刻关注每样部件是如何运行的：发动机、传动装置、方向盘和车轮之间的连接等，结果就是你要么永远没法开动这辆车，要么一上路就马上发生事故。

与此类似，编程也依赖于一种选择：选择忽略什么和何时忽略。也就是说，编程就是通过建立抽象来忽略那些我们此刻并不重视的因素。C++很有趣，它允许我们进行范围极其宽广的抽象。C++使我们更容易把程序看作抽象的集合，同时也隐藏了那些用户无须关心的抽象工作细节。

C++之所以有趣的第二个原因是，它在设计时考虑了特殊用户群的需求。许多语言的设计初衷是用于探索特定的理论原理，还有些是面向特定的应用种类。C++则不然，它使程序员可以以一种更抽象的风格来编程，与此同时，又保留了 C 中那些有用的和已经深入人心的特色。因此，C++保留了不少 C 的优点，比如偏重于执行速度快、可移植性强、与硬件和其他软件系统的接口简单等。

C++是为那些信奉实用主义的用户群准备的。C 和 C++程序员通常要处理杂乱而现实的问题；他们需要能够解决这些问题的工具。这种实用主义在某种程度上体现了 C++语言及其使用者的灵活性。例如，C++程序员总是为了特定的目的编写不完整的抽象：他们会为了解决特定问题设计一个很小的类，而不在乎这个类是否提供所有用户希望的所有功能。如果这个类够用，则他们可以对那些不尽如人意的地方视而不见。有的情况下，现在的折中方案比未来的理想方案好得多。

但是，实用主义和懒惰是有区别的。虽然程序员很可能把C++程序写得极其难以维护，但是也可以用 C++把问题精心划分为分割良好的模块，使模块与模块之间的信息得到良好的隐藏。

本书坚持以两个思想为核心：实用和抽象。本篇将探讨 C++如何支持这些思想，后面几篇将探索 C++允许使用的各种抽象机制。

7

为什么我用 C++

本章介绍一些个人经历：我会谈到那些使我第一次对使用 C++产生兴趣的事情和学习过程中的心得体会。因此，我不会去说哪些东西是 C++最重要的部分，相反会讲讲我是如何在特定情况下发现了 C++的优点。

这些情形很有意思，因为它们是真实的历史。我的问题不属于类似于图形、交互式用户界面等"典型面向对象的问题"，而是属于一类复杂问题；人们最初用汇编语言来解决这些问题，后来多用 C 来解决。系统必须能在许多不同的机器上高效地运行，要与一大堆已有的系统软件实现交互，还要足够可靠，以满足用户群的苛刻要求。

1.1 问题

我想做的事情是，使程序员能更简单地把自己的工作发布到不断增加的机器中。解决方案必须可移植，还要使用一些操作系统提供的机制。当时还没有 C++，所以对于那些特定的机器来说，C 基本上就是唯一的选择。我的第一个方案效果不错，但实现之困难令人咋舌，主要是因为要在程序中避免武断的限制。

机器的数目迅速增加，终于超过负荷，到了必须对程序进行大幅度修改的时候了。但是程序已经够复杂了，既要保证可靠性，又要保证正确性，如果让我用 C 语言来扩展这个程序，我真担心搞不定。

于是我决定尝试用 C++进行改进工作。结果是成功的：重写后的版本较之老版本在效率上有了极大的提高，同时可靠性丝毫不打折扣。尽管 C++程序天生不如相应的 C 程序快，但是 C++使我能在自己的智力所及的范围内使用一些高超的技术，而对我来说，用 C 来实现这些技术太困难了。

我被 C++吸引住，很大程度上是由于数据抽象，而不是面向对象编程。C++允许我定义数据结构的属性，还允许我在用到这些数据结构时，把它们当作"黑匣子"使用。这些特性用 C 实现起来将困难许多。而且，其他的语言不能把我所需的效率和可靠性结合起来，同时还允许我应付已有的系统（和用户）。

1.2　历史背景

1980 年，当时我还是 AT&T 贝尔实验室计算科学研究中心的一名成员。早期的局域网原型刚刚作为试验运行，管理方希望能鼓励人们更多地利用这种新技术。为了达到这个目的，我们打算增加 5 台机器，这超过了我们现有机器数目的两倍。此外，根据硬件行情的趋势来看，我们最终还会拥有多得多的机器（实际上，他们承诺使中心的网络拥有 50 台左右的机器）。这样一来，我们将不得不应对由此引发的软件系统维护问题。

维护问题肯定比你想象的还要困难得多。另外，类似于编译器这样的关键程序总在不断变化。这些程序需要仔细安装；磁盘空间不够或者安装时遇到硬件故障，都可能导致整台机器报废。而且我们不具备计算中心站的优越条件：所有的机器都由使用的人共同合作负责维护。因此，一个新程序要想运行到另一台机器上，唯一的方法就是有人自愿负责把它放到上面。当然，程序的设计者通常是不愿意做这件事的。所以，我们需要一个全局性的方法来解决维护问题。

Mike Lesk 多年前就意识到了这个问题，并用一个名叫 uucp 的程序"部分地"加以解决。这个程序此后很有名气。我说"部分地"，是因为 Mike 故意忽略了安全性问题。另外，uucp 一次只允许传递一个文件，而且发送者无法确定传输是否成功。

1.3　自动软件发布

我决定扛着 Mike 的大旗继续往下走。我采用 uucp 作为传输工具，通过编写一个名叫 ASD（Automatic Software Distribution，自动软件发布）的软件包来为程序员提供一个安全的方法，使他们能够把自己的作品移植到其他机器上。我预料这些机器的数量很快会变得非常巨大。我决定采用两种方式来增强 uucp：更新完成后通知发送者；允许同时在不同的位置安装一组文件。

这些功能在理论上都不是很困难，但是由于可靠性和通用性这两个需求相互冲突，所以实现起来特别困难。我想让那些与系统管理无关的人用 ASD。为了达到这个目的，我应该恰当地满足他们的需求，而且没有任何琐碎的限制。因此，我不想对文件名的长度、文件大小、一次运行所能传递的文件数目等问题做任何限制。而且一旦 ASD 里出现了 bug，导致错误的软件版本被发布，那就是 ASD 的末日。我绝不会再有第二次机会。

1.3.1　可靠性与通用性

C 没有内建的可变长数组：编译时修改数组大小的唯一方法就是动态分配内存。因此，我想避免任何限制，就不得不导致大量的动态内存分配和由此带来的复杂性，复杂性又让我担心可靠性。例如，下面给出 ASD 中的一个典型的代码段：

```
/* 读取八进制文件 */
param = getfield(tf);
mode = cvlong(param, strlen(param), 8);

/* 读入用户号 */
uid = numuid(getfield(tf));

/* 读入小组号 */
gid = numgid(getfield(tf));

/* 读入文件名（路径） */
path = transname(getfield(tf));

/* 直到行尾 */
geteol(tf);
```

这段代码读入文件中用 tf 标识的一行连续的字段。为了实现这一点，它反复调用了几次 getfield，把结果传递到不同的会话程序中。

代码看上去简单、直观，但是外表具有欺骗性：这个例子忽略了一个重要的细节。你想知道吗？那就想想 getfield 的返回类型是什么。由于 getfield 的值表示的是输入行的一部分，所以显然应该返回一个字符串。但是 C 没有字符串，最接近的做法是使用字符指针。指针必须指到某个地方，应该什么时候用什么方法回收内存？

C 里有一些解决这类问题的方法，但是都比较困难。一种办法就是让 getfield 每次都返回一个指针，这个指针指向调用它的新分配的内存，调用者负责释放内存。由于我们的程序先后 4 次调用了 getfield，所以也需要先后 4 次在适当场合调用 free。我可不愿意使用这种解决方法，写这么多的调用真是很讨厌，我肯定会漏掉一两个。

所以，我再一次想，假如我能承受漏写一两个调用的后果，也就能承受漏写所有调用的后果。所以另一种解决方法应该完全无须回收内存，每次调用时，让 getfield 分配内存，然后永远不释放。我也不能接受这种方法，因为它会导致内存的过量消耗，而实际上，通过仔细地设计完全可以避免内存不足的问题。

我选择的方法是让 getfield 所返回内存块的有效期保持到下次调用 getfield 为止。这样，总体来说，我不用老是记着要回收 getfield 传回的内存。作为代价，我必须记住，如果打算把 getfield 传回的结果保留下来，那么每次调用后就必须将结果复制一份（并且记住要回收用于存放复制值的那块内存）。当然，对于上述的程序片断来说，付出这个代价是值得的。事实上，对于整个 ASD 系统来说，也是合适的。但是跟完全无须回收内存的情况相比，使用这种策略显然还是使得编写程序的难度增大。结果，我为了使程序没有这种局限性所付出的努力，大部分花在进行簿记工作的程序上，而不是解决实际问题的程序上。而且由于在簿记工作方面进行了大量的手工编码，我经常担心这方面的错误会使 ASD 不够可靠。

1.3.2 为什么用 C

此时，你可能会问自己："他为什么要用 C 来做呢？"毕竟我所描述的簿记工作用其他的语言来写会容易得多，比如 Smalltalk、Lisp 或者 Snobol，它们都有垃圾收集机制和可扩展的数据结构。

排除掉 Smalltalk 是很容易的：因为它不能在我们的机器上运行！Lisp 和 Snobol 也有这个问题，只不过没那么严重：尽管我写 ASD 那会儿的机器能支持它们，但无法确保在以后的机器上也能用。实际上，在我们的环境中，C 是唯一确定可移植的语言。

退一步讲，即使有其他的语言可用，我也需要一个高效的操作系统接口。ASD 在文件系统上做了很多工作，这些工作必须既快又稳定。人们会同时发送成百上千个文件，这些文件可能有数百万个字节，他们希望系统尽可能快，而且一次成功。

1.3.3 应付快速增长

在开始开发 ASD 的时候，我们的网络还只是个原型：有时会失效，不能与每台机器都连通。所以我用 uucp 作传输工具——我别无选择。然而，使用一段时间后，网络第一次变得稳定，然后成为了不可或缺的部分。随着网络的改善，使用 ASD 的机器数目也在增加。到了大概 25 台机器的时候，uucp 已经慢得不能轻松应付这样的负载了。是时候了，我们必须跨过uucp，开始直接使用网络。

对于使用网络进行软件发布，我有一个好主意：我可以写一个 spooler 来协调数台机器上的发布工作。这个 spooler 需要一个在磁盘上的数据结构来跟踪哪台机器成功地接收和安装了软件包，以便人们在操作失败时可以找到出错的地方。这个机制必须十分强健，可以在无人干预的情况下长时间运行。

然而，我迟疑了好一阵，ASD 最初版本中那些曾经困扰过我的琐碎细节搞得我泄了气。我知道我希望解决的问题，但是想不出在满足我的限制条件的前提下，应该如何用 C 来解决这些问题。一个成功的 spooler 必须具备以下特性。

- 有尽量多的接口与操作系统交互。
- 避免没有道理的限制。
- 速度上必须比旧版本有本质上的提高。
- 仍然极为可靠。

我可以解决所有这些问题，除了最后一个。写一个 spooler 本身就很难，写一个可靠的spooler 就更难了。一个 spooler 必须能够应对各种可能的失败，而且始终让系统保持可以恢复的状态。

我在排除 uucp 中的 bug 上面花了数年的工夫，然而我仍然认为，对于我这个新开发的 spooler

来说，要想成功，就必须立刻做到真正的无 bug。

1.4　进入 C++

在那种情况下，我决定来看看能否用 C++ 来解决我的问题。尽管我已经非常熟悉 C++ 了，但还没有用它做过任何严肃的工作。好在 Bjarne Stroustrup 的办公室离我不远，在 C++ 演化的过程中，我们曾经在一起讨论。

当时，我想 C++ 有这么几个特点对我有帮助。

第一个就是抽象数据类型的观念。比如，我知道需要将向每台计算机发送软件的申请状态存储起来。我得想法把这些状态用一种可读的文件保存起来，然后在必要的时候取出来，且在与机器会话时应请求更新状态，并能最终改变标识状态的信息。所有这一切都要求能够灵活进行内存的分配：我要存储的机器状态信息中，有一部分是在机器上所执行的任何命令的输出，而这输出的长度是没有限定的。

另一个优势是 Jonathan Shopiro 最近写的一个用于处理字符串和链表的组件包。这个组件包使得我能够拥有真正的动态字符串，而不必在簿记操作的细节上战战兢兢。该组件包同时还支持可容纳用户对象的可变长链表。有了它，我一旦定义了一个抽象数据类型，比如说叫 machine_status，就可以马上利用 Shopiro 的组件包定义另一个类型——由 machine_status 对象组成的链表。

为了把设计说得更具体一些，下面列出一些从 C++ 版的 ASD spooler 中选出来的代码片断。这里变量 m 的类型是 machine_status[1]：

```
struct machine_status {
    String p;                        // 机器名
    List<String> q;                  // 存放可能的输出
    String s;                        // 错误信息，如果成功则为空
}
//…

m.s = domach(m.p, dfile, m.q);       // 发送文件
if (m.s.length() == 0) {             // 工作是否正常
    sendfile = 1;                    // 成功——别忘了，我们是在发送一个文件
    if (m.q.length() == 0)           // 是否有输出
        mli.remove();                // 没有，这台机器的事情已经搞定
    else
        mli.replace(m);              // 有，保存输出
} else {
```

---

[1] 细心的读者可能会发现我把数据成员设为 public，并为此惊讶。我是故意这样做的：machine_status 是一个简单的类，其结构就是其接口。对于如此简单的类来说，把成员设为 private 没有任何好处（从这个小小的脚注可以看到作者的实用主义态度，相对于后来很多人所奉行的教条主义，确实有很大的差别。——译者注）。

```
    keepfile = 1;                  // 失败，提起注意，稍后再试
    deadmach += m.p;               // 加到失败机器链表中
    mli.replace(m);                // 将其状态放回链表
}
```

这个代码片断对于我们传送文件的每台目标机器都执行一遍。结构体 m 将发送文件尝试的执行结果保存在自己的 3 个域中：p 是一个 String，保存机器的名字；q 是一个 String 链表，保存执行时可能的输出；s 是一个 String，尝试成功时为空，失败时标明原因。

函数 domach 试图将数据发送到另一台机器上。它返回两个值：一个是显式的；另一个是隐式的，通过修改第三个参数返回。我们调用 domach 之后，m.s 反映了发送尝试是否成功的信息，而 m.q 则包含了可能的输出。

然后，我们通过将 m.s.length() 与 0 比较来检查 m.s 是否为空。如果 m.s 确实为空，那么将 sendfile 置 1，表示我们至少成功地把文件发送到了一台机器上，然后来看看是否有什么输出。如果没有，那么可以把这台机器从需要处理的机器链表中删除。如果有输出，则将状态存储在 List 中。变量 mli 就是一个指向该 List 内部元素的指针（mli 代表 machine list iterator［机器链表迭代器］）。

如果尝试失败，未能有效地与远程机器对话，那么将 keepfile 置为 1，提醒我们必须保留该数据文件，以便下次再试，然后将当前状态存到 List 中。

这个程序片断中没什么高深的东西。这里的每一行代码都直接针对其试图解决的问题。跟相应的 C 代码不同，这里没有什么隐藏的簿记工作。这就是问题所在。所有的簿记工作都可以在库里被单独考虑，调试一次，然后彻底忘记。程序的其余部分可以集中精力解决实际问题。

这个解决方案是成功的，ASD 每年要在 50 台机器上进行 4000 次软件更新。典型的例子包括更新编译器的版本，甚至是操作系统内核本身。较之 C，C++ 使我得以在程序中从根本上更精确地表达我的意图。

我们已经看到了一个 C 代码片断的例子，它展示了一些隐秘的细枝末节。现在，我们来研究一下为什么 C 必须考虑这些细枝末节，然后再来看一看 C++ 程序员怎样才可能避免它们。

C 中隐藏的约定

尽管 C 有字符串文本量，但它实际上没有真正的字符串概念。字符串常量实际上是未命名的字符数组的简写（由编译器在尾部插入空字符来标识串尾），程序员负责决定如何处理这些字符。因此，尽管下面的语句是合法的：

```
char hello[] = "hello";
```

但是这样就不对了：

```
char hello[5];
hello = "hello";
```

因为 C 没有复制数组的内建方法。第一个例子中用 6 个元素声明了一个字符数组，元素的初值分别是 'h'、'e'、'l'、'l'、'o' 和 '\0'（一个空字符）。第二个例子是不合法的，因为 C 没有数组的赋值。最接近的方法是：

```
char *hello;
hello = "hello";
```

这里的变量 hello 是一个指针，而不是数组：它指向包含了字符串常量 "hello" 的内存。假设我们定义并初始化了两个字符"串"：

```
char hello[] = "hello";
char world[] = " world";
```

并且希望把它们连接起来。我们希望库可以提供一个 concatenate 函数，这样就可以写成这样：

```
char helloworld[];                            //错误
concatenate(helloworld, hello, world);
```

可惜的是，这样并不奏效，因为我们不知道 helloworld 数组应该占用多大内存。通过写成

```
char helloworld[12];                          //危险
concatenate(helloworld, hello, world);
```

可以将它们连接起来，但是我们在连接字符串时并不想去数字符的个数。当然，通过下面的语句，我们可以分配绝对够用的内存：

```
char helloworld[1000];                        //浪费而且仍然危险
concatenate(helloworld, hello, world);
```

但是到底多少才够用？只要我们必须预先指定字符数组的大小为常量，就要接受猜错许多次的事实。

避免猜错的唯一办法就是动态决定字符串的大小。因此，我们希望可以这样写：

```
char *helloworld;
helloworld = concatenate(hello, world);       //有陷阱
```

让 concatenate 函数负责判断包含变量 hello 和 world 的连接所需内存的大小、分配这样大小的内存、形成连接以及返回一个指向该内存的指针等所有这些工作。实际上，这正是我在 ASD 最初的 C 版本中所做的事情：我采用了一个约定，即所有字符串和类似字符串的值的大小都是动态决定的，相应的内存也是动态分配的。然而什么时候释放内存呢？

对于 C 的串库来说无法得知程序员何时不再使用字符串了。因此，库必须要让程序员负责决定何时释放内存。一旦这样做了，我们就会有很多方法来用 C 实现动态串。

对于 ASD，我采用了 3 个约定。前两个在 C 程序中是很普遍的，第三个则不是。

1．字符串由一个指向它的首字符的指针来表示。

2．字符串的结尾用一个空字符标识。

3．生成字符串的函数不遵循用于这些串的生命期的约定。例如，有些函数返回指向静态缓冲区的指针，这些静态缓冲区要保持到这些函数的下一次调用；而其他函数则返回指向调用者要释放的内存的指针。这些字符串的使用者需要考虑这些各不相同的生命周期，要在必要的时候使用 free 来释放不再需要的字符串，还要注意不要释放那些将在其他地方自动释放的字符串。

类似"hello"的字符串常量的生命周期是没有限制的，因此，写成

```
char *hello;
hello = "hello";
```

后不必释放变量 hello。前面的 concatenate 函数也返回一个无限存在的值，但是由于这个值保存在自动分配的内存区，所以使用完后应该将它释放。

最后，有些类似 getfield 的函数返回一个生存期经过精心定义但是有限的值。甚至不应该释放 getfield 的值，但是，如果想要将它返回的值保存一段很长的时间，我就必须记得将它复制到时间稍长的存储区中。

为什么要处理 3 种不同的存储期？我无法选择字符串常量：它们的语义是 C 的一部分，我不能改变。但是我可以使所有其他的字符串函数都返回一个指向刚分配的内存的指针。那么就不必决定是否要释放这样的内存了：使用完后就释放内存通常都是对的。

不让所有这些字符串函数都在每次调用时分配新内存的主要原因是，这样做会使程序十分巨大。例如，我将不得不像下面这样重写 C 程序代码段（见 1.3.1 节）：

```
/* 读取八进制文件 */
param = getfield(tf);
mode = cvlong(param, strlen (param), 8);
free(param);

/* 读入用户号 */
s = getfield(tf);
uid = numuid(s);
free(s);

/* 读入小组号 */
s = getfield(tf);
gid = numgid(s);
free(s);

/* 读入文件名（路径） */
```

```
s = getfield(tf);
path = transname(s);
free(s);

/* 直到行尾*/
geteol(tf);
```

看来我还应该有一些其他的可选工具来减小我所写的程序。

使用 C++修改 ASD 与用 C 修改相比较，前者得到的程序更简短，而所依赖的常规更少。作为例子，让我们回顾 C++ ASD 程序。该程序的第一句是为 m.s 赋值：

```
m.s = domach(m.p, dfile, m.q);
```

当然，m.s 是结构体 m 的一个元素，m.s 也可以是更大的结构体的组成部分；等等。如果我必须自己记住要释放 m.s 的位置，就必然对两件事情有充分的心理准备。第一，我不会一次正确得到所有的位置；要清除所有 bug 肯定要经过多次尝试。第二，每次明显地改变某个东西时肯定会产生新的 bug。

我发现使用 C++就不必再担心所有这些细节。实际上，我在写 C++ ASD 时，没有找到任何一个与内存分配有关的错误。

1.5 重复利用的软件

尽管 ASD 的 C 版本中有许多用来处理字符串的函数，但我却从没有想过要把它们封装成通用的包。向人们解释使用这些函数要遵循哪些规则实在是太麻烦了。而且，根据多年和计算机用户打交道的经验，我知道了一件事，那就是：在使用你的程序时，如果因为不遵守规则而导致工作失败，大部分人不会反躬自省，反而会怪罪到你头上。C 可以做好很多事情，但不能处理灵活多变的字符串。

C++版本的 ASD spooler 也使用字符/字符串函数，已经有人写过这些函数，所以我不用写了。和我当初发布 C 字符串规则比起来，编写这些函数的人更愿意让其他人来使用这些 C++字符串例程，因为他不需要用户记住那些隐匿的规定。同样，我使用串库作为例程的基础来实现分析文件名所需的指定的模式匹配，而这些例程又可抽取出来用于别的工作。

此后我用 C++编程时，还有过几次类似的经历。我考虑问题的本质是什么，再定义一个类来抓住这个本质，并确保这个类能独立地工作。然后在遇到符合这个本质的问题时就使用这个类。令人惊讶的是，解决方法通常只用编译一次就能工作了。

我的 C++程序之所以可靠，是因为我在定义 C++类时运用的思想比用 C 做任何事情时都多得多。只要类定义正确，我就只能按照我编写它的初衷那样去用它。因此，我认为 C++有助于直接表达我的思想并实现我的目的。

1.6　后记

本章内容基于一篇专栏文章，从我写那篇文章到现在已经过去很多年了。在这段时间里，我很欣慰地看到一整套 C++类库逐渐形成了。C 库到处都是，但是，可以肯定至少我所见过的 C 库都有一定的问题。而 C++则相反，它能实现真正的针对通用目的的库，编写这些库的程序员甚至根本不必了解他们的库会用于何处。

这正是抽象的优点。

为什么用 C++ 工作

在第 1 章中，我解释了 C++ 吸引我的地方，以及为什么要在编程中使用它。本章将对这一点进行补充说明。我把过去的 10 年时间都用在开发 C++ 编程工具、理解怎样使用它们、编写并教授 C++ 的资料，以及修改优化 C++ 标准等工作上。C++ 有何魅力让我如此痴迷呢？在本章中我将做出解答。这些问题的跨度很大，就像开车上班和设计汽车之间的差距。

2.1　小项目的成功

我们很容易就会注意到：很多成功的知名软件最初是由少数人开发出来的。这些软件后来可能逐渐成长，然而，令人吃惊的是许多真正的赢家都是从小系统做起的。UNIX 操作系统就是最好的例子，C 编程语言也是。其他的例子还包括电子表格、Basic 和 FORTRAN 编程语言、MS-DOS 和 IBM 的 VM/370 操作系统。VM/370 尤其有趣，因为它完全是在 IBM 正规生产线之外发展起来的。尽管 IBM 多年来一直不提倡客户使用 VM/370，但该操作系统仍牢牢占据 IBM 大型机的主流市场。

同样令人吃惊的是，很多大项目的最终结果却表现平平。我实在不愿意在公共场合指手画脚，但是我想你自己也应该能举出大量的例子来。

到底是什么使得大项目难以成功呢？我认为原因在于软件行业和其他很多行业不一样，软件制造的规模和经济效益不成正比。绝大多数称职的程序员能在一两个小时内写完一个 100 行的程序，而在大项目中通常每个程序员每天平均只写 10 行代码。

2.1.1　开销

有些负面的经济效益源自项目组成员之间相互交流需要大量时间。一旦项目组的成员多到不能同时坐在一张餐桌旁，交流上的开销问题就相当严重了。基于这一点，就必须要有某种正规的机制，保证每个项目成员对于其他人在做什么都了解得足够清楚，这样才能确保所有的部分最终能拼在一起。随着项目的扩大，这种机制将占用每个人更多的时间，同时每个人要了解的东西也会更多。

我们只需要看一下项目组成员是如何利用时间的，就会发现这些开销是多么明显：管理错误报告数据库；阅读、编写和回顾需求报告；参加会议；处理规范以及做除编程外的任何事情。

2.1.2　质疑软件工厂

由于这些开销是有目共睹的，所以很多人正在寻找减少它的途径。起码到目前为止，我还没有见过什么有效的方法。这是个难题，我们可能没有办法解决。当项目达到一定规模时，尽管做了百般努力，但所有的一切好像还是老出错；塔科马海峡大桥和"挑战者号"航天飞机灾难至今仍然历历在目。

有些人认为大项目的开销是在所难免的。这种态度的结果就是产生了有着过多管理开销的复杂系统。然而，更常见的情况是，这些所谓的管理最终不过是另一种经过精心组织的开销。开销依然存在，只是被放进干净的盒子和图表中，因此也更易于理解。有些人沉迷于这种开销。他们心安理得地那么做，就好像它是件"好事"——就好像这种开销真能促进而不是阻碍高效的软件开发。毕竟，如果一定的管理和组织是有效的，那么更多的管理和组织就应该更有效。我猜想，这个想法给程序项目引进的纪律和组织，与为工厂厂房引进生产流水线一样。

我希望这些人错了。实际上我所接触过的软件工厂给我的感觉很不愉快。每个单独的功能都是一个巨大机器的一部分，"系统"控制一切，人也要遵从它。正是这种强硬的控制导致生产线成为劳资双方众多矛盾的焦点。

所幸的是，我并不认为软件只能朝这个方向发展。软件工厂忽视了编程和生产之间的本质区别。工厂是制造大量相同（或者基本相同）产品的地方。它讲求规模效益，在生产过程中充分利用了分工的优势。最近，它的目标已经变成了要完全消除人力劳动。相反，软件开发主要是要生产数目相对较少的、彼此完全不同的人造产品。这些产品可能在很多方面相似，但是如果太相似，开发工作就变成了机械的复制过程了，这可能用程序就能完成。因此，软件开发的理想环境应该不像工厂，而更像机械修理厂——在那里，熟练的技术工人可以利用手边所有可用的精密工具来尽可能地提高工作效率。

实际上，只要在能控制的范围内，程序员（当然指称职的）就总是争取让他们的机器代替自己做它们所能完成的机械工作。毕竟，机器擅长干这样的活儿，而人很容易产生厌倦情绪。

随着项目规模越来越大，越来越难以描述，这种把程序员看成是手工艺人的观点也渐渐变得难以支持了。因此，我曾尝试描述应该如何将一个庞大的编程问题当作一系列较小的、相互独立的编程问题看待。为了做到这一点，我们首先必须把大系统中各个小项目之间存在的关系理顺，使得相关人员不必反复互相核查。换言之，项目之间需要有接口，这样，每个项目的成员几乎不需要关心接口之外的东西。这些接口应该像那些常用的子程序和数据结构的抽象一样，成为程序员开发工具中的重要组成部分。

2.2 抽象

自从 25 年前开始编程以来，我一直痴迷于那些能扩展程序员能力的工具。这些工具可以是编程语言、操作系统，甚至可以是关于某个问题的独特思维方式。我知道有一天我将能够轻松解决问题。这些问题是我在刚开始编程时是想都不敢想的——我也知道，我不是独自前行。

我最钟情的工具有一个共性，那就是抽象的概念。当我在处理大问题的时候，这样的工具总是能帮助我将问题分解成独立的子问题，并能确保它们相互独立。也就是说，当我处理问题的某个部分时，完全不必担心其他部分。

例如，假设我正在用汇编语言写一个程序，我必须时常考虑机器的状态。我可以支配的工具是寄存器、内存，以及运行于这些寄存器、内存上的指令。要用汇编语言做成任何一件有用的事情，就必须把我的问题用这些特定概念表达出来。

即使是汇编语言也包含了一些有用的抽象。编写的程序在机器执行之前会先被解释。这就是用汇编语言写程序和直接在机器上写程序的区别。更难以察觉的是，对于机器设计者来说，"内存"和"寄存器"的概念本身就是一种抽象。如果抛开抽象不用，则程序的运行就要表示成处理器内无数个门电路的状态变换。如果你的想象力够丰富，就可以看到除此之外还有更多层次的抽象。

高级语言提供了更复杂的抽象。甚至用表达式替代一连串单独的算术指令的想法，也是非常重大的。这种想法在 20 世纪 50 年代首次被提出时显得很不同凡响，以至于后来成了FORTRAN 命名的基础：Formula Translation。抽象如此有用，因此程序员不断发明新的抽象，并且运用到他们的程序中。结果几乎所有重要的程序都给用户提供了一套抽象。

2.2.1 有些抽象不是语言的一部分

考虑一下文件的概念。事实上每种操作系统都以某种方式使文件能为用户所用。每个程序员都知道文件是什么。但是，在大多数情况下，文件在物理上根本是不存在的！文件只是组织长期存储的数据的一种方式，并由程序和数据结构的集合提供支持来实现这个抽象。

要使用文件做任何一件有意义的事情，程序员必须知道程序是通过什么访问文件的，以及需要什么样的请求队列。对于典型的操作系统来说，必须确保提出不合理请求的程序得到相应的错误提示，而不能造成系统本身崩溃或者文件系统破坏。实际上，现代的操作系统已经就一个目的达成了共识，就是要在文件之间构筑"防火墙"，以便增加程序在无意中修改数据的难度。

2.2.2　抽象和规范

操作系统提供了一定程度的保护措施，而编程语言通常没有。程序员在编写新的抽象给其他程序员使用时，往往不得不依靠用户自己去遵守编程语言技术上的限制。这些用户不仅要遵守语言的规则，还要遵守其他程序员制定的规范。

例如，由 malloc 函数实现的动态内存的概念就是 C 库中经常使用的抽象。你可以用一个数字作为参数来调用 malloc，然后该函数在内存中分配空间，并给出地址。当不再需要这块内存时，就用这个地址作为参数来调用 free 函数，这块内存就返回给系统留作它用。

在很多情况下，这个简单的抽象都相当有用。不论规模大小，很难想象一个实际的 C 程序不使用 malloc 或者 free。但是，要成功地使用抽象，必须遵循一些规范。要成功地使用动态内存，程序员必须：

- 知道要分配多大内存；
- 不使用超出分配范围外的内存；
- 不再需要时释放内存；
- 只有不再需要时，才释放内存；
- 只释放分配的内存；
- 切记检查每个分配请求，以确保成功。

要记住的东西很多，而且一不留神就会出错。那么有多少可以做成自动实现的呢？用 C 的话，没有多少。如果你正在编写一个使用了动态内存的程序，就难免要允许用户释放掉任何由他们分配的内存，这些内存的分配是他们对程序调用请求的一部分。

2.2.3　抽象和内存管理

有些语言通过垃圾收集（garbage collection）来解决这个问题。这是一种当内存空间不再需要时自动回收内存的技术。垃圾收集使得编写程序时能更方便地采用灵活的数据结构，但要求系统在运行速度、编译器和运行时的系统复杂度方面付出代价。另外，垃圾收集只回收内存，不管理其他资源。C++采用了另外一种更不同寻常的方法：如果某种数据结构需要动态分配资源，则数据结构的设计者可以在构造函数和析构函数中精确定义如何释放该结构所对应的资源。

这种机制不是总像垃圾收集那样灵活，但是在实践中它与许多应用更接近。另外，与垃圾收集相比，它有一个明显的优势，就是对环境要求低得多：内存一旦不用就会被释放，而不是等待垃圾收集机制发现之后才释放。

仅仅这些还不够，要想名正言顺地放弃自动垃圾收集，还应该有一些好的理由。构造函数和析构函数的概念在其他方面也有很好的意义。用抽象的眼光看待数据结构，它们中的许多都有关于初始化和终止的概念，而不是单纯地只有内存分配。例如，一个代表缓冲输出文件的数据结构必须体现一个思想，就是缓冲区必须在文件关闭前被释放。这种约定总是在一些让人意想不到的细节中出现，而由此产生的 bug 也总是非常隐蔽，难觅其踪。我曾经写过一个程序，整整 3 年后才发现里面隐藏了一个 bug[1]！在 C++中，缓冲输出文件类的定义必须包括一个释放该缓冲区的析构函数。这样就不容易犯错了。垃圾收集对此无能为力。

同理，C++的很多地方也用到了抽象和接口。其关键就是要能够把问题分解为完全独立的小块。这些小块不是通过规则相互联系的，而是通过类定义以及对成员函数和友元函数的调用联系起来的。不遵守规则，就会马上收到由编译器而不是由异常征兆的出错程序发出的诊断消息。

2.3　机器应该为人服务

为什么我要关注语言和抽象？因为我认为大项目是无法高效顺利地投入使用的，也不可能加以管理。我从没见过也不能想象，会有一种方法使得一个庞大的项目能够对抗所有这些问题。但是，如果我能找到把大项目化解为众多小问题的方法，就能引入个体优于混乱的整体、人类优于机器的因素。我们必须做工具的主人，而不是其他任何角色。

---

[1] 该类问题的例子，请参看作者的另一本著作 *C Traps and Pitfalls*（Addison Wesley 1989）。该书中文版已由人民邮电出版社出版，书名为《C 陷阱与缺陷》。

第3章

生活在现实世界中

在本章的开始，我将讲述两件看上去与 C++毫无关系的轶事。千万不要烦。

波士顿一个成功的 CEO 刚买了一辆非常昂贵的英国豪华轿车，结果在一个不期而至的寒冷天气里，她惊讶地发现车子根本不能发动。她怒气冲冲地向汽车公司的服务部门抱怨出现的问题。"什么？"客服经理非常惊讶："你没有把它停在有暖气的车库里？"

这辆车确实豪华，仪表盘采用手工雕刻的木制面板，车内到处是真皮皮革，设计者对舒适性和风格的追求可谓精益求精。但是波士顿的冬天比英格兰冷得多，汽车设计者可能没有意识到在寒冷的天气里还会有客户把车停在户外。

我于 1967 年开始学习 APL。

APL 是一门非常优秀的语言。它只有两种数据类型——字符和数字，而数组是它唯一的数据结构。它的变量和表达式的类型是动态定义的。APL 程序员从不为内存分配操心。执行过程检查所有的操作，所以 APL 程序员只能看到 APL 的值和程序。

APL 不仅仅是一门语言，它的第一个实现版本还包含了一个完整的操作系统。按照现在的标准来看，这个系统的效率之高出人意料：在当时那种 CPU 功能和内存只与现在的普通笔记本电脑相当的机器上[1]，它可以同时支持 30 个分时用户。

到我能自如运用 APL 时，我发现在解决相差不多的问题时，自己的程序大小仅仅是用其他常规语言（如 FORTRAN 和 PL/I）所写程序的 1/5。这些程序并不因为小就功能简单。内建的 APL 操作符大多数只是一个字符，而不是标识符，这也促使 APL 程序员总是为他们的变量起很短的名字。我认为把 APL 看成一门不可读的语言有点言过其实，这只不过是因为 APL 相当紧凑罢了。

---

[1] 该巨型机有大约 0.5MB 内存，速度大约 0.2MIPS，也就是每秒 20 万条指令，这些指标与 1988 年的笔记本电脑相近，本章出自于我当年写的一篇专栏，故有此一比。

20 世纪 70 年代早期，我还是哥伦比亚大学的一名学生。学校里随处可见图书馆：大多数数学书在数学大楼里，大多数工程类图书在工程学院；依此类推。图书馆每天都会列出一份图书流通情况的清单，标明哪些书被借走了，哪些还有库存等情况。清单大概有 100 000 行，分开打印在与图书馆最大的几个分部对应起来的 6 个表中。打印机每分钟大约能打印 900 行，每天要花两个小时来打印流通清单。

根据墨菲法则[1]，每当我想打印自己的东西时，打印机就被那份该死的流通清单所占据，害得我老得等着。因此，我考虑了一段时间，看是否能够把图书馆流通系统转换成 APL。我认为只需要在有流通清单副本的地方安装终端就行了；这些终端可以直接和数据库连接起来，从而一步就跨过了每天要耗费的堆积如山的打印纸。仅从纸张节省下来的开支就能很快填补项目开发所需的经费。

但是，这个项目还无法开展，因为存在下面这些问题。

- 如果有人要查询流通列表，而 APL 系统又死机了，这时该怎么办？
- 谁负责维护有故障的终端？
- 我们的程序员既不了解 APL，也不想学。怎么说服他们？
- 怎么才能使 APL 访问数据库？
- 怎样处理已有的 COBOL（PL/I、汇编语言）程序？

我确实不知道能否找到所有这些问题的令人满意的答案。但是，我知道这都无关紧要。假设有可能解决这些问题，并且用 APL 重写了这个系统，那么这个系统也不会是原来所想的那样。

类似于流通系统的事物都不是孤立的。有一整套经年累月才完成的复杂的程序，用于跟踪和处理拥有上百万册图书的图书馆的情况。要想替换掉其中任何一个程序，都必须保证替换后的程序运行起来和原来的一模一样，尤其是提供给系统其他部分的接口要一样。

因此，至于 APL 好不好或者 APL 程序员是否很强都不是重点：在这种情形下 APL 不起作用，除非 APL 程序能毫无痕迹地替换掉系统中的所有 COBOL 程序。

现在，你应该可以看出这两个故事的共同点了吧。如果轿车不能发动，即使再漂亮又有什么用？同样，如果用一种语言写出的程序不能在系统中运行起来，再优秀又有什么用。

车和编程语言都是工具。它们可能极具艺术魅力，但是本质上车是交通工具，编程语言是写程序的工具，归结起来都是解决问题的工具。通常我们不可能为特定的工具挑选合适的问题。在冬天气候寒冷的地方，我们要么选择一款能在冷天发动的车，要么准备好可以供暖的车库，要么不用车。我们无法改变气候。同样，如果必须与已经存在的软件系统共存，就不能为了使用自己的工具而重写所有的代码，反之，我们必须选择能被该软件系统兼容的工具。

现在我们一起来考虑编程环境。

大多数操作系统都支持所谓的传统环境。你把自己的程序交给编译器编译，编译器把相

---

[1] 墨菲法则（Murphy's law）起源于 20 世纪初美国的一个名叫墨菲的倒霉蛋，大意是说一件事情只要有可能变糟，就一定会变糟。比如从餐桌上掉下的面包片总是涂了果酱的一面着地，电影院里迟到的人总是坐在前排。——译者注

应的机器代码放入一个文件。连接程序读取这个文件，把这些机器指令和相关库中的机器指令结合起来，放入另一个文件。得到执行这个文件的命令后，操作系统就把文件读入内存，并且跳到文件的第一条指令。

有些操作系统先给程序裹上一层保护层，这样程序就不会破坏系统了。还有的操作系统允许同时执行多个程序。其他的环境存在细节上的差别。但是这种传统编程环境可以和几乎所有的操作系统共存。

有的语言通常有它们自己相应的编程环境。APL 就是这样的语言，Lisp、Basic 和 Smalltalk 也是。这些语言中有一些尤其难与其环境分离开来；在 Smalltalk 中，就很难分清哪里是程序，哪里是系统环境。

Basic 程序则相反，其文件和连接程序的标识经过了很好的组织。尽管大多数 Basic 实现是交互式的，但我们还是很容易了解 Basic 是如何在传统环境中运行的，同时可以很轻易地将 Basic 看成文件，编译和执行之间也有很清楚的界限。

Lisp 作为另一个反例，普遍采用一种名为 S-expression 的标识，即程序和数据都是内部结构 S-experession 的实例。你既可以往文件中写任何 S-expression，也可以按照同样的方式往文件中写入人们可以读懂的关于程序的表述，但是能作为程序的只有 S-expression，而不是这些表述。因此，当处理那些不能很好地符合 S-expression 模式的数据时，Lisp 程序员就陷入了困境。Lisp 程序员很难针对存储在磁带中的户口普查资料，或是为类似于局域网或风洞这样奇怪的 I/O 设备编写 Lisp 程序。

我曾遇到过一些 Lisp 程序员，他们对这些缺点的反应令人吃惊，他们居然认为解决这些问题的唯一办法就是让全世界只使用 Lisp 这一种语言！也许他们确实能够！但是没有用：任何时候 Lisp 都不可能一统天下，接口问题也不会彻底解决。

明智的程序员对待 Lisp 和任何其他编程语言的态度应当是：把它们当成工具，这一种合适时就采用这一种；如果另一种更管用，则选用另一种。

于是 C++ 终于向我们走来了。

我做关于 C++ 的演讲时，听到的常见问题就是：为什么 C++ 没有（提问者最爱使用的编程环境的）某种功能？例如，Lisp、Basic 和其他语言都努力实现交互性：计算机迅速对每个表达式进行求值，并打印出结果。为什么 C++ 不这样？

我的答案总结起来就是"这种功能不是编程语言本身的一部分，所以你系统中的 C++ 是否具备这种功能，得看系统有没有为它提供这样的环境"。C++ 是一门编程语言，并不是一种编程环境。如果你试图在一个只实现了最简单的传统环境的操作系统中运行 C++ 程序，无疑是不会很舒服的。但是，这也给了 C++ 两个非常重要的特性：可移植性和可并存性。

一台机器如果支持 C，那么要支持 C++ 就不会有很大困难，也就是说 C++ 几乎可以在任何地方运行。C++ 没有对复杂操作系统的依赖性，比如不需要对垃圾收集机制或者交互执行等功能的支持。

另外，由于 C++ 可以使用它所在主机系统中的任何一种环境，所以它允许人们开发出能和正在运行的任何程序交互的程序。这种对环境极小的依赖性也使 C++程序可以在几乎没有支持环境的系统中运行。垃圾收集器的系统开销非常大，对于某些程序——比如说垃圾压缩机的控制程序——并不适合[1]。

C++能在任何已经存在的环境中运行。这使得人们可以在不重写（甚至不用重编译）C 程序的情况下就能直接使用大量已有的 C 软件，也使得人们能用 C++写出完整的操作系统。

这就是为什么 C++程序能在类似于照相机这样的电子设备中运行良好。

这就是为什么只拥有最简单环境的可编程终端也能下载和运行 C++程序。

这就是为什么原本使用 C 的大型编程项目正在逐渐地转而使用 C++，而且无须重写所有代码。

这就是为什么粒子物理科学家可以在他们的桌面工作站上调试算法，再把相同的程序放到具有可以充分发挥并行优势的数组库的超型计算机上运行。

随着 C++越来越流行，越来越多的人开始从事 C++支持工具的开发工作，有朝一日会出现一个标准的 C++环境，就像今天的标准 APL 环境一样。同时，C++具有与多种现存系统协同工作的能力，这使得 C++在许多环境中越来越广泛地获得认可。

C++是在混合环境中发展壮大起来的，是生存在现实世界中的。

---

[1] 这里作者用了一个小幽默，因为垃圾压缩机的控制程序属于实时系统，而实时系统是不可能使用垃圾收集器的，所以出现了垃圾收集器不能用于垃圾压缩机的可笑局面。——译者注

第 二 篇
类和继承

不同的人在谈到面向对象编程（OOP）时，所指的含义并不相同。有人认为任何采用图形用户界面的应用程序都是面向对象的。有人把它作为术语来描述一种特别的进程间通信机制。还有人使用这个词汇是另有深义，他们其实是想说："来啊，买我的产品吧！"

我一般不提 OOP，但只要提到，我的意思就是指使用继承和动态绑定的编程方式。尽管这种编程风格不是万能的，但通常都很有用——尤其是在处理那些相似而又有所不同的实体的程序中。继承是一种抽象，它允许程序员在某些时候忽略相似对象间的差异，又在其他时候利用这些差异。

C++填补了 OOP 语言的一项空白。大多数这样的语言都提供继承和动态绑定，以及动态类型检查。因此，这些语言必须在程序运行时查找成员函数（方法），以决定调用哪个函数。C++则要求程序员在编译时就标明哪些类型是"相似的"，因此可以在编译那些将来可能动态绑定的函数调用时检查类型。采用这种编译时检查的方式，是因为 C++能为动态绑定的函数调用快速生成代码。正如每个 C++程序员都应该知道的那样，只有在程序通过指向基类对象的指针或者基类对象的引用调用虚函数时，才会发生运行时的多态现象。对运行时的多态作出这样的限制是经过深思熟虑的。

这个模型的含义可能不太明显。特别是对象的创建和复制不是运行时多态的，这一点严重地影响了类的设计。所以，容器——无论是类似于数组或者结构体的内建容器，还是用户自定义容器类，只能获得编译时类型已知的元素值。如果有一系列类之间存在继承关系，当我们需要创建、复制和存储对象，而这些对象的确切类型只有到运行时才能知道时，则这种编译时的检查会带来一些麻烦。

通常，解决这个问题的方法是增加一个间接层。传统的 C 模型可能会建议采用指针来实现这个间接层。这样做会给需要使用这些类的用户带来负面影响，使得他们必须参与内存管理——这可是一个单调冗长而且极易犯错的工作。C++采用了一种更自然的方法，就是定义一个类来提供并且隐藏这个间接层。

这种类通常叫作句柄（handle）类，本篇的许多章节将参照或者使用这种技术。句柄类采用最简单的形式，把一个单一类型的对象与一个与之有某种特定继承关系的任意类型的对象捆绑起来。所以，句柄可以让我们忽略正在处理的对象的准确类型，同时还能避免指针带来的内存管理方面的麻烦。第 5 章对这种基本的句柄类进行了说明。句柄类的一个常见用途就是通过避免不必要的复制来优化内存管理。第 6 章对这种技术加以描述。第 7 章将关注一种有点儿奇特的实现技术，这种技术能将前面两种技术的时间和空间效率结合起来。

接下来的 3 章内容展示了一些在第 6 章中提到的句柄技术的例子。第 8 章在表达式树环境中使用句柄，将继承关系隐藏在其中。第 9 章给出了一个更复杂的例子，并采用传统的方式加以解决，接着在第 10 章中再采用继承和句柄来解决同样的问题。不管在什么情况下，这些类的用户都无须知道他们使用的类要捆绑什么数据结构，便可以编写自己的程序。通过使用句柄，用户可以完全忽略内存管理和其他细节。另外，我们还可以发现句柄类提供了一种减少内存消耗的简便方法。

在开始解决关于继承的问题之前，习惯用 C++建立基本的抽象是很重要的。我们将通过在第 4 章中讨论的关于设计有效类的提示来开始这一篇的内容。然后，在看过一些利用继承的例子后，我们将在第 11 章中检查虚函数在哪些地方可能不起作用，并据此对本篇进行小结。

类设计者的核查表

每个优秀的飞行员都有一个核查表。天真的乘客听到这句话可能会扬起眉毛：知道怎么开飞机的人肯定不需要这样的核查表！但是，注意安全的飞行员会解释说，即使核查表上列出的每个条目都已经倒背如流，也应该督促自己，以防不小心犯下致命失误。即使经验丰富的飞行员也可能忘记放下起落架，直到听到报警声才记起来。听到报警声就算不错的了，有的时候更糟，听到的不是报警铃，而是推进器在跑道上撞毁的声音。

核查表并不是任务清单。它的用途是帮助你回忆起可能会忘掉的事情，而不是来约束你。如果只是盲目地按照核查表的要求按部就班地做，到头来可能还是会忘记一些事情。知道这一点之后，请看下面这些在定义类时要弄清楚的问题。这些问题没有确切的答案，它们的目的是提醒你思考它们，并确认你所作的事情是出于有意识的决定，而不是偶然事件。

你的类需要一个构造函数吗？ 如果答案是"不"，可以暂时跳过这一章。有些类太简单，它们的结构就是它们的接口，所以不需要构造函数。但是，我们现在主要关心的是那些足够复杂的类，它们需要构造函数来隐藏它们的内部工作方式。

你的数据成员是私有的吗？ 通常使用公有的数据成员不是什么好事，因为类设计者无法控制何时访问这些成员。例如，思考下面一个支持可变长矢量的类：

```
template<class T> class Vector {
public:
        int length;        //公有数据成员：这个设计令人质疑
        // …
};
```

如果类设计者将矢量的长度当作一个成员变量，那么设计者就必须保证这个成员变量在任何时候都能够正确反映实际矢量的长度，因为没有办法知道类的使用者什么时候会来访问这个信息。另外，如果长度在函数中是像这样实现的：

```
template<class T> class Vector {
public:
        int length() const;     //一个好得多的想法
        // …
};
```

那么除非用户调用函数 length，否则类 Vector 都不必计算长度。

另外，使用函数而不是变量，可以在还允许读取访问的时候轻松阻止写入访问。类 Vector 的第一个版本中根本没有阻止用户改变长度的措施！原则上 length 可以是一个 const int，但是如果 Vector 对象创建后还需要改变长度，就不能这样做了。我们可以通过引用只允许用户进行读取访问：

```
template<class T> class Vector {
public:
        const int& length;       //每个构造函数都将 length 绑定
                                 //到 true_length 上
        // …

private:
        int true_length;
};
```

这样确实可以防止以后出错，但是仍然不如一开始就用函数实现 length 灵活。

即使类 Vector 的设计者想允许用户改变 Vector 的长度，把长度当作一个公共数据成员也不是一个好办法。和复制 Vector 的值一样，改变长度大致上也需要自动地分配和回收内存。如果长度是一个由用户直接设置的变量，就无法马上检测到用户所作的改变。所以，对这种改变的检测总是滞后的，很可能是在每次对 Vector 进行操作之前，才检测刚才的操作有没有改变长度。而如果使用成员函数，用户只能通过调用函数来改变 Vector 的长度，这样用户每次改变长度，我们都心知肚明。

没有所谓"最好的"风格来编写访问或者改变类部件的函数。例如，假设有两个处理矢量长度的函数。它们应该有类似于 set_length 和 get_length 的名字吗？或者它们应该有同样的名字 length，而通过接收不同个数的参数来区分吗？修改长度的函数应该返回 void 或者一个值吗？如果返回一个值，应该是长度的前一个值还是刚设置的新值？或者应该返回某个完全不同的内容，比如反映了处理请求是否成功？请选择一种规范，一致地使用，并用文档清楚地保存。

你的类需要一个无参的构造函数吗？ 如果一个类已经有了构造函数，而你想声明该类的对象可以不必显式地初始化它们，则必须显式地写一个无参的构造函数。例如：

```
class Point {
public:
        Point(int P, int q): x(p), y(q) { }
        // …
```

```
private:
        int x, y;
};
```

这里，我们定义了一个有一个构造函数的类。除非这个类有一个不需要参数的构造函数，否则下面的语句就是非法的：

```
Point p;                 //错误: 没有初始化
```

因为这里没有指出怎样初始化对象 p。当然，这可能正体现了设计的意图，但必须得是有意识的。此外请牢记，如果一个类需要一个显式构造函数，如上面的 Point 类一样，则试图生成该类对象的数组是非法的：

```
Point pa[100];           //错误
```

即使想要把你的类的所有实例都初始化，也应该考虑所付出的代价，是否值得为此禁止对象数组。

是不是每个构造函数初始化所有的数据成员？ 构造函数的用途就是用一种明确定义的状态来设置对象。对象的状态由对象的数据成员进行反映。因此，每个构造函数都要负责为所有的数据成员设置经过明确定义的值。如果构造函数没有做到这一点，就很可能导致错误。

当然，这种说法也未必总是正确的。有时，类会有一些数据成员，只有当它们的对象存在了一定时间之后，这些数据成员才有意义。请记住，提这些问题倒不是希望你去寻求答案，而是希望能够激励你进行思考。

类需要析构函数吗？ 不是所有有构造函数的类都需要析构函数。例如，表示复数的类即使有构造函数也可能不需要析构函数。如果深入考虑一个类要做些什么，那么该类是否需要析构函数的问题就十分明显了。应该问一问该类是否分配了资源，而这些资源又不会由成员函数自动释放，这就足够了。特别是那些构造函数中包含了 new 表达式的类，通常要在析构函数中加上相应的 delete 表达式，所以会需要一个析构函数。

类需要一个虚析构函数吗？ 有些类需要虚析构函数只是为了声明它们的析构函数是虚的。当然，绝不会用作基类的类是不需要虚析构函数的：任何虚函数只在继承的情况下才有用。但是，请设想一下，你写了一个叫 B 的类，而别人从它派生了一个类 D，那么 B 何时需要一个虚析构函数呢？只要有人可能会对实际指向 D 类型对象的 B*指针执行 delete 表达式，你就需要给 B 加上一个虚析构函数。

即使 B 和 D 都没有虚函数，这也是需要的。例如：

```
struct B {
        String s;
};

struct D: B {
        String t;
```

```
};

int main()
{
        B* bp = new D;              //这里没有问题，但是……
        delete bp;                  //除非 B 有一个虚析构函数，

                                    //否则将调用错误的析构函数！

}
```

这里，即使 B 没有虚成员函数，甚至根本没有成员函数，也必须有一个虚析构函数，否则 delete 会出错：

```
struct B {
        String s;
        virtual ~B() { }
};
```

虚析构函数通常是空的。

你的类需要复制构造函数吗？ 很多时候答案都是"不"，但有时候答案是"是"。关键在于复制该类的对象是否相当于复制其数据成员和基类对象。如果并不相当，就需要复制构造函数。

如果你的类在构造函数内分配资源，则可能需要一个显式的复制构造函数来管理资源。有析构函数（除了空的虚析构函数外）的类通常是用析构函数来释放构造函数分配的资源，这通常也说明需要一个复制构造函数。一个典型的例子就是类 String：

```
class String {
public:
        String();
        String(const char* s);
        //其他成员函数
private:
        char* data;
};
```

即使不考虑类接下来的定义，我们也能猜到它需要一个析构函数，因为它的数据成员指向了必须由对应的对象释放的动态分配的内存。出于同样的原因，它还需要一个显式的复制构造函数，没有的话，复制 String 对象就会以复制它的 data 成员的形式隐式地定义。复制完后，两个对象的 data 成员将指向同样的内存；当这两个对象被销毁时，这个内存会被释放两次。

如果不希望用户能够复制类的对象，就声明复制构造函数（可能还有赋值操作符）为私有的：

```
class Thing {
public:
        // …

private:
```

```
        Thing(const Thing&);
        Thing& operator=(const Thing&);
};
```

如果其他的成员不会使用这些成员函数，上述声明就足够了。没有必要定义它们，因为没人会调用它们：你不能，用户也不能。

你的类需要一个赋值操作符吗? 如果需要复制构造函数，同理多半也会需要一个赋值操作符。如果不希望用户能够设置类中的对象，就将赋值操作符私有化。

类 X 的赋值由 X::operator=来定义。通常，operator=应该返回一个 X&，并且由

```
return *this;
```

结束，以保证与内建的复制操作符一致。

你的赋值操作符能正确地将对象赋给对象本身吗? 自我赋值常常被错误地应用，以致于不止一本 C++图书把它弄错了。赋值总是用新值取代目标对象的旧值。如果原对象和目标对象是同一个，而我们又奉行"先释放旧值，再复制"的行事规则，那么就可能在还没有实施复制之前就把原对象销毁了。例如，思考类 String:

```
class String {
public:
        String& operator=(const String& s);
        //各不相同的其他成员
private:
        char* data;
};
```

我们很容易就用下面的方法来实现赋值:

```
//很明显但不正确的实现
String& String::operator=(const String& s)
{
        delete [] data;
        data = new char[strlen(s.data)+1];
        strcpy(data, s.data);
        return *this;
}
```

一旦我们把一个 String 对象赋给它本身，这个方法就会彻底失败，因为 s 和*this 都指向同样的对象。避免这个问题的最简单的方法就是显式地加以预防:

```
//正确的实现方法 1
String& String::operator=(const String& s)
{
        if (&s != this) {
                delete [] data;
                data = new char[strlen(s.data)+1];
                strcpy(data, s.data);
```

```
        }
        return *this;
}
```

另一个可行的办法就是将旧的目标值保存起来，直到将源值复制完成：

```
//正确的实现方法 2
String& String::operator=(const String& s)
{
        char* newdata = new char[strlen(s.data)+1];
        strcpy(newdata, s.data);
        delete [] data;
        data = newdata;
        return *this;
}
```

你的类需要定义关系操作符吗？ 由于 C++支持模板，所以通用库也逐渐开始包含容器类。这些类提供了关于诸如列表、集合和图等数据结构的泛型定义。这些容器依赖于它们所包含的元素类型的操作。通常要求容器能够判断两个值是否相等。还常常需要容器具有判断一个值是否大于或者小于另一个值的能力。

因此，如果你的类逻辑上支持相等操作，那么提供 operator==和 operator!=可能会很有好处。类似地，如果你的类的值有某种排序关系，那就可能会想提供余下的关系操作符。即使不希望用户直接使用关系操作符，也可能需要这些关系操作符。只要它们想创建你的类型的有序集合，就必须提供关系操作符。

删除数组时你记住用 delete[]了吗？ [ ]这个奇怪的语法之所以存在，是因为 C++希望在保持与 C 兼容的同时能关注效率。C 程序员希望在他们写函数时使用 malloc 分配内存，然后返回给 C++函数。之后，他们希望 C++函数能够使用 delete 来释放那些内存。C++系统不想占用现有 C 系统的 malloc 函数，因此必须利用原来的这个 malloc 直接实现 new，而不能另起炉灶。因此，C++库在释放数组时不一定要清楚数组的大小。即使 malloc 把长度值存储到某个位置上，C++库也没法在保证可移植性的前提下找到这个值。因此，作为一种折中方案，C++要求用户告知要被删除的是不是数组。如果是，该实现就可能会提供另一个地方来存储长度，因为与数组所需的内存量相比，这个常数的开销会小很多。

尽管有些 C++实现只在数组中的对象有特殊的析构函数时才要求这样做，在删除任何类型的数组时使用[ ]格式仍然是一种很好的习惯。

记得在复制构造函数和赋值操作符的参数类型中加上const 了吗？ 有些早期的C++图书建议类 X 的复制构造函数应该为 X::X(X&)。这种建议是不正确的：复制构造函数应该是像 X::X(const X&)这样。毕竟复制对象不会改变原对象！实际上，由于绑定一个非 const 引用到一个临时的对象是非法的，因此使用 X::X(X&)作为复制构造函数不会允许复制任何特殊表达式的结果。

同样的道理也适用于赋值：使用 X::operator=(const X&)，而不是 X::operator=(X&)。

如果函数有引用参数，它们应该是 const 引用吗？ 只有当函数想改变参数时，它才应该有不用 const 声明的引用参数。例如，不应该用

```
Complex operatr+(Complex& x, Complex& y);
```

而应该总用

```
Complex operator+(const Complex& x, const Complex& y);
```

除非想允许增加两个 Complex 对象来改变它们的值！否则，由于 x+y 不是左值，不能绑定一个非 const 引用到自身，所以类似于 x+y+z 的表达式就变得不可能了。

记得适当地声明成员函数为 const 了吗？ 如果确信一个成员函数不用修改它的对象，就可以声明它为 const，这样就可以把它用于 const 对象了。所以，如果我们像前面的例子中那样使用存取函数：

```
template<class T> class Vector {
public:
        int length();                    // 得到长度（错误）
        int length(int);                 // 设置长度，返回前一个
        // …
};
```

取回长度值而不改变该值的函数应该被声明为 const：

```
template<class T> class Vector {
public:
        int length() const;              // 得到长度（正确）
        int length(int);                 // 设置长度，返回前一个
        // …
};
```

否则，我们会遇到类似下面的问题：

```
/* 返回 n 和 v 的长度中较大的一个 */
template<class T>
int padded_length(const Vector<T>& v, int n)
{
        int k = v.length();              //oops!
        return k>n? k: n;
}
```

除非对 length 的声明中出现了前面所说的 const，否则标注了 oops!的行将不会编译，因为 v 是 const 引用。

这个程序自然会让人提出问题：C++为什么不自动处理所有的这些事情？其主要原因是不可能做得到，更不用说还要保证做得对。

继续前面提到的飞行分析，自动处理这些事情就像是在设计飞机时，让它在适当的条件下自动降下起落装置一样。人们也试图这么做过，但是收效甚微。问题在于很难可靠地、机

械地定义这里的"适当的条件"。所以，实际中飞行员不得不在每次着陆前检查"降下起落装置"的灯，自动操作也做不了什么。当然，让起落装置始终伸展开也能解决这个问题，但是这样只会增加额外的负担。

这个道理同样适用于编程语言的设计。例如，把一个虚析构函数给类也会增加开销。如果这个类很小，而且没有（其他的）虚函数，这个开销就会很明显。使所有的类都自动包含虚析构函数会亵渎 C++"只为用到的东西付出代价"的哲学；这和让起落装置一直伸展着异曲同工。

变通的方法是让编译器指出什么时候类应该有一个虚析构函数、什么时候要自动提供析构函数。另外，问题在于要精确定义何时生成这样的析构函数。如果定义不完善，程序员就得进行检查。与其事后检查，还不如一开始就定义虚析构函数。

换言之，C++更适合于那些喜欢思考的程序员。使用 C++与使用别的专业工具方法一样都需要思考。

第
5
章

代理类

我们怎样才能设计一个 C++容器，使它有能力包含类型不同但彼此相关的对象呢？容器通常只能包含一种类型的对象，所以很难在容器中存储对象本身。存储指向对象的指针，虽然允许通过继承来处理类型不同的问题，但是也增加了内存分配的额外负担。

这里，我们将讨论一种方法，通过定义名为**代理**（surrogate）的对象来解决该问题。代理运行起来和它所代表的对象基本相同，但是允许将整个派生层次压缩在一个对象类型中。surrogate 是 handle 类中最简单的一种，后续章节将在本章内容的基础上进行扩展。

5.1 问题

假设有一个表示不同种类的交通工具的类派生层次：

```
class Vehicle {
public:
        virtual double weight() const = 0;
        virtual void start() = 0;
        // …
};

class RoadVehicle: public Vehicle { /* … */ };
class AutoVehicle: public RoadVehicle { /* … */ };
class Aircraft: public Vehicle { /* … */ };
class Helicopter: public Aircraft { /* … */ };
```

所有 Vehicle 都有一些类 Vehicle 中的成员声明的共有属性。但是，有的 Vehicle 具有一些其他 Vehicle 所没有的属性。例如，只有 Aircraft 能飞，也只有 Helicopter 能盘旋。下面假设我们要跟踪处理一系列不同种类的 Vehicle。在实际中，我们可能会使用某种容器类；然而，为了使表述更简洁，我们使用数组来实现。

```
Vehicle parking_lot[1000];
```

上述语句没有产生预期的效果，为什么？

从表面上看，原因是 Vehicle 是一个抽象基类，成员函数 weight 和 start 都是**纯虚函数**。通过在声明中写=0，明确声明了这些函数可以空着不定义。因此，只有从类 Vehicle 派生出来的类才能够实例化，类 Vehicle 本身不会有对象。既然 Vehicle 对象不存在，当然也就不可能有对象数组了。

我们的失败还有更深层次的原因。如果我们思考一下，假设存在类 Vehicle 的对象，会出现什么样的情况，原因就会更加明显。比如，假设我们剔除了类 Vehicle 中的所有纯虚函数。如果我们写类似于下面的语句，会有什么结果呢？

```
Automobile x = /* … */
Parking_lot[num_vehicles++] = x;
```

答案是：把 x 赋给 parking_lot 的元素，会把 x 转换成一个 Vehicle 对象，同时会丢失所有在 Vehicle 类中没有的成员。该赋值语句还会把这个被剪裁了的对象复制到 parking_lot 数组中去。

这样，我们就只能说 parking_lot 是 Vehicles 的集合，而不是所有继承自 Vehicle 的对象的集合。

5.2　经典解决方案

这种情况下，实现灵活性的常见做法是提供一个**间接层**（indirection）。最早的合适的间接层形式就是存储指针，而不是对象本身：

```
Vehicle* parking_lot[1000];          // 指针数组
```

然后，输入类似

```
Automobile x = /* … */;
Parking_lot[num_vehicles++] = &x;
```

的语句。这种方法解决了迫切的问题，但也带来了两个新问题。

首先，我们存储在 parking_lot 中的是指向 x 的指针，在本例中是一个局部变量。这样，一旦变量 x 没有了，parking_lot 就不知道指向什么了。

我们可以这么变通一下：放入 parkint_lot 中的值不是指向原对象的指针，而是指向它们副本的指针。然后，可以采用一个约定，就是当我们释放 parkint_lot 时，也释放其中所指向的全部对象。因此，可以把前面的例子改为：

```
Automobile x = /* … */
Parking_lot[num_vehicles++] = new Automobile(x);
```

尽管这样修改可以不用存储指向本地对象的指针，但它带来了动态内存管理的负担。另外，只有当我们知道要放到 parkint_lot 中的对象是静态类型后，这种方法才能起作用。如果不知道又会怎样？例如，假设我们想让 parkint_lot[p]指向一个新建的 Vehicle，这个 Vehicle 的类型和值与由 parkint_lot[q]指向的对象相同，情况会是怎样？我们不能使用这样的语句

```
if (p != q) {
        delete parking_lot[p];
        parking_lot[p] = parking_lot[q];
}
```

因为接下来 parkint_lot[p]和 parkint_lot[q]将指向相同的对象。我们也不能使用这样的语句

```
if (p != q) {
        delete parking_lot[p];
        parking_lot[p] = new Vehicle(parking_lot[q]);
}
```

因为这样我们又会回到前面的问题：没有 Vehicle 类型的对象。即使有，也不是我们想要的！

5.3 虚复制函数

让我们想一个办法来复制编译时类型未知的对象。我们知道，C++使用虚函数来处理未知类型的对象。这种函数的一个显而易见的名字就是 copy。尽管 clone 也可以，但是稍微有点似是而非。

由于我们是想能够复制任何类型的 Vehicle，所以应该在 Vehicle 类中增加一个合适的纯虚函数：

```
class Vehicle {
public:
        virtual double weight() const = 0;
        virtual void start() = 0;
        virtual Vehicle* copy() const = 0;
        // …
};
```

接下来，在每个派生自 Vehicle 的类中添加一个新的成员函数 copy。指导思想就是，如果 vp 指向某个继承自 Vehicle 的不确定类的对象，则 vp->copy()会获得一个指针，该指针指向该对象的一个新建副本。例如，如果 Truck 继承自（直接或者间接地）类 Vehicle，则它的 copy 函数就类似于：

```
Vehicle* Truck::copy() const
{
        return new Truck(*this);
}
```

当然，处理完一个对象后，需要清除该对象。要做到这一点，就必须确保类 Vehicle 有一个虚析构函数：

```
class Vehicle {
public:
        virtual double weight() const = 0;
        virtual void start() = 0;
        virtual Vehicle* copy() const = 0;
        virtual ~Vehicle() { }
        // …
};
```

5.4 定义代理类

我们已经理解了根据需要复制对象的方法。现在来看看内存分配。有没有一种方法既能使我们避免显式地处理内存分配，又能保持类 Vehicle 在运行时绑定的属性呢？

解决这个问题的关键是要**用类来表示概念**，这在 C++中是很常见的。我总是把这一点当作最基本的 C++设计原则。在复制对象的过程中运用这个设计原则，就是定义一个行为和 Vehicle 对象相似，而又潜在地表示了所有继承自 Vehicle 类的对象的东西。我们把这种类的对象叫作代理（surrogate）。

每个 Vehicle 代理都代表某个继承自 Vehicle 类的对象。只要该代理关联着这个对象，该对象就肯定存在。因此，复制代理就会复制相对应的对象，而给代理赋新值也会先删除旧对象、再复制新对象[1]。所幸的是，我们在类 Vehicle 中已经有了虚函数 copy 来完成这些复制工作。所以，我们可以开始定义自己的代理了：

```
class VehicelSurrogate [
public:
        VehicleSurrogate();
        VehicleSurrogate(const Vehicle&);
        ~VehicleSurrogate();
        VehicleSurrogate(const VehicleSurrogate&);
        VehicleSurrogate& operator=(const VehicleSurrogate&);

Private:
        Vehicle* vp;
};
```

上述代理类有一个以 const Vehicle&为参数的构造函数，这样就能为任意继承自 Vehicle 的类的对象创建代理了。同时，代理类还有一个缺省构造函数，所以我们能够创建 VehicleSurrogate 对象的数组。

然而，缺省构造函数也给我们带来了问题：如果 Vehicle 是个抽象基类，我们应该如何规定 VehicleSurrogate 的缺省操作？它所指向的对象的类型是什么？不可能是 Vehicle，因为根本

---

[1] Dag Brück 指出，这种处理方式与我们所预期的赋值行为稍微不同，因为这种方式改变了左侧的代理类实际关联的那个对象的类型。

就没有 Vehicle 对象。

为了得到一个更好的方法，我们要引入行为类似于零指针的**空代理**（empty surrogate）的概念。这样的代理可以进行创建、销毁和复制，但是进行其他操作时就视为出错。

到目前为止，不再需要任何其他的操作了，这就使得我们能很容易地写出成员函数的定义：

```
VehicleSurrogate::VehicleSurrogate(): vp(0) { }
VehicleSurrogate:: VehicleSurrogate(const Vehicle& v):
        vp(v.copy()) { }
VehicleSurrogate:: ~VehicleSurrogate()
{
        delete vp;
}

VehicleSurrogate::VehicleSurrogate
    (const VehicleSurrogate& v):
        vp(v.vp? v.vp->copy(): 0) { }

VehicleSurrogate&
VehicleSurrogate::operator=(const VehicleSurrogate& v)
{
        if (this != &v) {
                delete vp;
                vp = (v.vp ? v.vp->copy() : 0);
        }
        return *this;
}
```

这里有 3 个技巧值得注意。

首先，注意每次对 copy 的调用都是一个虚拟调用。这些调用只能是虚拟的，别无选择，因为类 Vehicle 的对象不存在。即使是在那个只接收一个 const Vehicle&参数的复制构造函数中，它所进行的 v.copy 调用也是一次虚拟调用，因为 v 是一个引用而不是一个普通对象。

其次，注意关于复制构造函数和赋值操作符中的 v.vp 非零的检测。这个检测是必需的，否则调用 v.vp->copy 时就会出错。

最后，注意对赋值操作符进行检测，确保没有将代理赋值给它自身。

下面剩下的工作只是令该代理类支持类 Vehicle 所能支持的其他操作了。在前面的例子中，有 weight 和 start，所以要把它们加入到类 VehicleSurrogate 中：

```
class VehicelSurrogate [
public:
        VehicleSurrogate();
        VehicleSurrogate(const Vehicle&);
        ~VehicleSurrogate();
        VehicleSurrogate(const VehicleSurrogate&);
        VehicleSurrogate& operator=(const VehicleSurrogate&);
```

```
        // 来自类 Vehicle 的操作
        double weight() const;
        void start();
        // …
Private:
        Vehicle* vp;
};
```

注意这些函数都不是虚拟的：我们这里所使用的对象都是类 VehicleSurrogate 的对象；没有继承自该类的对象。当然，函数本身可以调用相应 Vehicle 对象中的虚函数。它们也应该检查确保 vp 不为零：

```
double VehicleSurrogate::weight() const
{
        if (vp == 0)
                throw "empty VehicleSurrogate.weight()";
        return vp->weight();
}

void VehicleSurrogate::start()
{
        if (vp == 0)
                throw "empty VehicleSurrogate.start()";
        vp->start();
}
```

一旦完成了所有这些工作，就很容易定义我们的停车场（parking_lot）了：

```
VehicleSurrogate parking_lot[1000];
Automobile x;
Parking_lot[num_vehicles++] = x;
```

最后一条语句等价于

```
parking_lot[num_vehicles++] = VehicleSurrogate(x);
```

这个语句创建了一个关于对象 x 的副本，并将 VehicleSurrogate 对象绑定到该副本，然后将这个对象赋值给 parking_lot 的一个元素。当最后销毁 parking_lot 数组时，所有这些副本也将被清除。

5.5　小结

在将继承和容器共用时，我们需要处理两个问题：控制内存分配和把不同类型的对象放入同一个容器中。采用基础的 C++技术，用类来表示概念，我们可以同时兼顾这两个问题。做这些事情的时候，我们提出一个名叫代理类的类。这个类的每个对象都代表另一个对象，该对象可以是位于一个完整继承层次中的任何类的对象。通过在容器中用代理对象而不是对象本身的方式，解决了我们的问题。

第
6
章

句柄：第一部分

第 5 章介绍了一种叫作代理的类。这个类能让我们在一个容器中存储类型不同但相互关联的对象。这种方法需要为每个对象创建一个代理，并要将代理存储在容器中。创建代理将会复制所代理的对象，就像复制代理一样。

但是，如果想避免这些复制该怎么做呢？本章将介绍另一个通常叫作**句柄**（handle）的类。它允许在保持代理的多态行为的同时，还可以避免进行不必要的复制。

6.1　问题

对于某些类来说，能够避免复制其对象是很有好处的。有可能对象会很大，复制起来消耗太大。也有可能每个对象代表一种不能轻易被复制的资源，比如文件。还有可能某些其他的数据结构已经存储了对象的地址，把副本的地址插入到那些数据结构中代价会非常大，或者根本不可能。还有可能这个对象代表着位于网络连接另一端的其他对象。或者，如第 5 章所说，我们可能处于一个多态性的环境中，在这个环境中，我们能够知道对象的基类类型，但是不知道对象本身的类型或者怎样复制这种类型的对象。

另外，通常由于参数和返回值是通过复制自动传递的，所以 C++函数可以很轻易地进行复制操作。用引用传递参数可以避免对它们的复制，但是必须记住，这样做，无论如何对返回值来说都不那么容易。

同样，也可以避免使用指针来复制对象。实际上，指针（或者引用）对于 C++的多态性来说是十分必要的。但是这样的话，我们就必须牢记要编写接受指针的函数，而不是接受对象的函数。而且，使用对象指针比直接使用对象要困难。

未初始化的指针是非常危险的，但是也没有什么简单的办法可以防范。在某些 C++实现中，只要对这样的指针实施复制操作就会导致彻底崩溃：

```
void f()
{
        int* p;                 //没有初始化
        int* q = p;             //未定义操作
}
```

在这样的实现中，管理内存的硬件总是要检查每个被复制的指针，看它们是不是真的指向了程序所分配的内存位置上。因此，复制 p 会导致硬件陷阱。

另外，无论何时，只要有几个指针指向同一个对象，就必须考虑要在什么时候删除这个对象。如果删除得太早，就会存在某个仍然指向它的指针。再使用这个指针就会引发未定义行为。如果删除对象太晚，又会占用本来早就可以另作它用的内存空间。事实上，如果等得太久，可能会丢失最后一个指向该对象的指针，以至于最终无法释放这个对象。

我们需要一种方法，可以在避免某些缺点（如缺乏安全性）的同时，能够获取指针的某些优点，尤其是能够在保持多态性的前提下避免复制对象的代价。C++的解决方法就是定义一个适当的类。由于这些类的对象通常被绑定到它们所控制的类的对象上，所以这些类常被称为 **handle 类**（handle class）。因为这些 handle 的行为类似指针，所以人们有时也叫它们**智能指针**（smart pointer）。然而，handle 毕竟和指针相差太大，因此只能在极其有限的情况下才能把两者视作相同。

在本章中，我们将开发一个简单直观但是非常完整的句柄类。通过这种方式，我们将指出一些可以采用不同方法的地方。我们还将显示在何处对句柄类的实现做小小的改动就会引起操作发生显著的变化。

6.2　一个简单的类

为了使讨论更具体些，我们必须将句柄绑定到对象上，这样就要为这些对象定义一个类。为了增添一点乐趣，我们的对象类需要有些数据。有两个或者更多数据成员的类比只有一个数据成员的类有趣得多——不然，只能用一个对象。整数是我们所能使用的最简单的一种数据成员类型，所以我们假定有一个包含两个整数的类。

这样的类的用途是什么呢？现在最容易想到的就是位图上某点的坐标，所以将它称为 Point 类[1]。假设该类能够支持许多种操作，下面就随便列出一组：

```
class Point {
public:
        Point(): xval(0), yval(0) { }
        Point(int x, int y): xval(x), yval(y) { }
        int x() const { return xval; }
        int y() const { return yval; }
        Point& x(int xv) { xval = xv; return *this; }
        Point& y(int yv) { yval = yv; return *this; }
```

---

[1] 我们曾注意到，如果让数据成员的类型从整数变为实数，可以称这个类为 Complex（复数类）。不过整数成员毕竟比较简单。

```
Private:
        int xval, yval;
};
```

有一个无参数的构造函数，用于在没有明确提供坐标的情况下创建一个 Point。这是很重要的，尤其对于要创建一个 Point 的数组来说。我们可能只采用了一个带缺省参数的构造函数，而不是另外两个构造函数：

```
Point(int x = 0, int y = 0): xval(x), yval(y) { }
```

那么，它就应该可以只用一个参数（另一个参数缺省为零）来构造一个 Point，而这样做几乎可以肯定是错的。

默认情况下，由编译器生成的赋值操作符和复制构造函数会按照预期运行，因此，不必显式地定义它们。没有指针成员的函数常常出现这种情况。

当然，我们需要一种能访问到 Point 对象的元素的途径。我们可能还需要有办法来改变这些元素——有多少编写类的人就会有多少种改变类元素的不同方法。这个例子中用到的技术重载了 x 和 y 成员函数，举例来说，如果 p 是一个指针，则

```
int x = p.x();
```

将 p 的 x 坐标复制到 x 中，而

```
p.x(42);
```

将 p 的 x 坐标设为 42。这些会引起变化的操作返回对它们的对象的引用，即 p.x(42).y(24)将设置 p 的 x 坐标为 42，设置 p 的 y 坐标为 24。想采用不同方法的读者可以尝试一下自己的方法。

6.3　绑定到句柄

从 Point 对象初始化 handle 时应该完成些什么任务？

```
Point p;
Handle h(p);            //这应该是什么含义
```

浅显地说，我们可能希望上面这段代码将句柄 h 直接绑定到对象 p 上，但是稍加思考就会知道这是不会起作用的。问题在于对象 p 直接处于用户的控制之下。一旦用户删掉 p，handle 又会怎样？显然，删除 p 后应该使 handle 无效，但是 handle 如何才能知道 p 被删除了呢？同样，应该同时也删除 handle 吗？若删除，则如果 p 是一个局部变量，那么 p 就会被删除两次：handle 离开时一次；p 自己超出作用域时一次。如果说

```
Handle h(p);
```

将 handle 直接绑定到了对象 p 上，则我们的 handle 最好与 p 的内存分配和释放无关。如果这样做是可行的，那么我们也就可以使用指针或者引用，而根本不必再创建一个单独的类。

handle 应该"控制"它所绑定到的对象，把这种似乎很有道理的建议反过来，也就是 handle 应该创建和销毁对象。这样，就有两种可能的选择：可以创建自己的 Point 对象并把它赋给一个 handle 去进行复制；或者可以把用于创建 Point 的参数传给这个 handle。我们要允许这两种方法，所以想让 handle 类的构造函数和 Point 类的构造函数一样。换言之，我们想用

```
Handle h0(123, 456);
```

来创建绑定到新分配的坐标为 123 和 456 的 Point 的 handle，而用

```
Handle h(p);
```

创建一个 p 的副本，并将 handle 绑定到该副本。这样，handle 就可以控制对副本的操作。从效果上说，handle 就是一种只包含单个对象的容器。

6.4　获取对象

假设我们有一个绑定到 Point 对象的 Handle，应当如何去访问这个 Point 呢？要是一个 handle 在行为上类似一个指针，则可以使用 operator-> 将 Handle 的所有操作转发给相应的 Point 操作来执行：

```
class Handle {
public:
        Point* operator->();
        // …
    };
```

其实这个简单的方法基本上就差不多了——可惜这种方式所得到的 handle 跟指针实在太相似了。这把所有的 Point 操作都通过 operator-> 转发了，没有简单的办法禁止一些操作，也没法有选择地改写一些操作。

例如，如果我们希望 handle 能够对对象的分配和回收拥有完全的控制权，则最好能够阻止用户直接获得那些对象的实际地址。因为这样一来就过多地暴露了内存分配方面的策略，将来要想改变分配的策略就麻烦多了。但是如果我们的 handle 类有 operator-> 操作，则可以像下面这样直接调用 operator->：

```
Point* addr = h.operator->();
```

从而获得底层 Point 对象的地址。

所以，如果想要把真实地址隐蔽起来，就必须避免使用 operator->，而且必须明确地选择让我们的 handle 类支持哪些 Point 操作。

6.5　简单的实现

现在我们已经了解了足够的信息，可以开始实现自己的 handle 类了。如果希望绕开 operator->()，就必须为 handle 提供自己的 x 和 y 操作，显然两者的返回值要么是 int（如果以

无参形式调用），要么是 Handle&（如果以单参形式调用）。我们得给这个类一个缺省构造函数，理由与给 Point 一个缺省构造函数一样：为了允许数组和其他容器容纳 Handle。确定了 x 和 y 操作之后，就可以给出 Handle 类的大致轮廓了：

```
class Handle {
public:
        Handle();
        Handle(int, int);
        Handle(const Point&);
        Handle(const Handle&);
        Handle& operator=(const Handle&);
        ~Handle();

        int x() const;
        Handle& x(int);
        int y() const;
        Handle& y(int);

Private:
        // …
};
```

剩下需要做的事情就是定义 private 数据和成员函数，而这些地方也正是可以实现语义变化的地方。

6.6 引用计数型句柄

之所以要使用句柄，原因之一就是为了避免不必要的对象复制。也就是说，得允许多个句柄绑定到单个对象上，否则很难想象如何把一个句柄作为参数传入函数，因为那要求复制句柄而不复制对象。我们必须了解有多少个句柄绑定在同一个对象上，只有这样才能确定应当在何时删除对象。通常使用引用计数（use count）来达到这个目的。

当然，这个引用计数不能是句柄的一部分。如果这么做，那么每一个句柄都必须知道跟它一起被绑定到同一个对象的其他所有句柄的位置，唯有如此才能去更新其他句柄的引用计数数据。同时，也不能让引用计数成为对象的一部分，因为那样会要求我们重写已经存在的对象类。因此，我们必须定义一个新的类来容纳一个引用计数和一个 Point 对象。我们称之为 UPoint。一方面，这个类纯粹是为了实现而设计的，所以我们把其所有成员都设置为 private，并且将句柄类声明为友元。我们在生成一个 UPoint 对象时，其引用计数始终为 1，因为该对象的地址将会被马上存储在一个 Handle 对象中[1]。而在另一方面，我们希望能以创建 Point 的所有方式创建 UPoint 对象，所以我们把 Point 的构造函数照搬过来：

```
class UPoint {
        // 所有成员都是私有的
```

---

[1] 由于 UPoint 全部成员都是 private 的，所以如果有一个 UPoint 对象被生成，则必然是应其友元类 Handle 之要求而为之，因此可以肯定，该 UPoint 地址将会马上被某 Handle 对象所保存。——译者注

```
        friend class Handle;
        Point p;
        int u;

        Upoint(): u(1) { }
        UPoint(int x, int y): P(x, y), u(1) { }
        UPoint(const Point& p0): p(p0), u(1) { }
};
```

除了这些操作之外，我们将通过直接引用 UPoint 对象成员的方式操作 UPoint 对象。
现在可以回到 Handle 类，继续完成下面的工作细节：

```
class Handle {
public:
        // 和以前一样
        Handle();
        Handle(int, int);
        Handle(const Point&);
        Handle(const Handle&);
        Handle& operator=(const Handle&);
        ~Handle();
        int x() const;
        Handle& x(int);
        int y() const;
        Handle& y(int);

Private:
        // 添加的
        Upoint* up;
};
```

大部分构造函数都很简单——以合适的参数分配一个 UPoint：

```
        Handle::Handle(): up(new UPoint) { }

        Handle::Handle(int x, int y): up(new UPoint(x,y)) { }

        Handle::Handle(const Point& p): up(new UPoint(p)) { }
```

析构函数也很简单——它递减引用计数，如果发现引用计数的值达到 0，就删除 UPoint
对象。

```
Handle::~Handle()
{
        if (--up->u == 0)
                delete up;
}
```

连复制构造函数也是简单直接的，记着，因为有一个引用计数，所以避免了复制 Point：

```
Handle::Handle(const Handle& h) : up(h.up) { ++up->u; }
```

这里所需要做的就是将被"复制"对象的引用计数增 1，这样原先的句柄和其副本都指向相同的 UPoint 对象。

赋值操作符稍微复杂一点，因为左侧句柄所指向的目标将会被改写，所以必须将左侧句柄所指向的 UPoint 对象的引用计数减 1。这种做法反映了一个事实：左侧的句柄在赋值后将指向另一个对象。然而，当我们将引用计数减 1 时必须注意，即使在左右两个句柄引用同一个 UPoint 对象，这一操作也能正确工作。

为了确保这一点，最简单的办法就是首先递增右侧句柄指向对象的引用计数，然后再递减左侧句柄指向对象的引用计数：

```
Handle& Handle::operator=(const Handle& h)
{
        ++h.up->u;
        if (--up->u == 0)
                delete up;
        up = h.up;
        return *this;
}
```

存取函数也是简单明了的：

```
int Handle::x() const { return up->p.x(); }
int Handle::y() const { return up->p.y(); }
```

然而，当我们来考虑对函数进行改动时，事情立刻就变得有趣了。原因是这里必须作出决定：到底我们的句柄需要值语义还是指针语义。

6.7　写时复制

从实现的角度看，我们将 Handle 类设计成"无须对 Point 对象进行复制"的形式。可关键问题是，是否希望句柄类在用户面前的行为也是这样的。例如：

```
Handle h(3, 4);
Handle h2 = h;                  // 复制 Handle
h2.x(5);                        // 修改 Point
int n = h.x();                  // 3 还是 5
```

一方面，如果希望句柄为值语义，则在这个例子里，我们希望 n 等于 3，因为既然将 h 复制到 h2，那么再改变 h2 的内容就不应该影响 h 的值了。可另一方面，我们可能希望 handle 表现得像指针或者引用，也就是说 h 与 h2 绑定到同一个对象上，改变一个就影响另一个。两种方式都有可能，但是我们必须作出选择。

如果采用指针语义，则永远不必复制 UPoint 对象，这样函数改动也就十分微不足道了：

```
Handle& Handle::x(int x0)
{
        up->p.x(x0);
        return *this;
}

Handle& Handle::y(int y0)
{
        up->p.y(y0);
        return *this;
}
```

然而，如果需要值语义，就必须保证所改动的那个 UPoint 对象不能同时被任何其他的 Handle 所引用。这倒不难，只要看看引用计数即可。如果是 1，则说明 Handle 是唯一一个使用该 UPoint 对象的句柄；其他情况下，就必须复制 UPoint 对象，使得引用计数变成 1：

```
Handle& Handle::x(int x0)
{
        if (up->u != 1) {
                --up->u;
                up = new UPoint(up->p);
        }
        up->p.x(x0);
        return *this;
}
```

Handle::y 与此类似。重写 Handle::x 之后我们会发现

```
        if (up->u != 1) {
                --up->u;
                up = new UPoint(up->p);
        }
```

需要在每一个改变 UPoint 对象的成员函数中重复，这暗示我们应当设计一个 private 成员函数，以保证 Handle 引用计数为 1。这个小工作留给大家作为简单的练习吧！

这一技术通常称为 copy on write（写时复制），其优点是只有在绝对必要时才进行复制，从而避免了不必要的复制，而且额外开销也只有一丁点儿。在涉及句柄的类库中，这一技术经常用到。

6.8　讨论

程序员希望能根据上下文和运用方式，分析清楚指针语义或者值语义。例如，C 程序员经常用一种让人联想到指针的语义方法来模拟字符串。C 和 FORTRAN 程序员都倾向于认为数组具有指针语义。而句柄所绑定的对象，如果打算用于面向对象编程，通常句柄也应该有指

针语义。但绝大多数支持变长字符串的语言——无论是作为内建类型还是通过库实现的——都提供值语义。

我们已经能够通过实现句柄类来得到所有这些方法，而不必考虑到底应该采用指针还是值语义。只有当试图改变对象时才需要考虑这一点。更常见的情况是，对象和值之间的差别只在要改变对象时才显现出来。换句话说，就是值和不可变的对象是无法区分的。即使这么说了，还是必须稍微留点余地：通过比较原对象的地址和副本的地址，能够判断出对象是否被复制过。但这只是一个很细微的差别，也就是说，如果两个互为副本的对象之间只有地址不同，则这种区别也就不那么有用了。

因为不可变对象的操作类似于值，所以写时复制只是针对可变对象的一种优化技巧。下面这种说法或许更让人清楚：如果永远不需要写入，则永远不需要写时复制！这个断言即使对于赋值操作也是正确的，因为对于赋值操作的实现是重绑定，而不是复制。也就是说，我们实现 h = k 的方式是，将 h 与其原先所绑定的 Point 对象断开，然后重新绑定到 k 所绑定的 Point 对象上。这一操作完全在句柄内进行，对 Point 对象的值完全不予改动。它依赖于一个基本事实：赋值操作改变了 Point 中每一个组件的值，所以向一个句柄赋值就相当于抛弃旧的 Point 对象，然后绑定到新的 Point 对象之上。

其他的改变操作（例如 x 和 y 成员函数）也可以用类似的方式实现。例如：

```
p.x(42);
```

相当于

```
p = Point(42, p.y());
```

差别在于，后者没有用到改变操作。然而，它是通过复制 p 的所有成员（除了那个将被赋予新值的成员）做到这一点的。如果 p 有很多成员，则这种方法可能相当昂贵。我们的实际做法是复制 Point 的所有成员，然后改变其中一个的值。不过，如果说这种做法节省了时间，那么只有在有两个或两个以上句柄绑定到被改变的对象上时，才算是正确的论断。

我们已经见识了句柄的两种可选方案，且都运用了引用计数：一个通过写时复制实现了值语义；另一个实现了指针语义。还有其他的可选方案存在。

例如在第 5 章中，我们见到了一种句柄，称为代理（surrogate），它总是会复制其对象。一个使用代理的程序比使用引用计数方案的程序速度稍慢，不过使用代理也带来了优点，避免了引用计数所带来的额外空间开销。而且，如果句柄并不经常地被复制，则在运行时所付出的开销也不会很多。

另一种可能方案是我们尚未见识的，即其句柄所指对象在复制时进行"析构"操作——也就是说，对一个句柄进行复制，会将该句柄与其原先所绑定的对象断开。所以，如果 h 是这样一个绑定到某个对象上的句柄，则

```
h1 = h;
```

将会把该对象绑定到 h1 上，而与 h 脱离。

这种做法可以保证任何一个对象都不可能有多于一个句柄绑定于其上，这也使得引用计数毫无用武之地。从理论上看，确保一个对象最多只绑定到一个句柄之上的技术，被证明既有代理方案的空间效率，又有引用计数型句柄的时间效率。然而，使用这种句柄可能会是相当危险的，因为我们可能在没有意识到的情况下把一个句柄从其所绑定的对象上断开。

最后，可以将引用计数与其对象本身分离，为此只需在句柄中额外加上一些信息。这正是第 7 章的主题。

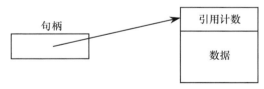

第 7 章

句柄：第二部分

第 6 章谈及了一种向类中添加句柄和引用计数的技术，以便只控制引用计数就能够高效地"复制"该类的对象。这种技术有一个明显的缺点：为了把句柄捆绑到类 T 的对象上，必须定义一个具有类型为 T 的成员的新类。这个要求会使事情变得困难起来，当要将这样的句柄捆绑到一个继承自 T 的（静态的）未知类的对象时，这个缺点就变得明显了。

还有一种定义句柄类的方法可以弥补这个缺点。尽管 Bjarne Stroustrup 在 *The C++ Programming Language*（Addison-Wesley, 1991）中提到过这种技术，但是这种技术还是没有得到广泛使用。简单地说，这种技术的主要思想就是将引用计数从数据中分离出来，把引用计数放入它自己的对象中，不是如下图中的两个对象：

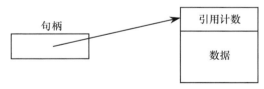

而是有 3 个对象，如下图所示：

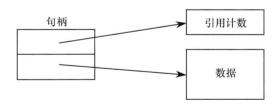

第一眼看上去是很难看出为什么用 3 个数据结构取代两个就会起作用。然而，结果显示这样做会增加模块化的程度而没有增加额外的复杂性，原因是没有必要直接往类对象本身绑

定什么东西。本章余下部分将进行详细介绍。

7.1 回顾

假设我们有一个表示位图显示上某点坐标的类。这个类可能是这样的：

```
class Point {
public:
        Point(): xval(0), yval(0) { }
        Point(int x, int y): xval(x), yval(y) { }
        int x() const {return xval; }
        int y() const {return yval; }
        Point& x(int xv) { xval = xv; return *this; }
        Point& y(int yv) { yval = yv; return *this; }
private:
        int xval, yval;
};
```

第 6 章中描述的技术涉及要创建一个包含一个 Point 和一个引用计数的新类：

```
class UPoint {
        // 所有成员都是私有的
        friend class Handle;
        Point p;
        int u;
        UPoint(): u(1) { }
        UPoint(int x, int y): P(x, y), u(1) { }
        UPoint(const Point& p0): p(p0), u(1) { }
};
```

接着我们定义了一个包含指向 UPoint 对象的指针的句柄类，以及相关的构造函数、析构函数和存取函数：

```
class Handle {
public:
        Handle();
        Handle(int, int);
        Handle(const Point&);
        Handle(const Handle&);
        Handle& operator=(const Handle&);
        ~Handle();
        int x() const;
        Handle& x(int);
        int y() const;
        Handle& y(int);
private:
```

```
        UPoint* up;
};
```

7.2　分离引用计数

这个来自第 6 章的技术需要创建一个依赖于 Point 类的新类。这样做对于这个特定的类而言是很好的，但是却使得我们很难把句柄绑定到 Point 的派生类对象上。麻烦在于当我们定义句柄类的时候，可能还不知道所有相关的类型。

如果把引用计数从 Point 中分离出来，就会改变对句柄类的实现：

```
class Handle {
public:
        // 和前面一样

private:
        Point* p;
        int* u;                    // 指向引用计数的指针
};
```

这里，对于 Handle 类的 Public 声明与以前的版本没有区别；用户看不到任何差别。但是，类 UPoint 消失了；不再有指向 UPoint 的指针了，我们用指向 Point 的指针和指向一个 int 的指针表示引用计数。为了简化对引用计数的处理，稍候我们会过回头来定义一个辅助类。

使用 Point*而不是 UPoint*是很重要的，因为正是 Point*使我们不仅能够将一个 Handle 绑定到一个 Point，还能将其绑定到一个继承自 Point 的类的对象。

修改了实现中的数据结构部分之后，让我们来看看能否实现剩下的部分。普通的构造函数已经足够浅显易懂了。它们可以为引用计数和数据分配内存，并且还能设置引用计数为 1：

```
Handle::Handle():
        u(new int(1)), p(new Point) { }

Handle::Handle(int x, int y):
        u(new int(1)), p(new Point(x, y)) { }

Handle::Handle(const Point& p0):
        u(new int(1)), p(new Point(p0)) { }
```

复制构造函数和赋值操作也都很简单。当把一个句柄赋值给它自身时，通过按正确的顺序增加和减少引用计数，我们实现了所需的操作：

```
Handle::Handle(const Handle& h):
        u(h.u), p(h.p) { ++*u; }
Handle& operator=(const handle& h)
```

```
{
        ++*h.u;
        if (--*u == 0)    {
                delete u;
                delete p;
        }
        u = h.u;
        p = h.p;
        return *this;
}
```

析构函数也不难：

```
Handle::~Handle()
{
        if (--*u == 0) {
                delete u;
                delete p;
        }
}
```

所有这些都比相应的直接将引用计数绑定到 Point 上的实现要稍微复杂一些。尤其是 new 和 delete 的使用要成双成对地出现：一个处理引用计数；另一个处理数据。根据句柄的不同，对数据的处理可能也会有所不同。有没有一种方法能够对引用计数的工作进行抽象呢？

7.3 对引用计数的抽象

我们当然希望引用计数型句柄易于实现。但是对于这样一个非常普遍的抽象来说，为了避免日后一次次地反复重写，我们应该多花些工夫，不要指望能很轻松地搞定。尤其是，我们要假设引用计数类对句柄将要绑定到的那个对象的特性一无所知。这种情况下，我们能做些什么呢？

首先，如果我们的目标是要重新实现以前所做的工作，那么引用计数对象就应该包含一个指向 int 的指针。而且，最起码还需要构造函数、析构函数、赋值操作符和复制构造函数：

```
class UseCount {
public:
        UseCount();
        UseCount(const UseCount&);
        UseCount& operator=(const UseCount&);
        ~UseCount();
        // 其他需要决定的内容
private:
        int* p;
};
```

实现又是怎样的呢？我们已经知道引用计数通常从 1 开始。这就告诉我们缺省构造函数应该为：

```
UseCount::UseCount(): p(new int(1)) { }
```

类似地，我们也知道从一个 UseCount 构造另一个 UseCount 会使两者都指向相同的计数器，并递增计数器的值：

```
UseCount::UseCount(const UseCount& u): p(u.p) { ++*p; }
```

销毁一个 UseCount 会使计数器的值减 1，删除计数器则会返回零：

```
UseCount::~UseCount() {if (--*p == 0) delete p; }
```

现在，我们可以开始重写 Handle 类了：

```
class Handle {
public:
        // 和前面的一样

private:
        Point* p;
        UseCount u;
};
```

由于构造函数可以依赖于缺省 UseCount 构造函数的行为，所以事情变得更简单了：

```
Handle::Handle(): p(new Point) { }
Handle::Handle(int x, int y): p(new Point(x,y)) { }
Handle::Handle(const Point& p0): p(new Point(p0)) { }
Handle::Handle(const Handle& h): u(h.u), p(h.p) { }
```

复制构造函数更是简便得让人吃惊：它现在只复制 Handle 的组件，这说明完全可以省略复制构造函数了。

析构函数是什么样子呢？它还有点问题：它需要知道引用计数是否要变成 0，以便知道要不要删除句柄的数据。按照这种情况，类 UseCount 不提供这个信息。让我们增加一个叫作 only 的成员，该成员用来描述这个特殊的 UseCount 对象是不是唯一指向它的计数器的对象：

```
class UseCount {
        // 和前面的一样

public:
        bool only();
};

bool UseCount::only() {return *p == 1; }
```

现在，我们可以写一个新的 Handle 析构函数：

```
Handle::~Handle()
{
        if (u.only())
                delete p;
}
```

　　Handle 赋值操作符的情况又如何呢？它需要几种类 UseCount 不直接支持的操作：对一个计数器的值增 1，对另一个的值减 1，可能还要删除一个计数器。另外，我们以后还要决定是否删除已赋值的数据。因为这些操作中的很多可能随意改变引用计数，所以应该在类 UseCount 中增加另一种操作。由于这种操作的实现比较特殊，不容易找到一个合适的名字，reattach 似乎也一般。进行到这里，我们将私有化对 UseCount 对象的设置。这样，就不必考虑对 UseCount 赋值的含义了：

```
class UseCount {
        // 和前面的一样

public:
        bool reattach(const UseCount&);

private:
        UseCount& operator=(const UseCount&);
};
```

下面是对 reattach 的定义：

```
bool UseCount::reattach(const UseCount& u)
{
        ++*u.p;
        if (--*p == 0) {
                delete p;
                p = u.p;
                return true;
        }
        p = u.p;
        return false;
}
```

现在，我们可以完成对句柄的赋值：

```
Handle& Handle::operator=(const Handle& h)
{
        if (u.reattach(h.u))
                delete p;
        p = h.p;
        return *this;
}
```

7.4 存取函数和写时复制

剩下的就是对 Point 对象的单个元素进行读取和写入了。同第 6 章一样，我们将通过写时复制来实现值语义。这样，在改变 Point 的组件之前，要确定它的句柄是当前唯一使用该特定 Point 对象的句柄。成员 UseCount::only 帮助我们查出某个句柄是否是当前唯一使用这个句柄对象的句柄，但是它不能提供一种方法使我们能够强制这个句柄成为唯一的一个。所以需要另一个 UseCount 成员的帮助。与 reattach 相似，它对引用计数进行适当的控制，并返回一个用来说明要不要复制对象本身的结果：

```
class UseCount {
        //和前面的一样

public:
        bool makeonly();
};
```

关于 **makeonly** 的定义很直观：

```
bool UseCount::makeonly() {
        if (*p == 1)
                return false;
        --*p;
        p = new int(1);
        return true;
}
```

现在，我们可以写存取函数了。这里只说明关于 x 的存取函数，关于 y 的存取函数与此类似：

```
int Handle::x() const {
        return p->x();
}

Handle& Handle::x(int x0) {
        If (u.makeonly())
                p = new Point(*p);
        p->x(x0);
        return *this;
}
```

7.5 讨论

这个例子中对于功能的划分方式初看上去好像挺奇特。在好几种情况下，类 Handle 都请

求类 UseCount 来做某些事，然后不厌其烦地再次要求做几乎相同的事情。举个例子，Handle::x
存取函数使用 makeonly 来确保引用计数（use count）为 1，如果计数器被复制（因而 makeonly
返回 true），则复制底层的 Point 对象。乍一看似乎这两项任务应该可以合并，而且实际上合并
起来会使我们的例子运行得稍微快一些。

　　但是我们所采用的策略有一个重要的优势：UseCount 类可以在不了解其使用者任何信息
的情况下与之合为一体。这样一来，我们就可以把这个类当成句柄实现的一部分，与各种不
同的数据结构协同工作。

　　UseCount 类简化了一个实现中的特定子问题：它不打算为终端用户（end user）所用。
UseCount 类的规范相当不明晰，其接口的设计迎合了"简化引用计算句柄实现"的要求。不
过从整体的效果来看，一个相当繁杂的问题的解决方案被清晰地分隔界定了。另外，最后获
得的 Handle 类跟那些以传统方式构建起来的类一样容易使用，并且更加灵活。

第 **8** 章

一个面向对象程序范例

通常认为，面向对象编程有 3 个要素：数据抽象、继承以及动态绑定。这里有一个程序，虽然很小，但是非常完整地展示了这 3 个要素。

这些技术在大程序中比较有意义，在大规模且不断修改的程序中更是如此。可惜这里没有足够的篇幅来讲解大程序，所以只给出了一个"玩具"程序。这个程序除了规模小一点之外，覆盖面是足够全面的，认真研究将会有所收获。

8.1　问题描述

此程序涉及的内容是用来表示算术表达式的树。例如，表达式(-5)*(3+4)对应的树为：

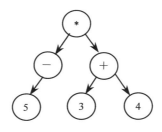

一个表达式树包括代表常数、一元运算符和二元运算符的节点。这样的树结构在编译器和计算器程序中都可能用到。

我们希望能通过调用合适的函数来创建这样的树，然后打印该树的完整括号化形式。例如，我们希望

```
#include <iostream.h>
int main()
```

```
    {
            Expr t = Expr("*", Expr("-", 5), Expr("+", 3, 4));
            cout << t << endl;
            t = Expr("*", t, t);
            cout << t << endl;
    }
```

打印

```
((-5)*(3+4))
(((-5)*(3+4))*((-5)*(3+4)))
```

作为输出。此外，我们不想为这些表达式的表示形式操心，更不想关心它们内存分配和回收的事宜。

　　这个玩具程序所做的事情在很多需要处理复杂输入的大型程序中是很典型的，例如编译器、编辑器、CAD/CAM 系统等。此类程序通常要花费很大的精力来处理类似的树、图和数据结构。这些程序的开发者永远需要面对诸如内存分配、灵活性和效率之类的问题。面向对象技术可以把这些问题局部化，从而确保今后发生的一系列变化不会要求整个程序中的其他各个部分随之进行相应调整。

8.2　面向对象的解决方案

　　8.1 节的图中有两个截然不同的对象：节点（用圆圈表示）和边（用箭头表示）。我们首先只考虑节点，看看能够理解到何种程度。

　　每个节点包含一个值——一个操作数或者一个操作符——并且每个节点又具有零个、一个或两个子节点。我们可以用一个联合（union）来容纳具体值，用一个 List 来表示子节点，用包含联合和 List 的类来表示节点。不过这种表示方法需要设置一个专门的字段来指示这个节点的类型。当需要用到一个类型字段的时候，请停下来考虑一下，如果定义一系列类，用继承组织起来，是否可以更有效地解决问题。

　　我们这里就按照这条思路考虑下去。这些类有一些共同点：每个类都要存储一个值和一些子节点。当然这些类也有不少不同点，比如它们存储的值的种类、子节点的数目。继承使得我们可以捕捉这些共同点，而动态绑定帮助各个节点知晓它们的身份，这样就不必让这些对象的每个操作都必须时刻留心这个问题了。

　　如果我们进一步考查这个树结构，会发现这里有 3 种节点。一种表示整数表达式，包含一个整数值，无子节点。另外两种分别表示一元表达式和二元表达式，都包含一个操作符，分别有一个或两个子节点。我们希望打印各种节点，但是具体方式需要视打印节点的类型而定。这就是动态绑定的用武之地了：我们可以定义一个 virtual 函数来指明应当如何打印各种节点。动态绑定将会负责在运行时基于打印节点的实际类型调用正确的函数。

　　那么这些节点之间的继承关系如何呢？每一种节点似乎都与其他节点相互独立。也就是说，一个没有子节点的节点不是"一种"有一个子节点的节点，反之也一样。显然，我们需要另一个类来表示"节点"这个概念，但是这个类并不表示某个具体的节点。所有的实际类型都将从这个公共基类中派生而来。

我们将这个公共基类命名为 Expr_node。这个类相当简单：

```
class Expr_node {
        friend ostream& operator<<
                        (ostream&, const Expr_node&);

protected:
        virtual void print(ostream&) const = 0;
        virtual ~Expr_node() { }
};
```

我们已经知道所要创建的对象的类型都是派生自 Expr_node，所以提供了虚析构函数。这可以保证在删除由一个 Expr_node* 指针指向的对象时，能够调用到正确的派生类析构函数。

我们知道需要用动态绑定来处理 print 操作，但是我们的例子程序用了 << 输出操作符来打印表达式树。动态绑定只用于成员函数，所以我们定义了一个虚函数 print，输出操作符可以调用它来完成实际的工作。既然我们希望用户使用输出操作符，而不是 print 函数，那么就把 print 函数设为 protected 的，把 operator<< 设为友元。

从函数 print 的声明可以看出，它是一个纯虚函数，这就使得 Expr_node 成为抽象基类。这体现了我们的意图：不存在所谓的 Expr_node 对象，只有从其中派生出来的类有实际对象。Expr_node 类的存在只是为了获得公共接口。

最后，定义输出操作符，它要调用合适的 print 函数：

```
ostream&
operator<<(ostream& o, const Expr_node& e)
{
        e.print(o);
        return o;
}
```

现在可以使用继承来声明我们的具体类型了。关于这些类型第一个要注意的是，此类型的对象必须能够应用户的要求而生成表达式树。虽然我们还没有考虑过用户会如何创建这些树结构，但是只要稍微思索一下，就可以知道 Expr 类应该起着关键作用。所以，我们应当把 Expr 声明为各具体类型的友元。

这些具体类型中最简单的一类是包含一个整数且没有子节点的节点：

```
class Int_node: public Expr_node {
        friend class Expr;

        int n;
```

```
    Int_node(int k): n(k) { }
    Void print(ostream& o) const { o << n; }
};
```

其他类型又如何呢？每个类中都必须存储一个操作符（这倒简单），但是如何存储子节点呢？在运行时之前，我们并不知道子节点的类型会是什么，所以不能按值存储子节点，必须存储指针。假设我们有一个通用的 String 类来代表操作符，这样一来我们的一元和二元节点类如下所示：

```
class Unary_node: public Expr_node {
    friend class Expr;
    String op;
    Expr_node* opnd;
    Unary_node(const String& a, Expr_node* b):
            op(a), opnd(b) { }
    void print(ostream& o) const
            { o << "(" << op << *opnd << ")"; }
};
class Binary_node: public Expr_node {
    friend class Expr;
    String op;
    Expr_node* left;
    Expr_node* right;
    Binary_node(const String& a,
            Expr_node* b, Expr_node* c);
        op(a), left(b), right(c) { }
    void print(ostream& o) const
            { o << "(" << *left << op << *right << ")"; }
};
```

这个设计方案可以用，不过有一个问题：用户要处理的不是值，而是指针，所以必须记住分配和释放对象。例如，我们需要按照下面这样创建表达式树：

```
Expr t = Expr("*", Expr("-", 5), Expr("+", 3, 4));
```

但这不会奏效——创建一元和二元表达式的构造函数期望获得指针，而不是对象。于是我们可以动态分配节点：

```
Binary_node* t = new Binary_node("*",
                    new Unary_node("-", new Int_node(5)),
                    new Binary_node("+",
                        new Int_node(3), new Int_node(4)));
```

当然，我们必须记住要删除这些节点。可是这是不可能的！我们不再拥有指向内层 new 调用所构造的对象的指针了！我们希望 Binary_node 和 Unary_node 的析构函数删除它们的操作数，但是这里同样不行。如果析构函数删除了其操作数，可能会多次删除对象，因为可能不止一个 Expr_node 指向同一个下层的表达式对象。

8.3 句柄类

事情越说越混淆了。我们不仅把内存管理这类烦心事推给了用户，而且对用户来说也没有什么方便的办法来处理这些事情。我们得好好想想了。

首先回过头来看看问题，如果我们再次回顾 8.1 节的图，就可以发现，在 Expr_node 类族中，仅仅只表示了图中的圆圈，而没有对箭头建模。我们之所以陷入困境，正是因为这里把箭头描述成简单的指针。我们还强迫这些类的用户必须亲自操作指针，这把事情搞得更加复杂了。这些问题与我们在第 5 章和第 6 章解决过的问题相似，在那里我们用一个句柄类来管理指针。在这个问题中，这样的句柄类对我们的抽象建模似乎更加精确。

理解了这些麻烦，我们就认识到，类 Expr 应当是一种句柄类，表示一个边，或者说该树结构根源于一个边。既然用户关心的其实只是树（子树），而不是树中的单个节点，那就可以用 Expr 来隐藏 Expr_node 继承层次。既然用户所要生成的是 Expr 而不是 Expr_node，我们就希望 Expr 的构造函数能代表所有 3 种 Expr_node。每个 Expr 构造函数都将创建 Expr_node 的派生类的一个合适对象，并且将这个对象的地址存储在正在创建中的 Expr 对象中。Expr 类的用户不会直接看到 Expr_node 对象。

这样一来，我们有：

```
class Expr {
        friend ostream& operator<<(ostream&, const Expr&);

        Expr_node* p;
public:
        Expr(int);                              // 创建一个 Int_node
        Expr(const String&, Expr);              // 创建一个 Unary_node
        Expr(const String&, Expr, Expr);        // 创建一个 Binary_node
        Expr(const Expr&);
        Expr& operator=(const Expr&);
        ~Expr() { delete p; }
}
```

此构造函数创建适当的 Expr_node，并且将其地址存储在 p 中：

```
Expr::Expr(int n)
{
        p = new Int_node(n);
}
Expr::Expr(const String& op, Expr t)
{
        p = new Unary_node(op, t);
}
Expr::Expr(const String& op, Expr left, Expr right)
```

```
{
            p = new Binary_node(op, left, right);
}
```

析构函数负责释放在构造函数中分配的节点。这样我们就会发现，再也没有内存管理方面的麻烦了。

由于 Expr 构造函数为 Expr_node 分配了内存，我们需要实现复制构造函数和赋值操作符来管理下层的 Expr_node。如果 Expr 的析构函数销毁了 p 所指向的对象，那么在复制或赋值一个 Expr 时就需要生成该对象的一个副本。正如我们在 5.3 节所见，可以向 Expr_node 派生层次中加入一个虚函数 copy，在 Expr 对象中可以使用它。

不过在写代码之前，首先应该考虑我们是否真的需要复制操作。在这里，Expr 的操作并不改变下层的 Expr_node。如果能避免复制下层的 Expr_node，则可能会更有效率。

避免复制的常用办法是让每一个 Expr_node 包含一个引用计数，指明同时有多少 Expr 指向同一个 Expr_node。Expr 类和 Expr_node 类将协同管理引用计数，当且仅当一个 Expr_node 的引用计数等于 0 时，该节点才被删除。

我们需要在 Expr_node 类中加入引用计数，当生成一个新的 Expr_node 派生类对象时，将引用计数初始化为 1。Expr 类将帮助管理引用计数，所以将其声明为友元：

```
class Expr_node {
        friend ostream& operator<<(ostream&, const Expr&);
        friend class Expr;

        int use;
protected:
        Expr_node(): use(1) { }
        virtual void print(ostream& ) const = 0;
        virtual ~Expr_node() { }
};
```

当 Expr 类"复制"一个 Expr_node 时，该 Expr 将其引用计数增 1；当引用者为 0 时则删除底层的 Expr_node：

```
class Expr {
        // 和前面的一样
public:
        Expr(const Expr& t) { p = t.p; ++p->use; }
        ~Expr(){if(--p->use==0)delete p;}
        Expr& operator=(const Expr& t);
};
```

复制构造函数递增引用计数，令 p 指向其复制目标所指向的同一个 Expr_node。析构函数递减引用计数，如果此引用是对该 Expr_node 的最后一个引用，则销毁该 Expr_node。赋值操作符必须分别递增和递减右边和左边对象的引用计数。如果能够首先处理右边对象的引用计数，就可以保证在自我赋值的情况下仍然正常工作：

```
Expr&
Expr::operator=(const Expr& rhs)
{
        rhs.p->use++;
        if (--p->use == 0)
            delete p;
        p = rhs.p;
        return *this;
}
```

我们还得定义输出操作符，现在它是针对 Expr 而不是针对 Expr_node 操作的。下面的代码体现了额外的中间层：

```
ostream&
operator<<(ostream& o, const Expr& t)
{
        t.p->print(o);
        return o;
}
```

最后，需要更改每个派生自 Expr_node 的类，令其操作为私有，将 Expr 类声明为友元，存储 Expr 而不是存储指向 Expr_node 的指针。例如：

```
class Binary_node: public Expr_node {
        friend class Expr;
        String op;
        Expr left;
        Expr right;

        Binary_node(const String& a, Expr b, Expr c):
                op(a), left(b), right(c) { }
        void print(ostream& o) const {
                o << "(" << left << op << right << ")";
        }
};
```

有了这些，我们最早的那个 main 程序就可以工作了，用户也可以自由地声明 Expr 类型的对象和临时对象。并且用户可以构造任意复杂的表达式，并且打印它们，而无须考虑内存管理的问题。

8.4 扩展 1：新操作

目前我们的系统能力还十分有限——只能创建和打印表达式。一旦这个目标实现，我们的客户可能会要求计算表达式的值。把原来的程序稍作修改：

```
int main()
{
        Expr t = Expr("*", Expr("-", 5), Expr("+", 3, 4));
        cout << t << " = " << t.eval() << endl;
        t = Expr("*", t, t);
        cout << t << " = " << t.eval() << endl;
}
```

运行此程序应该得到：

```
((-5)*(3+4)) = -35
(((-5)*(3+4))*((-5)*(3+4))) =1225
```

对于这个问题的简单表述给了我们有关解决方案的思路：计算一个 Expr 的方式与打印它相同。用户将会对某些 Expr 调用 eval；eval 可以将实际的工作委托给组成 Expr 的节点。

所以我们的 Expr 类如下：

```
class Expr {
        friend class Expr_node;
        friend ostream& operator<<(ostream&, const Expr&);

        Expr_node* p;
public:
        Expr(int);
        Expr(const String&, Expr);
        Expr(const String&, Expr, Expr);
        Expr(const Expr& t) { p =t.p; ++p->use; }
        ~Expr() { if (--p->use == 0) delete p; }
        Expr& operator=(const Expr& t);
        int eval() const { return p->eval(); }    // 添加的
};
```

其中 eval 所需要做的就是把对表达式的求值请求传递给其指向的 Expr_node。

这样，Expr_node 类就得添上另一个纯虚函数：

```
class Expr_node {
protected:

        virtual int eval() const = 0;
        //和前面的一样
};
```

还必须向 Expr_node 的每一个派生类添加一个函数来实现求值运算。Int_node 的求值是最简单的，只要直接返回其值即可：

```
class Int_node: public Expr_node {
        friend class Expr;
        int n;
```

```
        Int_node(int k): n(k) { }
        void print(ostream&0)const{0<<n;}
        int eval() const { return n; }                      // 添加的
};
```

原则上，Unary_node 的求值运算也很容易：我们先确定操作数，然后接着进行运算。

但是此时此刻，我们在构建 Expr_node 时并没有将操作符存储在其中。为了计算表达式，我们只限于使用那些知道应当如何计算的操作符。我们只需检查所存储的操作符是否是几个操作符之一，如果不是就抛出一个异常。对于 Unary_node，我们允许负号：

```
class Unary_node: public Expr_node {
        friend class Expr;

        String op;
        Expr opnd;
        Unary_node(const String& a, Expr b):
                Op(a), opnd(b) { }
        void print(ostream& o) const
                { o << "(" << op << opnd << ")"; }
        int eval() const; // 添加的
};

int
Unary_node::eval() const
{
        if (op == "-")
                return -opnd.eval();
        throw "error, bad op " + op + " int UnaryNode";
}
```

这里对

```
opnd.eval();
```

的调用将会调用 Expr 类的 eval 成员，然后再调用其指向的 Expr_node 的虚函数 eval。这就确保了可以根据此 Unary_node 之 Expr_node 操作数的实际类型调用到正确的 eval 运算。

到此，我们也就很清楚 Binary_node 的计算其实很简单（虽然会有点烦琐）。这里是 Binary_node 的 eval 函数：

```
int
Binary_node::eval() const
{
        int op1 = left.eval();
        int op2 = right.eval();

        if (op == "-") return op1 - op2;
```

```
        if (op == "+") return op1 + op2;
        if (op == "*") return op1 * op2;
        if (op == "/" && op2 != 0) return op1 / op2;

        throw "error, bad op " + op + " in BinaryNode";
}
```

现在可以很好地对算术表达式求值了。

再反思一下我们必须做什么，以及不必做什么（这也许更重要）。增加一个新的操作无须触及已有操作的代码。因为我们的类抽象对算术表达式进行了精确建模，所以扩展该程序以计算表达式，所要增加的新代码是非常之少。跟打印表达式的情况相似，动态绑定机制使得计算表达式的过程简化到只需指出计算各个节点的方法，然后运行时系统就可以调用正确的 eval 函数。

8.5　扩展 2：增加新的节点类型

我们已经看到，数据抽象和动态绑定使得在系统中增加新操作变得非常容易。现在再看看这两项机制如何使得我们可以增加新的节点种类，而完全不必改变使用节点的代码。

假设我们希望添加一种 Ternary_node 类型来表示三元操作符，如?:（也就是 if-then-else 操作符）。首先，我们声明 Ternary_node，并且定义其操作为：

```
class Ternary_node: public Expr_node {
        friend class Expr;

        String op;
        Expr left;
        Expr middle;
        Expr right;

        Ternary_node(const String& a, Expr b, Expr c, Expr d):
                op(a), left(b), middle(c), right(d) { }
        void print(ostream& o) const;
        int eval() const;
};
void
Ternary_node::print(ostream& o) const
{
        o << "(" << left << " ? " <<
            middle << " : " << right << ")";
}
int Ternary_node::eval() const
{
        if (left.eval())
                return middle.eval();
        else
                return right.eval();
}
```

这些声明与 Binary_node 的声明相似，实际上，就是首先复制一份 Binary_node 的代码，然后修改成这个样子的。下面，我们要为 Ternary_node 定义一个 Expr 构造函数：

```
Expr::Expr
    (const String& op, Expr left, Expr middle, Expr right)
{
        p = new Ternary_node(op, left, middle, right);
}
```

我们向 Expr 的类定义中插入这个构造函数的声明：

```
class Expr {
        friend class Expr_node;
        friend ostream& operator<<(ostream&, const Expr&);
        Expr_node* p;

public:
        Expr(int);
        Expr(const String&, Expr);
        Expr(const String&, Expr, Expr);
        Expr(const string&, Expr, Expr, Expr)//添加的
        Expr(const Expr& t) { p =t.p; ++p->use; }
        ~Expr() { if (--p->use == 0) delete p; }
        Expr& operator=(const Expr& t);
        int eval() const { return p->eval(); }
};
```

搞定了！

有一位曾经做过 C 编译器的先生看到这个例子之后，感慨地说："我们在往 C 语言编译器里添加?:操作符的时候都快绝望了，前前后后花费了几个星期甚至几个月——而你居然只用区区 18 行代码就做到了！"虽然编译器比这个例子要庞大得多，但他的这番评论却十分中肯。这种扩展只需增加新的类和函数，已经写好的执行代码一行也不用动，只需要在已经存在的类定义添加一个声明即可。然后，我们惬意地发现，这个修改后的代码首次编译时即正确运行，这种情况在 C++ 及其强类型检查机制下是经常见到的。

8.6 反思

我们已经看到了面向对象编程是如何简化程序的设计和更新过程的。解决方案的实质是对希望模拟的下层系统中的对象进行建模。当我们分析出表达式树是由节点和边所构成时，便可以设计数据抽象来对树进行建模。继承让我们抓住了各种节点类型之间的相似之处，而动态绑定帮助我们为各种类型节点定义操作，让编译器来负责安排在运行时能够调用正确的函数。这样，数据抽象加上动态绑定可让我们集中精力考虑每个类型的行为和实现，而不必

关心与其他对象的交互。

我们已经看到，面向对象设计使得添加新的操作和新的类型都轻而易举。实际编程中我们还希望能够添加更多的内容，举例如下。

- 添加 Ternary_node 之后，我们还需要添加关系运算。这很容易：只需要修改 Binary_node::eval 函数，使它支持关系操作符即可。

- 我们也希望添加赋值表达式。这就有点技巧了。赋值要求我们向表达式树中添加一种变量类型。我们可以添加一个新类来表示包含一个名字及其值的单元，从而避免全功能的符号表。这样一来，就需要定义两个新的表达式类型：一个表示变量；另一个向变量赋值。

- 表达式树很有用，但是语句有时更强大。我们可以根据打印和执行语句的操作，设计一个平行的语句层次。

关键在于，这个程序可以非常优雅地进化。我们可以从一个简单的规范开始，设计一个解决方案，使用该设计，观察该模型的运行情况。当需要修改时，可以很轻松地增加新的操作和新的类型，以扩展应用程序和测试我们改变的部分。我们需要做的修改是孤立的。每一个修改所要做的工作跟修改的说明是相称的。

想想如果没有动态绑定，表示一个表达式树会是多么困难！

第

9

章

一个课堂练习的分析（上）

1992 年 8 月，在计算机科学西部研究院的赞助下，我们夫妇两人跑到斯坦福大学讲授了为期一个星期的 C++课程。类似这样的课程必须得有一个出色的课堂练习压阵，才能取得良好的效果。想要学会游泳，就得亲自下水。在 C++编程中学习 C++，这是唯一可行之道。

Stroustrup 在 *The C++ Programming Language*（第 2 版）（Addison Wesley，1991 年版）中提出了一个特别有意思的练习。与大部分课堂练习相似，这个练习也是实际应用程序的简化版——其原型是一个操作位图图像的应用程序。所谓的简化，就是用字符来代替二进制位数据，然后将结果写入到普通文件里，而不用显示在图形硬件上。这样程序就不必去理会图形系统的复杂性了。此外，这个问题的解决方案完全可以超然独立于任何具体系统：所有能够运行 C++程序的计算机都能够显示字符。我们实际上是把字符视为大的像素点。

本章将描述该问题，并且给出一个非常传统的解决方案。第 10 章将从面向对象的角度重新审视这个问题。

9.1　问题描述

这个游戏的目标是要编写一系列用以操纵"字符图像"的类和函数。所谓"字符图像"，就是一个可打印的矩形字符阵列。

我们需要做的第一件事就是创建图像。要创建图像，就得想办法获得组成图像的字符。有一个直接的办法，就是把所需字符作为字符串文本的一部分直接搁在程序里面。之后，我们就可以通过某种方法，利用 C++程序内的字符串文本集合构造一幅图像（其实也就是利用这些字符串初始化一个数据结构）。

这样一来，我们可以设想所写的程序会是下面这个样子：

```
#include <iostream.h>
#include "Picture.h"
char* init[] = {"Paris", "in the", "Spring"};
int main()
{
        Picture p(init, 3);
        cout << p << endl;
}
```

打印结果：

```
Paris
in the
Spring
```

这里所展示的思路显而易见，Picture 对象 p 从数组 init 中获得信息，复制并且保存在对象中。然后我们便可以使用适当的重载过的操作符 operator<<来打印该图。

就其本身而言，这个例子并不怎么有趣。其实此项练习真正有意思的地方是设计那些对图像执行各种操作的函数。我们这里提出 3 种操作：加像框、横向连接和纵向连接。

举个例子来说，如果 p 是我们的图像，为 p 加像框之后，打印出来的效果如下所示：

```
+------+
|Paris |
|in the|
|Spring|
+------+
```

用来表示像框的字符可以是任意的，但像框的布局是有限制的。由于一幅图像就是一个矩形阵列，所以像框应该框住图像的 4 个边。特别注意，这意味着在 Paris 的 s 后面必须添上一个空格。通常在无像框的情况下，我们不会希望向文件中输入这个多余的空格。

我们现在已经产生了两幅图——一个是有框的，一个是无框的。将这两幅图横向连接，上面第一幅图在左，第二幅图在右，结果显示如下：

```
Paris +------+
in the|Paris |
Spring|in the|
      |Spring|
      +------+
```

这里需要做出一个设计抉择：如何将两个不同大小的图像连接起来？我们这个课堂练习要求两幅图像以顶边对齐，如上所示。

最后一个图像操作是纵向连接。我们必须再次做出一个抉择：如何将大小不同的图像连接在一起？我们的要求是以左边对齐。所以，如果将最近产生的两张图像纵向连接，可以得到如下结果：

```
+------+
|Paris |
|in the|
|Spring|
+------+
Paris +------+
in the|Paris |
Spring|in the|
      |Spring|
      +------+
```

再进一步，将上面这幅图加上边框，得到这个结果：

```
+--------------+
|+------+      |
||Paris |      |
||in the|      |
||Spring|      |
|+------+      |
|Paris +------+|
|in the|Paris ||
|Spring|in the||
|      |Spring||
|      +------+|
+--------------+
```

当然，只要有需要，我们可以在此基础上无限制地加边框和连接图像，继续产生各种新的图像。

9.2 接口设计

在解决此类问题时，如果能够把自己放在用户的立场去审视问题，能够问一下"我希望有些什么样的操作，以及如何表述这些操作"是很有益处的。其实问题本身的阐述已经为我们部分地回答了上述问题，我们已经知道必须生成和打印图像，以 3 种方式组合图像。但是问题本身并没有告诉我们这些操作应当具有怎样的形式。通常，对于这种细节的考虑正是寻求解决方案的开端。

要想决定具体操作的形式，有一个好办法，就是试着使用这些操作。从使用的例子中推导出操作的定义形式要比从头苦思冥想地发明这些操作容易得多。在我们的例子中，可以通过重新审视先前给出的程序范例来获得一些思路，从而着手分析到底需要哪些操作：

```
#include <iostream.h>
#include "Picture.h"

char *init[] = { "Paris", "in the", "Spring" };

int main()
```

```
{
        Picture p(init, 3);
        cout << p << endl;
}
```

这个例子已经体现了解决方案的 4 个特征，而这 4 个特征在本课堂练习的需求说明中都没有指明，而仅仅是从例子中得出来的。首先，这个例子以类 Picture 来表示图像——也就是直接用字符串组成的图像。其次，Picture 类的定义显然是包含在文件 Picture.h 中。再次，我们使用两个参数从字符串构造一个 Picture 类对象：一个参数是指针，指向含有初始元素的字符指针数组；另一个参数是整数，表示该数组中指针的数量。最后，我们使用 operator<<来打印图像。

确定了上述要求，我们就可以按下面这样编写 Picture.h 的代码了：

```
#include <iostream.h>

class Picture {
public:
        Picture(const char* const*, int);
};

ostream& operator<<(ostream&, const Picture&);
```

我们后面可能会改变这些代码，但目前而言，这些代码已经很好地体现了我们所做出的选择。

下一个选择是决定如何表现图像的其他操作：加像框和图像在两个方向上的连接。例如，假设 p 是一个 Picture 对象，应该如何定义加像框的操作呢？

可以是 p.frame()，也可以是 frame(p)，孰优孰劣？在某种意义上，这取决于究竟是希望加边框以修改原图，还是希望产生一个新图像。如果加框以改变原图，p.frame()可能更易于理解。如果我们会使用复杂的表达式来构建 Picture 对象，则 frame(p)会比 p.frame()更易于理解，特别是当 p 本身就是一个含有括号的复杂表达式时。

早先的例子中有图像组合方面的操作。这暗示使用非成员形式可能更合适。此外，在我看来那两种连接的操作形式有点类似于字符串连接，应该通过二元操作符完成，所以就这个讨论的目的而言，我们应该选择 frame(p)的形式。请你自己试试另一种方式，相信会是一个有意义的练习。

现在就要开始寻找一个方式来表示横向和纵向的连接了。若 p 和 q 是 Picture 对象，我们可以想到去编写 hcat(p, q)和 vcat(p, q)这样的函数，也可以试想更紧凑的写法。为了能更容易地构建复杂图像，我们应该选用紧凑的表达式，所以试着找找合适的操作符。

有两对操作符成为很自然的候选者：+/*和&/|。不过在我看来，&和|之间的关系能比前者更好地表示横向和纵向的意义，所以我们将使用这一对。"p | q"看上去更像"p 在 q 旁边"，所以我们就用"|"作为横向连接，用"&"作为纵向连接。

肯定会有一些人反对，难道"p | q"就比 hcat(p, q)更容易理解吗？幸运的是，不喜欢操作符重载的人大可以按如下方式来编写 hcat：

```
Picture hcat(const Picture& p, const Picture& q)
{
        return p | q;
}
```

既然认可上述语法设定，我们可以如下编写 Picture.h：

```
#include <iostream.h>

class Picture {

public:
        Picture(const char* const*, int);
};

ostream& operator<<(ostream&, const Picture&);

Picture frame(const Picture&);

Picture operator&(const Picture&, const Picture&);

Picture operator|(const Picture&, const Picture&);
```

9.3 补遗

在开始考虑实现问题之前，应当把其他一些肯定有必要的细节问题考虑进来。一个 Picture 不可避免地需要一个指针，以指向包含字符本身的辅助内存。这就意味着这个类需要一个复制构造函数、一个析构函数，以及一个赋值操作符。此外，为了定义 Picture 对象数组，很可能还需要一个缺省构造函数。把这些成员加进来，就形成了下面的 Picture.h：

```
#include <iostream.h>

class Picture {
public:
        Picture();
        Picture(const char* const*, int);
        Picture(const Picture&);
        ~Picture();

        Picture& operator=(const Picture&);
};
```

```
ostream& operator<<(ostream&, const Picture&);

Picture frame(const Picture&);
Picture operator&(const Picture&, const Picture&);
Picture operator|(const Picture&, const Picture&);
```

9.4　测试接口

此刻，我们可以使用 Picture.h 来编译在 9.1 节中给出的 main 程序了。当然了，还不能进行连接，否则连接器会抱怨"成员未定义"。

```
Picture::Picture(const char* const*, int)
operator<<(ostream&, const Picture&)
Picture::~Picture()
```

我们还可以编译（但不能运行）更大的程序，构造和打印在 9.1 节中展示的其他图像。

```
#include <stream.h>
#include "Picture.h"

char *init[] = { "Paris", "in the", "Spring" };

int main()
{
        Picture p(init, 3);
        cout << p << endl;

        Picture q = frame(p);
        cout << q << endl;

        Picture r = p | q;
        cout << r << endl;

        Picture s = q & r;
        cout << s << endl << frame(s) << endl;
}
```

我们可以写得更紧凑些：

```
Picture p(init, 3);
Picture q = frame(p);
cout << frame(q & (p | q)) << endl;
```

这样就可以打印出最后那张嵌套式图像了。

我们选择的这个语法在第一次试验中看来是可行的，下一步就是要实现我们已经声明的类成员函数了。

9.5 策略

现在可以开始实现这个程序了。首先让我们稍微动动脑筋，考虑一下如何进行组织。主要的问题是如何表示一个 Picture。每个 Picture 对象实际上是一个二维字符数组，所以实现 Picture 类的最直接的方法就是将内容存储在这样的数组中。一切都很好，只有一个小障碍，即 C++并不直接支持二维数组。我们所能获得的最接近的东西便是一个元素为一维数组的数组。如果编译时就知道数组的大小，那么这个"数组的数组"足堪重任，但是如果数组的大小只有在运行时才能知道，则坚持这个方案会带来诸多烦恼。

当然，处理二维数组的最一般手段是定义一个相应的类，不过本章的目标是给出直截了当的解决方案，不是通用性很强的方案。为了尽快把主要问题解决，在这里我们只根据实际需要适可而止地给出这个细节问题的一个可行方案。

既然我们所拥有的只不过是一维数组，那么就直接用它。如果一幅图像的高度为 h，宽度为 w，一个大小为 h*w 个字符的一维数组就可以很好地解决问题。按照内建数组的惯有处理方式，可以假设每行的所有字符都是连续放置的，这样立刻就可以得出，第 0 行的第 n 个字符位于该数组的第 n 个元素中。那么起始行之后的那些行呢？每行有 w 个字符，所以从第 0 行的第 n 字符跳转到第 k 行的第 n 字符，只需在数组内再跳过 k*w 个字符。所以，第 k 行第 n 个字符的位置是 k*w+n。为了简化这个计算，我们可以定义一个成员函数：

```
class Picture {

private:
      int height, width;
      char* data;

      char& position(int row, int col) {
            return data[row * width + col];
      }
      char position(int row, int col) const {
            return data[row * width + col];
      }
      // …
};
```

这两个 position 成员函数之间的区别是，一个是在 const Picture 上执行操作，返回所需字符的一个副本；另一个允许直接读写给定字符的左值。

9.6 方案

既然已经在表现形式上做出选择，下一步就是定义 Picture 类的成员函数了。就在我们即将步入荆棘之时，我们先稍稍留步，审视一下目前所作的设计决策是否需要再行考虑。

第一个成员是缺省构造函数——就是在下面的语句中调用的那个构造函数：

```
Picture p;
```

这样构造出来的图像当然是空的：其 height 和 width 都为 0。那么 data 的值是什么呢？既然什么都没有，只要我们不去删除它，那么 data 成员完全可以指向任何地方！不过，假如希望避免麻烦，最好还是将 data 指针设为 0。如此一来，便可以这样来写构造函数：

```
Picture::Picture(): height(0), width(0), data(0) { }
```

现在我们来看看第一个"做了点实事"的构造函数：

```
Picture(const char* const *, int);
```

这个构造函数的参数非常有效地描述出一个锯齿形数组：其各行的大小未必相同。构造函数必须将每一行都复制到一个矩形数组中。要做到这一点，首先就得为该矩形数组分配内存，分配的内存量等于矩阵数组的行数乘以其最长行的长度。

所以该构造函数首先要做的事情就是确定最长行的长度。只有知道了这些，才可能为数组分配足够的内存以供字符的复制。在实现其他成员函数之前，我们意识到还有一些函数也可能需要这类操作，所以首先定义一个静态成员函数，用来确定两个整数之间的较大者：

```
int Picture::max(int m, int n)
{
        return m > n ? m: n;
}
```

还需要另一个成员函数来分配内存，然后将这些内存的地址赋给 data 成员：

```
void Picture::init(int h, int w)
{
        height = h;
        width = w;
        data = new char[height * width];
}
```

这样就可以写构造函数本身了：

```
Picture::Picture(const char* const* array, int n)
{
        int w = 0;
        int i;

        for (i = 0; i < n; i++)
                w = Picture::max(w, strlen(array[i]));

        init(n, w);
```

此时此刻，height、width 和 data 就获得了适当的值；剩下的就是把字符从源端复制过来。我们一次复制一行，使用 position 把字符从源端复制到 data 的下一行中。由于输入字符串长度各异，因此必须记住要把每一行中余下的位置添上空格。

```
for (i = 0; i < n; i++ ) {
        const char* src = array[i];
        int len = strlen(src);
        int j = 0;

        while (j < len) {
            position(i, j) = src[j];
            ++j;
        }
        while (j < width) {
            position(i, j) = ' ';
            ++j;
        }
    }
}
```

下面来看看复制构造函数和赋值操作符。这两个成员所做的事情非常相似。似乎能定义一个私有函数，完成两个成员的公共操作，这是挺划算的事。实际上，只需要稍微有些先见之明，就可以让这个函数同样用于其他的操作。

基本操作是将另外的 Picture 对象的内容复制到正在处理的 Picture 对象中。对于复制构造函数和赋值操作符来说，两幅图像的大小应该相同。

即使在连接操作中，我们也可以有把握地假设目标图像至少与源图像一样大，因为没有任何操作可以擅自抛弃图像字符。

既然目标图像可能比源图像大，那么就应该给出目标图像中的一个起点，来自源图像的数据将被复制到以该点为起点的内存中。目标图像的行数和列数可以很好地做这项工作。于是，我们可以使用一个类似下面的私有函数：

```
class Picture {
private:
        void copyblock(int, int, const Picture&);
        //…
};
```

在这个函数的帮助下，Picture 的复制构造函数就太简单了：

```
Picture::Picture(const Picture& p):
        height(p.height), width(p.width),
        data(new char[p.height * p.width])
{
        copyblock(0, 0, p);
}
```

析构函数甚至还要简单：

```
Picture::~Picture() { delete [] data; }
```

现在再来看看赋值操作符。本质上，我们所要做的就是将当前对象的数据抛弃（并删除，千万别忘了），然后从源端复制数据。与平常一样，这里有一个技巧，就是必须确保源端和目标不是同一个对象：

```
Picture& Picture::operator=(const Picture& p)
{
        if (this != &p) {
                delete[] data;
                init(p.height, p.width);
                copyblock(0, 0, p);
        }
        return *this;
}
```

这里的 copyblock 函数证明了自己的价值：我们已经在两个地方使用了它。这个函数本身是非常简单的，特别是如果有了 position 函数的支持，就会更加简单。这里要注意的是，在输出数组中切记根据起始的 row 和 col 对每一个位置进行偏移：

```
void Picture::copyblock(int row, int col, const Picture& p)
{
        for (int i = 0; i < p.height; ++i) {
                for (int j = 0; j < p.width; ++j)
                        position(i + row, j + col) =
                                p.position(i, j);
        }
}
```

输出操作同样简单：

```
ostream& operator<<(ostream& o, const Picture& p)
{
        for (int i = 0; i < p.height; ++i) {
                for (int j = 0; j < p.width; ++j)
                        o << p.position(i, j);
                o << endl;
        }
        return o;
}
```

现在，我们已经有足够的代码了，可以测试一个小程序：

```
#include "Picture.h"
char *init[] = {"Paris", "in the", "Spring" };
int main()
```

```
{
        Picture p(init, 3);
        cout << p << endl;
        Picture q = p;
        cout << q << endl;
}
```

只要我们不去调用 frame 或连接函数,这个程序就可以运行,因此也没有必要去定义它们。在其他部分的设计完成之前,先让一小段程序运行起来,这可以让我们确信整体设计在正确的轨道上。

9.7　图像的组合

现在来考虑 frame 函数。该函数从另一个图像出发构建一幅新图像,并且添加一些额外的信息。该函数必须做 3 件事:分配内存、存储边框字符、把源图像复制过来。因为该函数是一个友元,因此可以利用图像的内部实现细节。

假设边框的宽度为一个字符。这就是说加边框的图像比源图像的高度和宽度各多两个字符。所以, frame 函数的第一个部分看上去是这样的:

```
Picture frame(const Picture& p)
{
        Picture r;

        r.init(p.height + 2, p.width + 2);
```

构造边框的操作有点困难,因为边框有各种组成部分。首先,要往图像的左右两边放上"|"字符:

```
for (int i = 1; i < r.height - 1; ++i) {
        r.position(i, 0) = '|';
        r.position(i, r.width - 1) = '|';
}
```

然后,上下边框用"-"字符:

```
for (int j = 1; j < r.width - 1; ++j) {
        r.position(0, j) = '-';
        r.position(r.height - 1, j) = '-';
}
```

最后,4 个角用"+"字符:

```
r.position(0, 0) = '+';
r.position(0, r.width - 1) = '+';
r.position(r.height - 1, 0) = '+';
r.position(r.height - 1, r.width - 1) = '+';
```

这样一来，我们就成功地构造了边框。下面将源图像复制到合适的位置上，其左上角坐标为（1,1）：

```
r.copyblock(1, 1, p);
return r;
}
```

连接就更简单了。也有 3 步：计算所需的内存、将新分配的内存填满空格字符、用操作数进行复制。

来看看纵向连接。总的 height 应该是两个源图像的 height 之和，width 是两个源图像 width 中的较大者。所以第一步就是：

```
Picture operator&(const Picture& p, const Picture& q)
{
        Picture r;

        r.init(p.height + q.height,
                Picture::max(p.width, q.width));
```

可以使用 copyblock 把源图像复制到目标 Picture 中，但是首先必须把 data 中没有用到的部分填充上空格。看上去需要一个新函数来把无用的单元设置成空格。现在暂且假设我们有一个函数 clear，它接受 4 个 int 型参数。这些参数分成两对，分别标识了输出数组中需要清空的矩形的两个对角：

```
r.clear(0, p.width, p.height, r.width);
r.clear(p.height, q.width, r.height, r.width);
```

这两个 clear 调用将把纵向连接的两个图像的矩形清空。这两个矩形中的一个或者两个将被清空，因为两个源图像中至少有一个的宽度等于目标图像的宽度。

最后，调用两次 copyblock，复制源图像：

```
r.copyblock(0, 0, p);
r.copyblock(p.height, 0, q);

return r;
}
```

横向连接与此类似，只是各个位置的坐标正好调过来，请对照下面的代码，与纵向连接的代码进行比较。跟上面一样，调用两次 clear 会清出一块矩形空白区：

```
Picture operator|(const Picture& p, const Picture& q)
{
        Picture r;
        r.init(Picture::max(p.height, q.height),
                p.width + q.width);
```

```
        r.clear(p.height, 0, r.height, p.width),
        r.clear(q.height, p.width, r.height, r.width);

        r.copyblock(0, 0, p);
        r.copyblock(0, p.width, q);

        return r;
    }
```

最后，我们来考虑 clear 的定义：

```
    void Picture::clear(int r1, int c1, int r2, int c2)
{
        for (int r = r1; r < r2; ++r)
            for (int c = c1; c < c2; ++c)
                position(r, c) = ' ';
}
```

为了完整起见，在这里再次列出 Picture 类的声明，包括后来添加的新内容：

```
class Picture {

friend ostream& operator<<(ostream&, const Picture&);
friend Picture frame(const Picture&);
friend Picture operator&(const Picture&, const Picture&);
friend Picture operator|(const Picture&, const Picture&);
public:
        Picture();
        Picture(const char* const*, int);
        Picture(const Picture&);
        ~Picture();

        Picture& operator=(const Picture&);

private:
        int height, width;
        char* data;
        void copyblock(int, int, const Picture&);
        char& position(int, int);
        char position(int, int) const;
        void clear(int ,int, int, int);
        void init(int, int);
        static int max(int, int);
};
```

9.8 小结

这个解决方案既不是很长，也不是很难，其优点是浅显直接，容易理解。不过也有一些缺陷。

　　首先，复制图像就要复制字符，而且在把一幅小图像并到大图像的过程中，也要复制其内部字符。其次，这个解决方案可能需要花费不少内存来存储空格，如果图像中某一行明显比其他各行长得多，那么这一开销就不容忽视了。最后，该方案将所有图像内部结构信息都丢掉了。试想如果我们要写一个函数，把有边框的图像的边框去掉，则在这个设计方案中，我们根本无法区分真正的边框和恰好像是边框的字符，所以根本写不出这个函数。

　　这些不足之处都是因为我们实现了 Picture 类来存储一个图像的"表象"，却没有存储其结构。想只通过修补来解决这些问题是不可能的。如果想存储结构，就必须重新设计整个程序。

　　下一章将进行重新设计。

第 **10** 章

一个课堂练习的分析（下）

在第 9 章中，我们以课堂练习的形式对一个有趣的 C++问题进行了分析，并且得到一个直接明了的方案，刚好能够解决问题。这个方案是有缺陷的，有可能浪费太多空间，而且本质上非常不灵活。

现在摆在我们面前的问题是，如何避免上述缺陷而将图像显示出来？这里，我们将要保留一些信息。虽然这些信息并不在问题描述中，但是我们借此可以很有效地修正解决方案。

正如将要看到的，新设计方案与第 8 章中所设计的表达式树非常相似。在类层次中反映出我们所操作的图像的结构，并将此结构保留下来以待今后所用。此外，我们还提供了一个句柄类，一则可以将我们使用继承的实现细节隐藏起来，二则可以省去用户处理内存管理的麻烦。

10.1　策略

第 9 章中方案的最大弊端在于图像对象一旦生成，其结构信息立刻就丢掉了[1]。假如我们采用不同的策略，尽可能地保留结构信息，结果会怎么样呢？我们又该怎么做呢？能有什么好处？

第一个结论几乎是最直接的，就是我们可以存储几种不同的图像。毕竟在一幅图像的结构信息中最明显的方面就是其构成方式：究竟是从字符串数组中直接生成，还是加框形成的，还是横向或纵向连接而成的。

下一个结论可能不太明显，那就是再也不必复制图像内容了。例如，假如我们将图像 x

---

[1] 例如，一幅由图 A 和图 B 横向连接而成的图 C，一旦生成，其"由 A 和 B 横向连接而成"的结构信息就丢掉了。——译者注

加边框形成图像 y，此操作并没有改动 x，这就是说，y 可以直接利用 x 而无须复制其内容。

为了能使用继承来区分和组织各种图像，显然要用到指针。然而，在 C++中，只要用到指针，就会牵涉内存分配的问题。既然我们已经决定了用户能够看到的接口的形式，就不应该把内存分配的事情暴露出来烦扰用户。我们需要想办法隐藏其实现细节。

这里遇到的问题与第 8 章中见到的相同。我们所需要的是一个 handle 类，且称之为 Picture，我们用它来隐藏根据所建立的图像结构而设计的派生层次。一旦有了 handle 类，就可以实现引用计数型的内存分配策略，从而避免复制那些构成图像的底层字符。

为了落实这里的策略，首先从用户直接接触到的 Picture 类入手。Picture 类中应包含一个指向其他类对象的指针；该对象应该表明其确切的图像种类。使用继承来组织和区分各种图像，就会生成这样的结构：Picture 类包含一个（私有的）指针，指向一个称之为 P_Node 的类。这是一个抽象基类，有以下派生类。

- String_Pic：直接由字符串数组生成的图像。
- Frame_Pic：给其他图像加边框而形成的图像。
- HCat_Pic：两幅图像横向连接所得的图像。
- VCat_Pic：两幅图像纵向连接所得的图像。

Picture 类和 P_Node 类将协同解决内存分配的问题。

10.1.1 方案

我们先把已经确定的内容写下来。Picture 类的接口早就选择好了：

```
class Picture {
public:
        Picture();
        Picture(const char* const*, int);
        Picture(const Picture&);
        ~Picture();

        Picture& operator=(const Picture&);
};
```

针对另外几个类，我们也能定义一些内容：

```
class P_Node { };
class String_Pic: public P_Node { };

class Frame_Pic: public P_Node { };

class VCat_Pic: public P_Node { };

class HCat_Pic: public P_Node { };
```

所以现在要做的就是完善细节。

我们首先声明 P_Node 型指针，在每一个 Picture 对象中都应该有一个这样的指针；并给 Picture 类设定一些友元函数的声明，因为这些函数需要了解 Picture 的结构。

```
class P_Node;
class Picture {
        friend ostream& operaotr<<(ostream&, const Picture&);
        friend Picture frame(const Picture&);
        friend Picture operator&
                (const Picture&, const Picture&);
        friend Picture operator|
                (const Picture&, const Picture&);
public:
        Picture(const char* const*, int);
        Picture(const Picture&);
        ~Picture();
        Picture& operator=(const Picture&);
Private:
        P_Node* p;
};
```

前置声明

```
class P_Node;
```

告诉编译器 P_Node 是一个类的名字；这个前置声明是必需的，因为我们在声明类 P_Node 本身之前要先声明一个 P_Node 类的指针。

10.1.2　内存分配

每一个 Picture 都将指向一个 P_Node，但多个 Picture 也可以指向同一个 P_Node。例如：

```
Picture p1 = /* 某张图片 */
Picture p2 = p1;
```

在实际运行中，没有理由去复制 p1 的全部内容，而是应该给每一个 P_Node 对象一个引用计数，以便跟踪有多少个 Picture 指向同一个 P_Node。当然，如果我们打算使用这些引用计数，就必须确保只有 Picture 才能够改变它们。可以把引用计数设为 private，令 Picture 是 P_Node 的友元类，如下所示：

```
class P_Node {
        friend class Picture;

protected:
        int use;
};
```

出人意料的是，至此我们已经有足够的信息来编写 Picture 类的复制构造函数、析构函数和赋值操作符了。我们知道，每一个 Picture 指向一个 P_Node，所以复制构造函数应该令新的 Picture 指向原来那个 Picture 所指向的 P_Node，并且递增引用计数：

```
Picture::Picture(const Picture& orig): p(orig.p)
{
        orig.p->use++;
};
```

与之相似，Picture 的析构函数将递减引用计数，如果正在析构的这个 Picture 对象是指向某个 P_Node 对象的最后一个 Picture，则删除该 P_Node 对象。

```
Picture::~Picture()
{
        if (--p->use == 0)
                delete p;
}
```

最后，赋值操作符始终都是用新值替换旧值。所以，它应该递增新值的引用计数，递减旧值的引用计数。执行这项工作时必须十分注意操作的顺序，确保 Picture 对象自我赋值时仍能够获得正确的结果：

```
Picture& Picture::operator=(const Picture& orig)
{
        orig.p->use++;
        if (--p->use == 0)
                delete p;
        p = orig.p;
        return *this;
}
```

自我赋值之所以会带来问题，是因为 orig 和 *this 指的是同一个对象。

现在，让我们来看看 P_Node 类的构造函数和析构函数。我们期望只有 P_Node 派生类的对象才能存在，而不存在单纯的 P_Node 对象。这显然需要一个虚析构函数。例如，考虑下面在 Picture 析构函数中的语句：

```
delete p;
```

虽然 p 是一个 P_Node*，但它事实上指向某个派生类的对象。这种状况正是虚析构函数应用的必不可少的地方。现在我们扩充 P_Node 类：

```
class P_Node {
        friend class Picture;

protected:
        virtual ~P_Node();

private:
```

```
        int use;
    };
```

并定义析构函数:

```
    P_Node::~P_Node() { }
```

现在该轮到构造函数了。我们仍然希望 **P_Node** 对象是更大对象的组成部分,而不是独立的对象。尽管如此,每一个 **P_Node** 对象都有一个引用计数,为此必须确定一个初始值。

尽管我们还不太清楚将会如何处理 **P_Node**,但可以有把握地猜测,当创建一个 **P_Node** 派生类对象时,会将其地址存储在某个 Picture 中。由于该 **P_Node** 是新创建的,所以应该只有一个 Picture 指向它,因此我们应该将引用计数的初始值设为 1。这样 **P_Node** 类:

```
class P_Node {
        friend class Picture;
protected:
    P_Node();
    virtual ~P_Node();

private:
        int use;
};
```

就有了一个构造函数,必须定义如下:

```
    P_Node::P_Node() : use(1) { }
```

10.1.3　结构构造

现在是时候考虑应当如何构造表示不同图像的 Picture 对象了。首先从构造函数开始:

```
Picture::Picture(const char* const*, int)
```

我们已经决定,构造函数应该生成一个 String_Pic 对象,并将其地址存储在 Picture 中。我们尚未定义 String_Pic,不过暂且假定该类有一个相应的构造函数,这使我们能够更容易地设计 Picture 类的构造函数:

```
Picture::Picture(const char* const* str, int n):
        p(new String_Pic(str, n)) { }
```

当然,这个定义只是在拖延时间:在 String_Pic 类中需要做些什么?我们需要存储字符串的数量和一个指针,该指针指向给出的字符的副本。我们不想直接存储指向用户字符的指针,因为用户以后可能会改变甚至销毁那些字符。String_Pic 中所有的成员函数都可以是 private 的:我们将声明 Picture 类为友元,此外,其他所有的访问都只能通过虚函数进行。

所以我们得到：

```
class String_Pic: public P_Node {
        friend class Picture;
        String_Pic(const char* const*, int);
        ~String_Pic();
        char** data;
        int size;
};
```

构造函数和析构函数的实现并不困难：

```
String_Pic::String_Pic(const char* const* p, int n):
    data(new char* [n]), size(n)
{
        for(int i = 0; i < n; i++) {
                data[i] = new char[strlen(p[i])+1];
                strcpy(data[i], p[i]);
        }
}
String_Pic::~String_Pic()
{
        for (int I = 0; I < size; I++)
                delete[] data[I];
        delete[] data;
}
```

注意，String_Pic 类中的析构函数是非平凡（nontrivial）的，所以 P_Node 的析构函数必须是虚拟的。

生成一个加框的图像同样简单。我们首先注意到 Frame_Pic 需要包含一个 Picture（这多少有些意外）：

```
class Frame_Pic: public P_Node {
        friend Picture frame(const Picture&);
        Frame_Pic(const Picture&);
        Picture p;
        };
```

这是表达我们想要的结构的最简洁方式。毕竟，一个加框图像就是由普通 Picture 附加额外信息而得到的。Frame_Pic 表示了这些额外信息，至于其框内的内容则交给 Picture 去表示。

这样一来，构造 Frame_Pic 的工作就太容易了：

```
Frame_Pic::Frame_Pic(const Picture& pic): p(pic) { }
```

剩下的工作就是设计 frame 函数了，用户将使用这个函数来代替构造函数。可是在这里我们遇到一个小麻烦：

```
Picture frame(const Picture& pic)
{
        Frame_Pic* p = new Frame_Pic(pic);
        // 现在如何？
};
```

已经创建了指针 p，令其指向新创建的 Frame_Pic 对象。应当如何将这个指针加入一个 Picture 中，以便把这个 Picture 对象返回给用户呢？

办法之一是回头修补。给 Picture 类增加一个私有构造函数，其目的在于：

```
class Picture {
        //和前面的一样

private:
        Picture(P_Node*);          //新增加的
        P_Node* p;
};
```

当然我们必须定义构造函数：

```
Picture::Picture(P_Node* p_node) : p(p_node) { }
```
现在可以完成 frame 函数了：
```
Picture frame(const Picture& pic)
{
        return new Frame_Pic(pic);
}
```

这里我们将把 Picture 新定义的构造函数作为隐式转型操作符。

这种方法也可以应用于连接操作符。我们从 P_Node 中再派生两个类：

```
class Vcat_Pic: public P_Node {
        friend Picture operator&
                (const Picture&, const Picture&);
        VCat_Pic(const Picture&, const Picture&);
        Picture top, bottom;
};
class HCat_Pic: public P_Node {
        friend Picture operator|
                (const Picture&, const Picture&);
HCat_Pic(const Picture&, const Picture&);
        Picture left, right;
};
```

然后再定义相应的构造函数、operator&和 operator|，后两个函数将使用构造函数：

```
VCat_Pic::VCat_Pic(const Picture& t, const Picture& b):
        top(t), bottom(b) { }

Picture operator&(const Picture& t, const Picture& b)
{
        return new VCat_Pic(t, b);
}

HCat_Pic::HCat_Pic(const Picture& 1, const Picture& r):
        left(l), right(r) { }

Picture operator|(const Picture& 1, const Picture& r)
{
        return new HCat_Pic(l, r);
}
```

10.1.4　显示图像

现在我们有了一个类层次，由此可以在建构图像时保留其结构信息。糟糕的是，还差一个重要特性：还没有方法来显示图像。

在一头扎进实现细节之前，不妨先思考一番。我们很可能使用一个反映了 Picture 结构的算法来打印该 Picture。打印 String_Pic 的典型方式是分行打印字符串。现在假设我们就打算这么干，则唯一用于显示的操作就是打印整个图像。在这种情况下，我们应当如何实现显示 Frame_Pic 的函数呢？很难办。因为我们得在该图像的每一行中打印边框部分，这就表明目前的显示操作功能还不够完美。

如果我们希望能够控制每一行的首尾形态，则必须能够打印指定图像的某一行（不带换行符），而不是仅仅只能打印全部图像。只要能做到这一点，加框的操作就很简单了。首先打印顶框，然后对于图像的每一行，打印左边框；然后是图像行，再后是右边框；最后打印底框。

仔细分析这个过程，我们发现需要确定一幅图像的高度和宽度。例如，当显示一幅加框图的时候，我们需要了解原图（无框图）的宽度，才能确定顶框和底框的宽度。而高度则能帮助我们确定要打印的行数。

完了吗？还没有呢！假设我们要显示一个 String_Pic，我们希望每一行显示完毕后立刻换行，没有必要在尾部填充多余的空格。但是当显示包含了一幅 String_Pic 的 Frame_Pic 时，必须要在该 String_Pic 的每一行尾部填补适量的空格，使其长度与最长的那一行相同，这样才能使我们的边框整齐，不致于参差不齐。

于是，显示操作需要两个参数：需要打印的行数和最小宽度。每一行都会填补必要的空格以满足最小宽度的要求。考虑到要解决的问题，应该还有一个参数：输出的目标文件。

P_Node 的派生类将会用到新增的 height、width 和 display 函数。然而，我们已把这些函数设为 private，这样普通用户就无法使用它们。这个想法可以保证 Picture 类的接口不能使用其函数，但是却需要付出代价，我们必须让所有从 P_Node 派生出来的新类成为 Picture 的友员。现在，Picture 类如下所示：

```
class Picture {
        //和前面的一样
        friend class String_pic;
        friend class Frame_Pic;
        friend class HCat_pic;
        friend class VCat_pic;
private:
        Picture(P_Node*);
        int height() const;                          //新增的
        int width() const;                           //新增的
        void display(ostream&, int, int) const;      //新增的
        P_Node* p;
};
```

3 个成员函数 height、width 和 display 只是将其参数直接传递给 P_Node 类中相应的成员函数，这些成员函数还没有在 P_Node 类中，因此必须添加它们：

```
int Picture::height() const
{
        return p->height();
}
int Picture::width() const
{
        return p->width();
}
void Picture::display(ostream& o, int x, int y) const
{
        p->display(o, x, y);
}
```

现在考虑考虑 operator<<。它应该使用 display 来一次打印图像的一行（不带填充空格）：

```
ostream& operator<<(ostream& os, const Picture& picture)
{
        int ht = picture.height();
        for (int i = 0; i < ht; i++) {
                picture.display(os, i, o);
                os << endl;
        }
        return os;
}
```

在 P_Node 类中，我们无须定义 height、width 和 display 函数。毕竟，根本就没有什么 P_Node

对象，所以这些函数永远不会被调用。应该将这些函数定义为纯虚函数。现在，P_Node 类的定义如下：

```
class P_Node {
        friend class Picture;
protected:
        P_Node();
        virtual ~P_Node();
        virtual int height() const = 0;              //新增的
        virtual int width() const = 0;               //新增的
        virtual void display
                (ostream&, int, int) const = 0;      //新增的
private:
        int use;
};
```

剩下的就是在 4 个派生类中定义 height、width 和 display 函数。当然，有无数种方法定义这些函数。下面给出的方法比较简洁，但在执行效率上并不突出。

为了完整起见，我们首先给出 4 个派生类的完整声明：

```
class String_Pic: public P_Node {
        friend class Picture;

        String_Pic(const char* const*, int);
        ~String_Pic();
        int height() const;                          //新增的
        int width() const;                           //新增的
        void display(ostream&, int, int) const       //新增的

        char** data;
        int size;
};

class Frame_Pic: public P_Node {
        friend Picture frame(const Picture&);
        Frame_Pic(const Picture&);
        int height() const;                          //新增的
        int width() const;                           //新增的
        void display(ostream&, int, int) const;      //新增的
        Picture p;

};
class VCat_pic: public P_Node {
        friend Picture operator&
```

```
                (const Picture&, const Picture&);

        VCat_Pic(const Picture&, const Picture&);
        int height() const;                          //新增的
        int width() const;                           //新增的
        void display(ostream&, int, int) const;      //新增的

        Picture top, bottom;
};
class HCat_Pic: public P_Node {
        friend Picture operator|
                (const Picture&, const Picture&);

        Hcat_Pic(const Picture&, const Picture&);
        int height() const;                          //新增的
        int width() const;                           //新增的
        void display(ostream&, int, int) const;      //新增的
        Picture left, right;
};
```

String_Pic 的高度就是字符串的数量，这是我们已经知道的。宽度就是最长的那个字符串的长度。为了计算这个长度，我们首先来定义一个工具函数，取两个整数中的较大者：

```
int P_node::max(int x, int y)
{
        return x > y ? x : y;
}
```

之后，就可以定义 String_Pic 类中的 height、width 和 display 成员函数了：

```
int String_Pic::height() const
{
        return size;
}


int String_Pic::width() const
{
        int n = 0;
        for (int i = 0; i < size; i++) {
                n = max(n, strlen(data[i]));
        }
        return n;
}
```

要定义 String_Pic::display，最好首先定义一个叫作 pad 的辅助函数。这个函数有 3 个参数：

一个文件、两个整数 x 和 y。如果 x<y，该函数就会在文件中打印 y-x 个空格：

```
static void pad(ostream& os, int x, int y)
{
        for (int i = x; i < y; i++)
                os << " ";
}
```

至于 String_Pic::display 本身，我们将打印指定的行，必要的话填补足够的空格以凑足最小宽度。此时必须要确定应当如何处理越界的行，方法是假设越界的行都是空行。这一特点还可以被我们加以利用。

```
void
String_Pic::display(ostream& os, int row, int width) const
{
        int start = 0;
        if (row >= 0 && row < height()) {
                os << data[row];
                start = strlen(data[row]);
        }
        pad(os, start, width);
}
```

获取加框图像的高度和宽度是件很容易的事，在框内图像的高度和宽度上各加 2 即可：

```
int Frame_Pic::height() const
{
        return p.height() + 2;
}
int Frame_Pic::width() const
{
        return p.width() + 2;
}
```

打印一个加框图像是很烦琐的，但并不困难。这里有 3 种情况：需要打印的行在图像之外；或是顶框和底框；或在图像之内。

```
void Frame_Pic::display(ostream& os, int row, int wd) const
{
        if (row < 0 || row >= height()) {
                // 越界
                pad(os, 0, wd);
        } else {
                if (row == 0 || row == height() - 1) {
                        //顶框和底框
                        os << "+";
                        int i = p.width();
```

```
                        while (--i >= 0)
                                os << "-";
                        os << "+";
                } else {
                        //内部行
                        os << "|";
                        p.display(os, row - 1, p.width());
                        os << "|";
                }
                pad(os, width(), wd);
        }
}
```

最后，打印连接后的图像。高度和宽度好办。比如纵向连接的图像的高度就是其若干子图像的高度之和，而宽度则与最宽的子图像宽度相同。横向连接而成的图像的处理方法与此类似。

```
int VCat_Pic::height() const
{
        return top.height() + bottom.height();
}

int VCat_Pic::width() const
{
        return max(top.width(), bottom.width());
}

int HCat_Pic::height() const
{
        return max(left.height(), right.height());
}

int HCat_Pic::width() const
{
        return left.width() + right.width();
}
```

显示连接图像稍微困难一些，原因是横向和纵向之间不再有一致性。纵向连接还比较简单，可分为 3 种情况：我们要打印的行或者在图像之外（越界）；或者属于上层图像；或者属于下层图像。不管哪种情况，我们都要把得到的宽度传给 display 函数：

```
void VCat_Pic::display(ostream& os, int row, int wd) const
{
        if (row >= 0 && row < top.height())
                top.display(os, row, wd);
        else if (row < top.height() + bottom.height())
                bottom.display(os, row - top.height(), wd);
```

```
        else
               pad(os, 0, wd);
}
```

注意，当显示下层图像时，一定要注意某行的行号是上面图像的高度加上该行在下面图像中的行号。

下面，我们来解决横向连接的问题。这个操作第一眼看上去挺难，但其实非常简单：我们首先打印左边图像的某行，然后是右边图像的对应行。最后，还要填补必要的空格以满足给定的宽度：

```
void HCat_Pic::display(ostream& os, int row, int wd) const
{
        left.display(os, row, left.width());
        right.display(os, row, right.width());
        pad(os, width(), wd);
}
```

这就是为解决原来提出的问题需要做的工作。

10.2　体验设计的灵活性

我们之所以要重新设计一个方案，目的之一就是要得到更大的灵活性。我们下面向系统增加一个新操作来感受这种灵活性，这个新操作就是图像重新装裱。

图像重新装裱的操作应该允许用户指定边角字符的新值、顶框和底框字符的新值，也应该可以把当前 Picture 中包含的所有加框图像的边框字符全部改变。例如，若 pic 如下（也就是 9.1 节的图像）：

```
+--------------+
|+------+      |
||Paris |      |
||in the|      |
||Spring|      |
|+------+      |
|Paris +------+|
|in the|Paris ||
|Spring|in the||
|      |Spring||
|      +------+|
+--------------+
```

那么 reframe(pic, '*', '*', '*')生成的结果应该是：

```
* * * * * * * * * * * * * * * *
* * * * * * * * *         *
* *Paris *       *
```

```
**in the*          *
**Spring*          *
*********          *
*Paris *********
*in the*Paris **
*Spring*in the**
*        *Spring**
*        *********
***************
```

在考虑如何在现有设计的基础之上实现这一功能之前，首先来考虑在第 9 章的初始设计中，这种改动是否可能。在该设计中，根本没有办法判断某一个字符究竟是实际图像 Picture 的一部分还是围绕这个 Picture 组件的一部分。所以，我们根本没有办法找到边框，更别提去改变这些边框进行重新装裱了。在当前的设计方案中，一个 Picture 的结构在相应的 P_Node 类型中没有显式地体现出来，因此，这样的结构应该提供 reframe 操作所需的句柄。

首先，我们注意到，对 Picture 重新装裱与其他操作一样，都是非成员函数。这意味着我们需要像其他操作那样，在 Picture 中增加一个新的友元，然后把实际工作交给底层的 P_Node 来执行。现在我们来编写新的 Picture 类：

```
class Picture {
        friend ostream& operator<<(ostream&, const Picture&);
        friend Picture frame(const Picture&);
        friend Picture reframe                           //新增加的
            (const Picture&, char, char, char);
        // …
};
```

我们还可以这么写 reframe 函数：

```
Picture reframe (const Picture& pic, char c, char s, char t)
{
        return pic.p->reframe(c, s, t);
}
```

我们还需要往 P_Node 中增加一个新的纯虚函数，并且令全局函数 reframe 为友元函数：

```
class P_Node {
        friend Picture reframe(char, char, char);
        virtual Picture reframe(char, char, char) = 0;
        // …
};
```

每一个 P_Node 的派生类都应该定义自己的 reframe 操作。为节省篇幅我们不再把新的类声明写出来了。

现在让我们来看看如何为每种类型实现 reframe。从最简单的 String_Pic 开始——因为根本没有边框可变。所以这个操作是 no-op，而且产生另一个指向 String_Pic 的指针，作为结果返回：

```
Picture String_Pic::reframe(char, char, char)
{
        use++;
        return this;                    //使用私有 Picture 构造函数
}
```

注意，我们增加了引用计数以表明还有另一个用户在使用底层的 String_Pic，使用 P_Node* 的转型操作从 this 中生成一个新的 Picture。

要重新装裱 HCat_Pic 和 VCat_Pic，也是很简单的，只要把各组件 Pictures 重新装裱，从而创建一个新的 Picture 即可：

```
Picture VCat_Pic::reframe(char c, char s, char t)
{
        return new VCat_Pic(
                ::reframe(top, c, s, t),
                ::reframe(bottom, c, s, t)
        );
}
Picture HCat_Pic::reframe(char c, char s, char t)
{
        return new HCat_Pic(
                ::reframe(left, c, s, t),
                ::reframe(right, c, s, t)
        );
}
```

请注意，我们在装裱组件 Picture 时使用了::操作符来调用全局 reframe 函数。如果没有这些作用域操作符，我们所调用的函数就错了——其结果是递归地调用成员函数自己，所以这个函数根本就无法编译，因为全局 reframe 函数比这个 reframe 成员函数多一个参数。

下面来看看 Frame_Pic。在考虑其 reframe 操作之前，首先来考虑一下所谓"重新装裱"是什么意思。在现在的设计中，Frame_Pic::display 函数知道应用到边框的值是多少。当然，这个值要改变。所以，我们应该在 Frame_Pic 对象中存储其用来构造边框的值，然后重写 display 函数，以利用这些值。这意味着要给 Frame_Pic 增加成员函数，并且以某种方式把边框的字符值保存到 Frame_Pic 对象中。现在，我们来设计新的 Frame_Pic 类：

```
class Frame_Pic: public P_Node {
        friend Picture frame(const Picture&);

        Frame_Pic(const Picture&,
                char = '+', char = '|', char = '-');
        int height() const;
```

```
        int width() const;
        void display(ostream&, int, int) const;
        Picture reframe(char, char, char);

        Picture p;
        char corner;
        char sideborder;
        char topborder;
};
```

这里已经修改了 Frame_Pic 的构造函数，使之能够获取组成边框的字符。为了与已经存在的代码相兼容，我们给这些参数一个缺省值，使之与 display 函数中诞生的字符匹配：

```
Frame_Pic::Frame_Pic
        (const Picture& pic, char c, char s, char t):
        p(pic), corner(c), sideborder(s), topborder(t) { }
```

有了这个新的构造函数，就可以最终确定 reframe 函数了。首先，想要重新装裱一个 Frame_Pic，得把其内的组件 Picture 先用新值装裱了，然后再用那个新的 Picture 和新的边框值来生成一个新的 Frame_Pic：

```
Picture Frame_Pic::reframe(char c, char s, char t)
{
        return new Frame_Pic(::reframe(p, c, s, t), c, s, t);
}
```

最后，我们需要重写 display 函数，并用上那些存储起来的边框字符。这个工作就作为练习留给读者来完成吧！

10.3 小结

在解决问题的时候，有一点要始终牢记：不仅要看到眼前的问题，还要看到长远的变化。在这个特定的问题中，最重要的一个认识是，图像是有结构的，总有一天我们会考虑到这些结构。而这种认识使我们不仅仅存储所产生的图像内容，而且要主动想办法存储这些结构。

另一个收获是，我们可以使用继承对这些结构进行建模。这应该并不出人意料；当我们说类似“所有的图像都可以加边框，得到一幅新的图像”这样的话时，通常就是继承可以最准确有效地发挥威力的时候。

一旦我们决定使用继承，就会明白，其实无须拷贝图像的内容。这一认识使我们利用引用计数技术来管理内存；这样一来，我们发现在整个类族中，只有两个类需要进行内存分配。

最后，我们认识到即使需要显示图像，也无须重新设定图像的字符。相反，我们可以一次显示一行，将所需的那一行的字符内容“立即构建出来并输出显示”。

这个设计方案比我们在第 9 章中展示的那一个明显要强得多，但是对于复杂的图像，其消耗的内存反而要少一些。更重要的是，这个设计灵活得多，可以实现新的 reframe 操作，而在之前的初始设计实现中，这根本不可能。

这种改进究竟是让程序变得更好还是更差？还是老话：不一定。就一个课堂练习来说，两种方案各有所长，都值得花时间去学习理解。在实际开发中，灵活性通常是有意义的，因为它在我们面对需求的变更时不致于一切推翻重来。至于应当为这种灵活性付出多大代价，当然有一个工程上的权衡问题，只能根据对环境的理解来回答。我们必须清楚，在选择一个设计方案之前，必须首先把问题和背景搞清楚。

第 *11* 章

什么时候不应当使用虚函数

第 9 章没有用虚函数就解决了一个相当困难的问题；第 10 章也解决了同样的问题，但是采用了虚函数。如果在第 9 章中使所有函数都为虚函数，并不会影响例子的运行，因为没有继承关系。但是虚函数对于第 10 章的例子来说是至关重要的。

上面的话可能会引发争论，有人认为虚函数比非虚函数更根本，所有成员函数都应该默认为虚函数。更有甚者，有些人建议说根本没有理由不使用虚函数，所有成员函数都必须自动地为虚函数。争论背后的理论似乎非常吸引人，值得仔细研究以便理解问题之所在。

11.1 适用的情况

我们注意到，如果只关注程序的行为，同时没有继承关系，那么函数是否为虚函数根本无关紧要。因此，即使存在争论，没有使用继承的程序员仍可以不假思索地把他们所有的函数设为虚函数。只有当涉及继承时，才有必要考虑一些问题。

可是在使用继承的程序中，争论仍然继续存在，说是把所有函数都设为虚函数可以获得更大的灵活性。作为一个简化了的例子，考虑一个表示整数数组的 **IntArray** 类[1]：

```
class IntArray {
public:
        // …
        unsigned size() const;
        int& operator[] (unsigned n);
};
```

---

[1] 在下面及其以后的一些例子里，为了简化意义的表述，我们用一个可以包含某种特定类型值的数组作为范例。当然，在实践中，更有效的做法是使用模板对这个例子进行普遍化。不过这个方案在本章主题中没有作用。

我们可以写一个函数来将数组的所有元素设置为零：

```
void zero(IntArray& x)
{
        for (int i = 0; i < x.size(); i++)
                x[n] = 0;
}
```

在类似这样的情况下，上述观点认为 IntArray::operator[]和 IntrArray::size()应该为虚函数。例如，有人希望从 IntArray 派生出一个类 IntFileArray，该类在文件中而不是直接在内存中保存这些整数。如果成员函数 IntArray::operator[]和 IntrArray::size()是虚函数，那么 zero 函数在 IntFileArray 对象中也能正常运行；如果不是虚函数，则 zero 函数将不能正常运行。

11.2　不适用的情况

尽管这个观点很吸引人，但是仍然有一些问题。

- 虚函数的代价并不是十分高昂，但也不是免费的午餐。在使用它们之前，要认真考虑其开销，这一点十分重要。
- 有些情况下非虚函数能够正确运行，而虚函数却不行。
- 不是所有的类都是为了继承而设计的。

11.2.1　效率

如果一个程序调用某个显式提供的对象的虚拟成员函数，那么优秀的编译器不应该带来任何额外的开销。例如

```
T x;
x.f();
```

这里，我们定义了类 T 的对象 x，并调用了它的成员函数 f。f 是否是虚函数应该没有影响；编译器可以判断 x 是类 T 的对象，而且不是继承自 T 的某个类，所以它将产生一个对 T::f 的直接调用。但是，如果所有对成员函数的调用都是通过显式指定的对象进行的，那么成员函数是否是虚函数就无关紧要了。

然而一旦通过指针或者引用进行调用，那就有了意义：

```
void call_f(T* tp)
{
        tp->f();
}
```

这里，tp 指向 T 类的一个对象，也可能是某个 T 类派生类的对象，所以，如果 T::f 是虚函数，则必须运用虚函数机制进行调用。虚函数的查找开销值得我们关注吗？

这要视情况而定。想要知道某个程序在这方面的实际开销，必须在不同机器上测量开销，不过通过对内存引用（memory reference）进行计数来获得一个大概值还是有可能的[1]。例如，让我们回顾一下 IntArray::operator[]成员函数。实现一个数组类的典型方法是令它的构造函数分配适当数量的内存。在这种情况下，operator[]就类似于下面的代码：

```
int& IntArray::operator[] (unsigned n)
{
        if (n >= arraysize)
                throw "subscript out of range";
        return data[n];
}
```

除了调用函数的开销外，这个函数还需要 3 个内存引用，以便分别获得 n、arraysize 和 data 的值。怎样将这个开销与调用虚函数的开销进行比较呢？此外，怎样将这个开销与调用非虚成员函数的开销进行比较呢？

因为我们假设开销足够大，所以将这个函数内联。因此，一个好的实现在直接通过对象使用 operator[]时根本不会引入新的开销。通过指针或者引用调用 operator[]的开销可能与 3 个内存引用有关：一个是对指针本身的；另一个是为这个成员函数初始化 this 指针的；还有一个是用于调用返回序列的。因此，当我们通过指针或者引用来调用这个成员函数时，所花的时间应该差不多是直接为某个对象调用这个函数所花时间的两倍。调用一个虚函数通常由 3 个内存引用取出：一个从对象取出描述对象类型的表的地址值；另一个取出虚函数的地址；第三个则在可能的较大外围对象中，取出本对象的偏移量。在这样的实现中，把一个函数变成为虚函数需要 3 倍的执行时间，而非是两倍的执行时间。

这个开销值得关注吗？这要取决于具体应用。显然，成员函数越大，变为虚函数就越不会是问题。实际上，同样的观点也适用于边界检查：去掉它就会减掉函数本身的 3 个内存引用中的一个，所以我们有理由说边界检查使函数慢了 50%。而且，一个好的优化的编译器可能会使我们所有的估算落空。如果关注到底要花多长时间，就应该进行测量。不过，这种粗略的分析还是说明了虚函数的开销可能相当大。

有时候只需要稍加思索，就可以在不明显增加任何开销的情况下获得类似虚函数的灵活性。例如，考虑一个表示输入缓冲区的类。跟 C 中的一个库函数 getc 类似，我们希望自己的类有一个叫作 get 的成员函数，返回一个 int，返回值将包含一个字符或者 EOF。另外，我们还希望人们能够从我们的类中派生出新的类来实现完全不同的缓冲策略。

有一种明显的方法，其代码编写方式如下：

```
class InputBuffer {
public:
```

---

[1] 随着微处理器的速度越来越快，而且内存引用越来越成为主导消耗计算时间的主要因素，此项技术会越来越准确。但是也可能会越来越不准确，因为大量的高速缓存大大补偿了从芯片外部取出信息所造成的延时。下面的时间估计比较粗糙，但这种粗糙也是必要的。要想得到更精确的数据，请自己动手进行测试。

```
        // …
        virtual int get();
        // …
};
```

这样凡是这个类的派生类只要需要，就都可以改写 get。

但是，这个方法的潜在开销很大。考虑下面这个用来计算缓冲区中行数的函数：

```
int countlines(InputBuffer& b)
{
        int n = 0;
        int c;

        while ((c = b.get()) != EOF) {
        if (c == '\n')
                n++;
    }

        return n;
}
```

从这个函数对于所有 InputBuffer 的派生类都有效这一点来说，它是很灵活的。但是，每个对 get 的调用都是虚函数调用，所以要消耗大约 6 个内存引用（3 个是函数固有的，多出的 3 个是虚函数开销）。因此，函数调用开销很可能是主导循环执行时间的主要因素。

如果我们认识到，使用缓冲的应用程序很可能是要一次性地访问多个字符，那么就可以把 InputBuffer 类的设计做得更好。比如，假设我们编写如下代码：

```
class InputBuffer {
public:
        // …
        int get() {
                if (next >= limit)
                        return refill();
                return *next++;
        }

protected:
        virtual int refill();

private:
        char* next;
        char* limit;
};
```

我们还假设在缓冲区中有一定数量的字符处于等待状态。数据成员 next 指向第一个这样的字符；数据成员 limit 指向最后一个字符之后的首个内存位置。因此针对 next>=limit 的测试可判断是否已经没有可用的字符。如果没有可用的字符，我们就调用 refill 函数，以获得更多字符。如果调用成功，则这个函数将重新适当地设置 next 和 limit，并返回第一个这样的字符；如果失败，则返回 EOF。

我们假设在大多数普通情况下都有字符存在，此时简单地返回*next++。这样将获得下一个可用的字符并转到下一步操作。

关键在于 get 现在是内联的，而不是虚函数。如果存在一个可用字符，执行时就需要大约 4 个内存引用：两个用于比较；一个取出字符；剩下的一个保存 next 的新值。如果必须调用 refill，消耗当然也会更大，但是如果 refill 从它的输入那儿获得了一个足够大的内存块，那么就没什么需要担心的了。

因此，在这个例子中，我们将通常情况下的 get 开销从 6 个内存引用，加上虚拟 get 函数的代码存储，减小到总共只比 4 个内存引用稍微多一点的开销。如果我们假设 get 的虚函数版本和非虚函数版本所做的工作一样多（很难想象如何能做得更少），那么在决策上的改变就使得 get 的开销从 10 个内存引用减少到 4 个内存引用，速度增加两倍多。

11.2.2　你想要什么样的行为

派生类总是严格地扩展其基类的行为。也就是说，通常派生类对象可以在不改变程序行为的情况下替代基类对象。但是也有一些不属于此类的情况。在这些情况下，虚函数可能导致非预期的行为。

我们可以在 IntArray 类的基础上创建一个例子来说明这种情况。首先，我们稍微充实一下它的声明：

```
class IntArray {
public:
        IntArray(unsigned);
        int& operator[] (unsigned);
        unsigned size() const;
        // …
};
```

假设我们通过给定 IntArray 的大小来构造其对象，并且支持下标操作。

假设现在从这个类派生了一个 IntBlock 类，该类与 IntArray 类似，但是它的初始元素的下标不必为零：

```
class IntBlock: public IntArray {
public:
        IntBlock(int l, int h): low(l), high(h),
        IntArray(l > h? 0: h - l +1) { }
        int& operator[] (int n) {
        return IntArray::operator[](n - low);
        }
```

```
private:
        int low, high;
};
```

这个类定义相当明确：要构造一个下边界为 l、上边界为 h 的 IntBlock，我们就要构造一个有 h-l+1 个元素的数组，如果元素个数为负数就令其为零。下标操作也很简单：我们使用适当的索引值调用基类的下标操作符。

现在考虑一个将 IntArray 中的所有元素相加的函数：

```
int sum(IntArray& x)
{
        int result = 0;
        for (int i = 0; i < x.size(); i++)
                result += x[i];
        return result;
}
```

如果我们传给这个函数的类型是 IntBlock 而不是 IntArray，情况又会怎样？

答案是只有 operator[]是非虚函数，才可以正确地将 IntBlock 的元素相加！关键在于 sum 把它的参数当作一个 IntArray，这样它就可以真正从参数中得到 IntArray 的行为了。它还特别期望第一个元素的下标为 0，而且还期望 size 函数要返回元素的个数。由于 IntBlock 不是 IntArray 的严格扩展，所以只有 operator[]不是虚函数时，这个行为才会出现。

11.2.3　不是所有的类都是通用的

不使用虚函数的第三个原因是有些函数只是为特定的有限制的用途而设计的。

我们常常认为，**类的接口**由公有成员组成，类的实现由其他东西组成。而接口是一种与用户交流的方式。类可以有两种用户：使用该类对象的用户和从这个类派生新类的用户。

每个类都有第一种用户，即使这个唯一的用户是类设计者本人，但是有的类则绝对不允许有第二种用户。换句话说，有的时候我们在设计一个类时，会故意不考虑其他人如何通过继承改变它的行为。

写到这里，我可以想象出人们指着我的鼻子，指责我鼓励刻意的不良设计。尽管如此，我还是忍不住想起曾经听说过的一个项目。这个项目要求它的开发者对他们写的每个子例程配备说明文档，并且要使这些子例程对于项目的其他程序来说都是可复用的。这个项目的基本思想是，如果子例程对某个开发者是有用的，那么就可能对其他人也有用。为什么不让整个项目从中受益呢？

显然，随后发生的事情不难预测：除非绝对必要，所有的程序员都极力避免编写子例程。开发者用文本编辑器来复制代码块，然后随心所欲地进行局部修改，结果产生了一个难以维护、理解和修改的系统。

与之类似，我们有时会出于某些有限用途而设计类。例如，我记得曾经写过一个很小的类作为第 1 章介绍的 ASD 系统的一部分，这个类用来计算传递给它的数据的校验和。它有一个构造函数，一个成员函数给它提供数据，另一个成员函数提取校验和——差不多就是这些。如果我花时间考虑其他人将如何扩展这个类的话，就会占用本应该花在其他设计上的时间。我不知道提供这样一个类会使谁的生活更轻松，没有人向我询问关于那个类的情况。

11.3 析构函数很特殊

如果打算让你的类支持继承，那么即使不使用其他虚函数，也可能还是需要一个虚析构函数。

记住，虚函数和非虚函数之间的区别只有在"使用一个基类指针或引用来指向或者引用一个派生类对象时"这种特定的环境下才会体现出来。下面的情况便是其中一种：

```
class Base {
public:
        void f();
        virtual void g();
};

class Derived: public Base {
public:
        void f();
        virtual void g();
};
```

现在我们可以创建 Base 类的对象和 Derived 类的对象，还可以获得指向它们的指针：

```
Base b;
Derived d;

Base* bp = &b;
Base* bq = &d;
Derived* dp = &d;
```

这里，bp 指向一个 Base 对象，bq 和 dp 指向 Derived 对象。如果我们用这些指针调用成员函数 f 和 g，会出现什么情况呢？

```
bp->f();    /* Base::f */        bp->g();    /* Base::g */
bq->f();    /* Base::f */        bq->g();    /* Derived::g */
dp->g();    /* Derived::g */     dp->f();    /* Derived::f */
```

你会发现，只有指针的静态类型与它所指向的实际对象的类型不同时，非虚函数 f 和虚函数 g 运行起来才会有所差别。当下面两件事情同时发生时就需要虚析构函数了。

- 有需要析构函数的事情发生。
- 它发生在这样一种上下文中：指向一个基类的指针或者引用都有一个静态类型，并且实际上都指向一个派生类的对象。

析构函数只在销毁对象时才需要。通过指针销毁对象的唯一方法就是使用一个 delete 表达式[1]。因此，只有当使用指向基类的指针来删除派生类的对象时，虚析构函数才真正有意义。例如：

```
Base* bp;
Derived* dp;

bp = new Derived;
dp = new Derived;

delete bp;              // Base 必须有一个虚析构函数
delete dp;              //这里虚析构函数可要可不要
```

我们在这里用 bp（一个基类指针）来删除一个派生类对象。因此，为了使这个例子能正常运行，Base 必须有一个虚析构函数。

有些实现可能会使这个例子正确——但是别做指望。注意，即使你的类根本没有虚函数，也可能要用到虚析构函数。

如果需要一个虚析构函数，定义一个空的虚析构函数就行了：

```
class Base {
public:
        // …
        virtual ~Base() { }
};
```

另外，如果一个类的基类有一个虚析构函数，那么这个类本身也自动获得一个虚析构函数，所以完整的类继承层次结构中有一个虚析构函数就足够了。

11.4　小结

虚函数是 C++的基本组成部分，也是面向对象编程所必需的。然而，即使是一个有用的东西，我们也应该思考使用的合适时机。

关于虚函数为什么不总是适用，我们已经知道了 3 个原因：虚函数有时会带来很大的消耗；虚函数不总是提供所需的行为；有时我们写一个类时，可能不想考虑派生问题。

另外，我们还知道了一种必须使用虚函数的情况。当想删除一个表面上指向基类对象但实际却指向派生类对象的指针时，就需要虚析构函数。

更为常见的是，写程序时我们必须考虑自己正在做什么，仅仅根据规则和习惯思维行事是不够的。

---

[1] 其实这句论断不完全正确：我们可以显式调用析构函数。如果你对 C++内存管理的理解不够深入，请不要使用这个特性。

第 三 篇

模 板

我们可以用几种不同的方式来考查模板。从某种意义上说，模板只不过是语法宏的一种受限形式。在宏汇编器占主导地位的时代，许多语言都提供了某种宏的功能。那么，为什么我们认为模板如此重要呢？

答案是"实用性"，这在 C++中是一个常见的词汇。是的，模板可能有点难缠。但是，与普通的宏不同，C++模板是足够安全的，我们完全可以放心地使用它们，而不必担心会有什么未被察觉的错误使程序陷入难以应付的混乱。另外，它们卸掉了许多原本压在程序员肩头的重担，程序员也因此乐意使用模板。模板与宏很接近，因此，由模板生成的代码运行起来和完全用手工写出来的代码速度一样快。

用另一种方式看待模板更有趣，就是把它们当作编译期函数——以类型作为参数并产生代码。从某种意义上说，模板使抽象与编写程序相关的类型细节成为可能。本篇探讨了这种考虑模板的方式。泛型（类型无关的）编程的观念遍布在标准模板库（STL）和介绍这个库的思想的章节之中。

本篇着重介绍模板的传统用法：容器类。在第 12 章到第 14 章中，我们将探讨一种大多数库都提供的容器。第 15 章则采用一种不同的、轻量级的方法探讨容器类，并且给出一种 list 容器的实现方法，该实现方法深受以前流行的 Lisp 的影响。

我想，本篇所展示的大范围的抽象机制正是模板技术重要性的最佳证明。

第

12

章

设计容器类

容器是一种保存值的集合的数据结构。C 有两种内建的容器：数组和结构体。C++本来可以提供更多的容器，但是没有。相反，C++提供给用户写自己的容器的方法。这就是说 C++语言并没有将容器的设计限定到某种单一的方法上——尽管标准库会鼓励采用某一种特定的方法。

设计一个成功的容器不可能是自然而然的：如果真有唯一正确的方法来做这件事，那倒不如把它内建到语言中。本章将从研究关于容器设计的问题开始。我们以一个简单的容器为例来回答这些问题，并推导结论。这个例子更像一个（内建的）数组，但是允许在创建容器的同时也确定容器的大小。第 13 章和第 14 章以这个简单的类为基础，探讨改进内建数组的方法。

12.1　包含什么

对容器所做的第一个决定就是要往容器里放入什么东西。答案似乎很明显：容器包含对象，对吗？但是"包含对象"的确切含义是什么呢？

为了使这个问题更具体些，我们假设 c1 和 c2 是容器，obj 是对象。进一步假设我们的容器无论是什么，都有一个成员函数 insert 往其中放入对象。另外，还要假设 obj 有一个成员函数 mutate，并能以某种方式改变它的值，则我们说在

```
c1.insert(obj);
```

之后，obj 是在容器 c1 "里面"的。如果现在执行如下操作：

```
obj.mutate();
```

那么，上面的代码会改变 c1 中对象的值吗？或者说，我们所插入的只是 obj 的一个**副本**吗？

与之类似，如果我们是往两个容器中插入 obj：

```
c1.insert(obj);
c2.insert(obj);
```

那么，改变该对象在其中一个容器内的值，会不会同时改变该对象在另一个容器中的值呢？

对象的释放提出了另一个相关的问题。例如：

```
void f()
{
        Container c;
        {
                Object obj;
                c.insert(obj);
        )
        //c 现在还有效吗
}
```

我们在这段代码中创建了一个容器，并往其中插入了一个对象，接着又删除了这个对象。如果是对象本身（而不是对象的副本）在容器中，那么容器怎么能够知道对象已经不存在了呢？一种可行的办法就是声明"不存在"，并且要求容器的使用者必须确保至少容器存在的时候对象还存在。如果这就是我们想要的行为，那么为什么不直接把指向对象的**指针**而不是对象本身放入容器中？这样无疑会使事情简单许多。

我们有充分的理由建议，总的说来容器应该包含放在其中的对象的副本，而不是原对象本身。想保存对象标识的用户——也就是说，想在多个容器中包含同一个对象的用户——可以把指向该对象的指针放入到容器中。这种策略的一个好处就是用户不必学习一套新的语义，因为他们通常都已经知道如何处理指针了。实际上，向容器中复制值（而不是原对象）正是内建数组的工作模式，所以用户也不必为此学习新的语义。

12.2　复制容器意味着什么

容器通常称为模板，而容器内对象的类型就是模板参数。因此，对于任意类型 T，我们可以想象容器可以是 List<T>或者 Set<T>。这里如果我们并不真正关心容器的种类，那么可以采用 Container<T>来表示包含类型为 T 的对象的容器。如果在向容器中放入对象时需要复制对象，那么复制容器是不是也应该复制包含在容器中的对象呢？例如，执行完

```
Container<T> c1;
```

后，我们需要判断代码

```
Container<T> c2(c1);
```

或者

```
Container<T> c2;
```

```
c2 = c1;
```

应该产生什么结果。说得更明确一些，我们必须判断改变 c2 中的对象会不会影响 c1，或者判断改变 c1 中的对象会不会影响 c2。例如，假设

```
c1 = c2;
// 向 c2 中添加一个新值
c2.insert(some_new_obj);
// 改变 c2 中已有的值
c2.update(some_existing_obj, some_new_value);
```

上述这些操作如果对 c1 有影响，那么会有怎样的影响呢？

如果复制 c2 到 c1 中会导致 c1 和 c2 指向同一个底层对象，那么对 c2 的改变也会映射到 c1 中。如果我们定义复制是意味着把 c2 的值放入 c1 中，则这些对 c2 的改变就不会影响到 c1 了。

通常，了解 C 和 C++如何处理相关的内建类型可能是有用的。针对我们的目的，我们想知道的是复制对内建集合（结构体和数组）究竟意味着什么。不太寻常的是，这次考察 C 的处理方法也不会对我们有什么帮助。

如果我们研究了结构体是如何被复制或者赋值的，那么就能知道答案是"值被复制"。这样

```
struct C {
        int i;
        double d;
} c1, c2;
/* … */
c1 = c2;
```

就意味着保存在 c2.i 和 c2.d 中的值被复制到了相应的 c1 的成员中。如果我们设 c2.i 为：

```
c2.i = /* 某新值 */;
```

则 c1.i 保持不变。

对于 C 数组而言，情况就更复杂了。从某个层面来看，这个问题似乎毫无意义，因为数组不允许赋值操作，我们也不能由一个数组初始化另一个数组：

```
int x[N];
int y[N] = x;            /* 不合法 */
int y[N];
y = x;                   /* 不合法 */
```

但是，在一种情形下还是可以"复制"数组的——当调用函数时：

```
void f(int[N]);
int x[N];
void g()
{
        f(x);
}
```

这里，我们希望传值调用语义可以将 x 的副本传递给 f。实际的结果是 f 被有效地重新转型为对 int*类型的操作，对 f 的调用也被转换成向 f 传递 x 的第一个元素的地址了。这种情形就好像我们写的代码是：

```
void f(int*);
int x[N];
void g()
{
    f(&x[0]);
}
```

如果 f 改变了其参数的元素，那么 f 所做的改变也会反映在 x 中。

因此，C 和 C++中的内建集合都实现了两种不同的方法，复制对于这两种方法来说含义各不相同。

- 结构体实现值语义：复制完成后，两个变量都有这个值的独立的副本。
- 数组实现引用语义：复制完成后，两个变量都引用同一个底层对象。

如果研究 C 也回答不了这个问题，那么也许应该从效率角度进行探讨。显然，如果复制容器只是简单地使两个容器指向同一个底层对象，而不是复制容器内的元素，那么效率就会提高很多。毕竟，大多数复制是在调用函数时发生的，像下面这样编写代码会犯一个很常见的错误：

```
void f(Container<T>);
```

而用

```
void f(const Container<T>&);
```

就会好很多。如果复制容器意味着要复制容器中的每个元素，那么这个错误的代价就可能很昂贵。既然我们可以通过定义具有引用语义的复制操作来帮助粗心大意的人或初学者，又何必非要给他们制造麻烦呢？

然而，如果我们想避免粗心地复制大对象，那么也可以通过把复制构造函数设为 private，来避免对该对象的盲目复制。如果用户想将容器的可潜在修改的引用传递给一个函数，那么下面两种方法可以做到这一点：

```
void f(Container<T>&);
void f(Container<T>*);
```

另外，引用计数和写时复制技术能够减少容器复制的开销。

上面的观点似乎在暗示我们应该将容器的复制定义为复制存储在容器中的值。需要注意的是，这样做通常需要为副本分配存储空间，然后把旧值再复制到新的空间。

对于这条通用的规则而言，有一个例外，那就是当容器本身的类型表明了"有关复制应该创建一个新值，还是复制指向同一个底层对象的引用"的信息。例如，用于模拟文件的容器逻辑上可以将复制定义为以另一个指向该文件系统中的同一个底层文件的引用作为结果。

这些观念也不是绝对的，掺杂了个人的许多见解。尽管如此，在下面的例子中，我们仍然会采用"复制容器就是复制容器内容"的策略，除非有更有说服力的理由让我们采用其他的做法。

12.3 怎样获取容器的元素

我们已经讨论并得出结论：把一个对象放入到容器中时，应该复制该对象。那么，取出一个对象时又该如何呢？换句话说，当我们从容器中取出对象时，应该得到类型 T 还是类型 T&的对象呢？下面是有关这两种观点的讨论。

存储对象的操作通常只发生一次就可以了，然而从容器中取出对象的操作常常有许多次。所以，避免获取容器中对象时的复制操作所带来的额外开销，要比避免向容器中插入对象时的复制操作所带来的额外开销重要得多。当对象本身是某种集合时，这一点尤为突出，即经常从容器中取出一个对象，却只对它的一小部分进行考察。另外，更具决定意义的观点是，如果取出一个对象可以获得一个引用，就可以更容易地对还在容器中的对象进行修改。实际上，如果修改容器中的对象对我们来说很重要的话，那么容器必须提供对象的引用，否则就必须提供给用户另一种方法来改变容器所包含的对象。

另外，关于效率的讨论也不是绝对的重要。如果从容器中获得的对象最主要的用途是立刻将它们复制到另一处，那么一个足够聪明的编译器就可以把两次复制合并为一个，大部分效率问题就不复存在了。而且，允许用户获得容器内的对象的引用会导致一种可能，就是用户可能取得这些参数中某一个的地址，并保存起来以备以后使用——可能是错误的使用。

例如，考虑一个类似数组的容器 c 具有一种特性，就是对于整数值 i，c[i]是对容器中某一个对象的引用。在试图引用容器中并不存在的元素时，会导致容器自动增大以便容纳这个元素，而且这种增大可能会复制容器中所有已有的元素来保证它们存储在连续的内存空间中。那么，如果编译器对一个引用求解 c[j]，保存结果地址，然后求 c[i]的值，则本来无足轻重的语句

```
c[i] = c[j]
```

就会产生严重的错误。如果求 c[i]的值导致容器中元素 j 的位置发生移动，那么编译器所保存的那个引用恐怕就不再指向任何有效对象了！

这个例子说明，获取引用的容器必须十分留意其所包含的对象的位置变化。实际上，最明智的做法还是尽可能避免这种情况，不去改变这些对象的位置。无论何时，对于类设计者来说，用文档说明类的操作都是至关重要的。

12.4 怎样区分读和写

既然 operator[]存在这么多难题，那么就让 operator[]只用于取数。另外再定义别的方法来存储元素，这样做是合理的。例如，完全可以用 c[i]从容器 c 中取出下标为 i 的元素，而用

c.update(i, x)将这个元素的值修改为 x。对简单的类采用这种双重标准可能有点奇怪，但是，当修改一个容器的方法超过一种时，这也就更为自然了。

例如，在 *A Discipline of Programming*（Prentice-Hall, 1976）一书中，Edsger Dijkstra 提出了一种类似数组的数据结构，在这种结构中可以在两端增加或者删除元素。他还提议增加一些关于查找和改变元素数量以及交换两个元素等的操作。有趣的是，他也使用了一种与获取对象时所用的语法形式不同的语法来更新元素。在 C++容器中，Dijkstra 所说的每一种操作——可能获取元素的操作是个例外——都最好是用单个的成员函数来实现，而不是用操作符。

单独的 update 函数可能产生令人诧异的结果，这样设计出来的包含容器的容器可能会毫无用处。请看：

```
template <class T> class Container {
        //…
public:
        T operator[](Index) const;              //复制元素
        Void update(Index, const T&);           //按位置更新
        //…
};
```

这里的 Index 是一种用于标识该 Container 中元素的类型。现在，我们还没有办法知道 Container 中任一个元素的地址，所以也就不可能直接获得元素。相反，使用 update 能够改变保存在某个 Index 中的值，还可以通过 operator[]读出值。

但是下面这种情况呢？

```
Container< Container<int> > c;
Index i, j;
int k = c[i][j];                        //从 Container[i]中取出元素 j
//我们怎样才能更新 c[i][j]???
```

问题在于 update 函数只能接受一个 Index，所以尽管它能让我们访问到第 i 个元素，但是不能让我们访问到这个 Container 的第 j 个元素。因此，可以尝试通过重载 update 来解决这个问题：

```
void update(Index, const T&);
void update(Index, Index, const T&);
```

但是我们并没有解决这个问题，只不过是将这个问题留待以后处理了。现在倒是可以处理二维的 Container 了，但是更高维数的 Container 呢？还是没辙。

另一种可能的做法就是采用 operator[]来取出第 i 个 Container，然后对这个元素使用 update：

```
c[i].update(j, new_value);
```

可惜这样还是不起作用：c[i]返回的类型是 T，而不是 T&。所以，当对 c[i]调用 update 时，我们更改的是第 i 个 Container 的一个临时副本。一旦复制完成，这个副本也会被丢弃。

看起来最好的折中办法就是允许 c[i]获得引用，并且提醒用户只有在创建了引用之后才能使用它们。

12.5　怎样处理容器的增长

　　每个容器都需要某种方法来将元素放入其中。通常，将向容器中添加一个新元素的操作与改变一个已有元素的值的操作进行区分是很有用的。比如，如果我们要存储一个早已不存在的元素，将会发生什么事情？取出一个这样的元素又会怎样？

　　这些问题没有单个最佳的答案。例如，如果某个容器具有类似集合的行为，那么在保存一个全新的元素时就可能有点小麻烦。另外，如果容器的行为更像数组，新元素可能有一个关联的索引，这就意味着可能还要处理元素的插入。假如，c 最初是一个空类似数组且元素为整数的空的容器，而且我们可以通过

```
c[0] = 1;
c[100000] = 3;
```

给 c[0] 和 c[100000] 赋值，但是 c[1] 到 c[9999] 的值为多少呢？如果我们允许在这样的容器中不连续地创建新元素，那么就必须确定在用户从没有显式地给中间的元素赋值时，我们应该给这些元素赋些什么值。

　　另外，如果我们确实需要容器能像数组一样使用 c[i] 来存取值，那么就必须先给当前不存在的 c[i] 赋值，即使这个值很快就会被覆盖。其原因在于用户可能会编写代码

```
int* ip = &c[i];
```

　　稍候可能还会给*ip 赋值，或者取出也许已经存在的*ip 的值。这样，当我们求 c[i] 的值时，并不知道用户会选择哪种做法。

　　如果我们没有把取出和存储的操作分开，那么当要保存某个不存在的元素时，容器的表现应当与试图取出一个不存在的元素时相同。当然，到底应该怎样做取决于具体的应用。一种合理的方法是提供一种手段来显式地创建新的容器元素，然后在有人企图在没有创建元素前就想访问该元素的时候抛出异常。还有一种方法是简单地获得一些常规的值，比如由缺省构造函数返回的值。换言之，访问包含类 T 的对象的容器中一个不存在的值时，将得到 T() 的值。弄清楚要实现的应用对于决定选择哪一种方法是有帮助的。

　　设计有逐步扩展能力的容器时，有一点很重要，即要考虑如何为容器中的元素分配内存，以避免在通常情况下产生不能承受的开销。例如，想象一个类似数组的容器，它具有往数组尾部添加单个元素的操作。实现这个操作的最自然的做法就是把容器中的所有内容都复制到刚够容纳所有新旧内容的新内存空间中去。当然，这样做的问题在于，创建这样一个容器所需的运行时开销与容器本身大小的复杂度关系是 n^2。稍微成熟一点的分配策略是按区块（chunk）增加容器的大小，这样，新的内存空间必须一次分配完毕。这种策略的运行情况不错，但是在选择适当的计算新块大小的策略时，就需要格外谨慎了。

　　考虑什么时候把内存交还给系统也是很重要的。若每次只增加一个元素或者只减少一个元素，这种容器的效率是很低的。另外，在某些应用中需要及时释放不再用的内存。而且这也是由应用决定实现策略的一种情况。

12.6 容器支持哪些操作

就像我们对类所做的事情一样，我们必须决定要支持哪些操作。通常，弄清楚想利用容器做什么是很重要的。例如，允许容器包容容器是否有用？如果是，那么对于被包含的容器来说，也必须为容器本身实现存储在容器中的对象所需要的操作。换句话说，如果在容器内部复制元素，而元素是另一种容器，则该种容器必须能够被复制。对于赋值和缺省构造函数，这种观点也适用。似乎过于讲究了，但这样我们能够把一个多维数组看成是包含容器的容器。同时也请记住，除非容器有一个缺省构造函数，否则不可能创建一个容器数组。

最后还有一个问题，就是应该如何"顺序地"遍历容器中的所有元素。之所以要在"顺序地"上加引号，是因为为了能提这个问题，我们甚至必须先给元素强制规定顺序！

我们已经有一整套解决这个问题的技术了，这些解决方案通常称为**迭代器**（iterator）。关于它的话题我们将在第 14 章专门讨论。

12.7 怎样设想容器元素的类型

在 12.1 节中，我们总结出这样的结论：应该复制容器的元素，而不是复制原对象。这个结论的含义如下：

- 我们可以复制类型为 T 的元素；
- 元素复制的行为要进行正确的选择。

稍加思考我们就能确信，容器设计得越通用，对于它所要存储的类型的限定就应该越少。另一种说法是，对 T 要求支持的操作越多，能提供所有这些操作的类型就越少。

一旦我们决定需要某种特定的操作，就应该给这个操作起一个最常见的名字。例如，我们假设能够复制元素，就应该假设完成复制的函数叫作 T::T(const T&)，而不是 copy 或者 clone 或者别的什么名字。这一命名不光是适合用户类中复制操作的"**名字**"，而且还允许我们直接创建内建类型的容器。如果假设 copy 复制元素到容器中，则我们必须为每个要保存在容器中的内建类型提供一个 copy 函数。这就意味着，如果有操作符符合我们所需的操作语义，则应该重载操作符，而不是费力定义特别的函数。另外，不管对类型 T 有什么样的要求，都应该和容器一起在文档中说明清楚，这样用户就能知道容器能否使用某种特定的类型了。

容器似乎最少应该需要复制、赋值和销毁类型为 T 的对象等操作。毕竟这些操作都是最基本的，系统给任何类型提供这些操作的时候根本就不用交待它们的含义。依赖于缺省构造函数也可能是安全的做法。内建容器——结构体和数组——通常依赖于缺省构造函数。因此，除了本来对内建集合就有的限制外，我们不再强加任何其他限制。但是，并不是所有的类型都提供缺省构造函数。有些类型不能被提供缺省构造函数的容器使用——只不过这种类型不多。

还要对哪些合理的操作进行假定呢？很多种类的容器必须能够判断两个元素是否相等。例如，一个 Set 为了能设置成员关系应该包括查询功能。用户应该可以询问"对于任何给定的类型为 T 的 x，x 是不是在 Set 中"。回答这个问题的一种方法就是问等于操作符 operator==(const T&, const T&)是否存在。虽然在很多情况下只凭借等于操作符就能解决问题，但是性能会很差，以致绝大多数这样的容器还要强加其他要求。有一种常用的技术，就是按照一定的顺序存储集合的元素，并需要一种关于非等于关系的判断定义，比如 operator<(const T&, const T&)。

乍一看，似乎在容器中包含输入和输出操作会很有用处。我们很容易就会写出如下代码：

```
template <class T>
ostream& operator<<(ostream&, const Container<T>&);
```

但是，如果用户不想执行输入/输出操作，或者他们已经有自己的输入/输出库了，又该怎么办呢？有些应用程序——尤其是用于嵌入式系统的应用程序——可能没有输入/输出库，也不打算执行输入/输出操作。

即使容器的用户想处理输入/输出，前面的声明也已经将该容器绑定到某个特定的库上。可以采用一个更通用的解决方法，即提供一种遍历整个容器的机制，然后让用户使用这个机制编写特定的输入/输出程序。第 30 章将讨论另一种方法。我们将在第 30 章研究一种方法来定义一个抽象接口，该接口能够用一种独立于库的方法处理输入/输出。

另外，将容器连接到标准 iostream 库也不一定就是错误的决定。关键在于这个决定应该是经过认真考虑的，而不是一时兴起而作的决定。

除了这几种为数不多的操作外，对类型 T 的额外需求都会降低容器的通用性——尽管这些对 T 的需求可能在某些特定的情况下会扩展容器的用途。但通常没有一个简单的定论。相反，应该根据容器的用途来决定 T 应该具备的操作。

12.8 容器和继承

数组和继承不可以混合使用。问题在于 C 数组假设它们的元素都是同样大小的。C 数组知道存储在其中的对象的类型，并根据该类型的对象的大小从一个元素找到另一元素。而通过继承相互关联的类型大小可以各不相同，所以，当基类类型的数组用来存储某个从该基类派生出来的类型的对象时，就会出大乱子。其他包含通过继承关联起来的对象的容器也有同样的问题。

假设我们有一个基类 B 和一个派生类 D。当我们试图把一个 D 对象放入到一个 Container<B>中时，会发生什么情况呢？逻辑上，效果应该和复制 D 对象到 B 中一样：对象被移到 B 中。例如：

```
class Vehicle { /* … */ };
class Airplane: public Vehicle { /* … */ };
```

如果我们有一个 Container<Vehicle>，并且想放一个 Airplane 进去，我们将只能得到

Airplane 中 Vehicle 部分的副本,而没有别的东西。和前面所说的一样,如果要记住整个
Airplane,可以使用一个 Container<Vehicle*>,并保存指向 Airplane 的指针。另一种替代方法
是,要简化内存管理,可以写一个类似于 5.4 节中定义的叫作 VehicleSurrogate 的中间类。

有人可能认为让 Container<Airplane>从 Container<Vehicle>派生而来是个好主意。然而,
这样做会在类型系统中开一个漏洞:

```
Vehicle v;
Container<Airplane> ca;
```

我们肯定不想能把 v 放入 ca 中;ca 只用于 Airplane。特别是,我们应该能够遍历 ca 的所
有元素,并对它们执行所有只能对 Airplane 执行的操作,比如让它们飞。这就是为什么我们
要创建一个 Container<Airplane>而不是 Container<Vehicle>的原因。

但是,如果 Container<Airplane>继承自 Container<Vehicle>,我们就可以做如下的事情:

```
Container<Vehicle>& vp = ca;
vp.insert(v);                //面向对象编程!
```

你看,我们可以不费力地往 Container<Airplane>中插入一个(普通的)Vehicle。等到这个
容器中所有的 Vehicle 一齐飞翔的时候,那可真是太"壮观"了。

实际上,如果开始就把继承用于容器,那么 Container<Vehicle>就必须继承自 Container
<Airplane>,而不是别的什么方式。Container<Vehicle>还必须继承自所有 Container<V>,其中 V 继
承自 Vehicle。

这个令人沮丧的推理应该足以使人信服,不同类型的容器不应该存在继承关系;
Container<Vehicle>和 Container<Airplane>应该是完全不同的类。

12.9 设计一个类似数组的类

我们已经知道了在设计容器类时需要考虑的许多问题。在本章的余下部分,我们将创建
一个名为 Array 的类似数组的容器类,并在此基础上展开对这些设计问题的讨论。假设我们想
创建一个类似内建数组的容器类,那么比较好的做法是概括出内建数组的属性。

C 数组有一个小的操作集。我们可以创建它们:

```
T x[N]
```

其中,x 是一个有 N 个元素的数组,所有元素的类型都是 T。对 T 的唯一要求就是要有一
个缺省构造函数。我们很快就会明白,这对于 T 支持赋值操作是有帮助的,但也不是非要不可。
要注意的是,数组本身必须满足对 T 提出的那些要求。因此,我们可以创建包含数组的数组。
一旦创建了一个数组,数组大小就固定了。我们既不能扩展也不能缩小一个内建数组。

为了能访问元素以便进行存储和取出操作,我们使用[]语法。

```
T i = x[0];
```

用数组的第 0 个元素初始化 i。这个操作的实际含义取决于复制类型为 T 的对象的含义。

因为数组大小是固定的，所以超出数组尾端的下标

```
x[N + 100]
```

就是未定义的。

我们可以把数组转换成指针：

```
T* p = x;
```

初始化 p 指向 x 的第一个元素。

内建数组既不能被赋值，也不能被复制[1]。

事情就是这样。

表面上看这是一个简单的声明。在开始设计 Array 类之前，搞清楚数组和指针之间的关系是十分重要的。为了做到这一点，我们先来考虑一下程序员是如何使用数组的。例如，假设我们想对 x 的所有元素执行某个操作。如果用函数 f 来表示要做的事情，通常在 C 里面有两种典型的方法用来解决这个问题。一种方法就是使用下标：

```
int i;
for (i = 0; i < N; i++)
        f(x[i]);
```

另一种方法就是使用指针：

```
T *p;
for (p = x; p < x + N; p++)
        f(*p);
```

后者常被简化成下面的几行代码：

```
T* p = &x;
while (p < x + N;)
        f(*p++);
```

如果我们问一个典型的 C 程序员（假如有这样一个人存在）指针和下标的区别时，可能会得到的答案是下标容易理解，而指针效率更高。我猜想很少有 C 程序员能够提到这些例子间的更深层次的区别。

1. 在下标的例子中，下标值本身就有意义，而与它是否用作下标无关。

2. 在指针的例子中，要访问容器的元素没有必要知道容器的标识：指针自身就包含了所有必要的信息。

这种区别远比效率问题更重要，因为它们将影响到设计。程序只要拥有一个指向数组元素的指针，就可以访问整个数组，而通过下标进行元素访问的程序就要另外知道正在使用哪个数组。另外，"几个数组的对应元素"的概念在使用下标实现的时候远比使用指针更简单。

---

[1] 可以将内建数组传递给一个函数，不过这不是数组复制，而是将该数组转化成一个指向数组首元素的指针，然后将这个指针传递给函数。内建数组还支持 { } 初始化语法，但是想在容器类中模拟这种行为实在不可思议，所以我们连试都不去试。

另外，在释放数组时会不通知指针的所有者，一次性使所有指向数组元素的指针失效，而下标则仍然保有其意义。

那么，这对我们的容器设计思想有何启示呢？

- 因为 Array 被创建时就给 Array 的单元分配了内存，所以研究是保存还是复制 Array 中的对象的问题是没有意义的。相反，Array 拥有它里面的对象，并且初始化它们为类型 T 的缺省值。随后可以修改存储在元素中的值。这个值是用户对象的值的副本还是指向该对象的指针或者引用，取决于 T::operator=的定义。
- 对于复制和赋值的策略是很明确的：禁止。
- 使用 operator[]来存取元素，包括存储值和取出值。
- 和复制一样，对扩展的态度也很明确：定长。而且，若下标超出这个固定的长度，则引发未定义行为。也就是说，如果遇到这种情况，我们可以任意处置。
- 从创建包含数组的数组这一点来说，我们可以认为数组有"缺省构造函数"。
- 存在从数组到指向它的第一个元素的指针的转换。

我们现在已经知道了足够多的知识，可以开始写类定义了：

```
template<class T> class Array {
public:
        Array(): data(0), sz(0) { }
        Array(unsigned size):
                sz(size), data(new T[size]) { }
        ~Array() { delete [] data; }

        const T& operator[](unsigned n) const
        {
                if (n >= sz || data == 0)
                        throw "Array subscript out of range";
                return data[n];
        }
        T& operator[](unsigned n)
        {
                if (n >= sz || data == 0)
                        throw "Array subscript out of range";
                return data[n];
        }
        operator const T*() const
        {
                return data;
        }
        operator T*()
        {
                return data;
```

```
        }
private:
        T* data;
        unsigned sz;
        Array(const Array& a);
        Array& operator=(const Array&);
};
```

这个类的定义应该没有什么奇怪的。构造函数分配了足够的内存来容纳数组，而析构函数则清空这些内存。我们声明了一个复制构造函数和赋值操作符，但是它们都是私有的，这样 Array 的用户就不能够对它们进行复制或者赋值了。我们还假设元素类 T 有一个缺省构造函数，这样 new T[size]就可以编译了。这和内建数组对 T 的限制是一致的。

因为使用超出内建数组尾部的下标是未定义操作，所以为了健壮性，我们要检查并抛出异常。注意，在下标操作符中，只需要检查 n >= sz；完全可以忽略掉 n < 0，因为 n 是 unsigned 类型的整数。

我们包含了一个针对 Array 的缺省构造函数，以允许如下的用法：

```
Array< Array<int> > ai(10);
```

所以，我们可以创建一个长度为 0 的 Array，这在内建数组中是做不到的。这没什么危险，因为对 data 的所有解除引用都会加以检查。

最后，我们提供了从 T*到 const T*的转换操作符。

与内建数组类似，我们可以这样使用这个类的对象：

```
Array<int> x(N);
int i;
for(i = 0; i < N; i++)
        x[i] = i;
```

这段代码将分配一个长度为 N 的 Array<int>，并把值 0 到 N-1 赋给它的元素。本例与前面例子的唯一不同之处在于我们必须使用语句

```
Array<int> x(N);
```

而不是语句

```
        int x[N];
```

这个无关大碍的不方便换来的好处是可以到执行期间才规定数组的长度。

由于我们提供了到 T*的类型转换，所以还可以用指针来操纵 Array。假设已经如前定义了 x，执行

```
int* p = x;
int* q = x + N;
while (p != q)
        cout << *p++ << " ";
```

将打印 x 的元素。

但是，我们的类至少有两个缺陷。其中一个在内建数组中也存在：包含元素的 Array 消失后，它的元素的地址还存在。如：

```
void f()
{
        int *p;
        {
                Array<int> x(20);
                p = &x[10];
        }
        cout << *p; // 简直是灾难
}
```

因为 Array<T>::operator[]返回一个 T&，所以根本无法阻止用户取得它返回的对象的地址。在前面的例子中，Array 对象 x 超出了作用域，而 p 还指向它的一个元素。

还有一个缺陷更不易发觉：通过允许用户访问它的元素的地址，Array 类实际上就允许了这个缺陷的实现。换句话说，它告诉用户太多关于它内部运作的信息，以至于违背了封装的概念。认为 x[5]代表 x[4]后的元素是可以的，因为这只不过是抽象概念范畴中的关系。但假设这些元素存储在连续的内存空间中，就完全是另一码事儿了。

如果要扩展我们的类，即使使用常规的方法，这些缺陷也会变得更加重要。比如，假设我们允许 Array 在构造后可以改变长度。我们可以通过增加一个不妨称作 resize(unsigned)的成员函数来实现，用 Array 的新长度来调用这个函数。

这样的函数是怎样工作的？它可能要为新元素分配内存，从旧元素那儿复制值给它们，然后删除原来的内存。聪明的实现方法有时能够利用重叠技术（overlap），但是也不一定。

这就意味着重新规定 Array 的长度会使指向它的任何元素的指针失效。所以，在

```
Array<int> x(20);
int* p = &x[10];
x.resize(30);
```

之后，没有办法能保证 p 现在还能指向哪里。

当然，我们可能会认为这只不过是内建数组带来的缺陷的延伸。然而，这个扩展朝着一个不明显的方向发展：Array 还存在，没有丢失任何信息，它的下标还有效，而指向它的元素的指针却不再有效了！实际上，通过考察 Array 和指针间的关系，我们可以认识到一些已经无关紧要的实现细节。

到目前为止，我们知道了如下的事情。

- 对内建数组使用指针比使用下标要方便得多，因为使用下标还要知道使用哪个数组。
- 但是在类似数组的类中使用指针会带来一个缺陷，即改变这样的类的实现或者增加它的操作都会突然使指向它的元素的指针失效。

有没有一种方法使我们既能利用指针的便捷性又能避免上述缺陷呢？结果是只有牺牲其他一些非常有用的特性才能实现这一点。这种折中的方法是第 13 章要讨论的主题。

第

13

章

访问容器中的元素

在第 12 章中，我们设计并实现了一个名为 Array<T>的类。这个类的行为类似内建数组，但是允许在创建 Array 的同时也确定 Array 的大小。我们想让类 Array 尽量多地拥有类似数组的特性，尤其是保留 Array<T>和一个指向 T 的指针之间的密切关系。

我们发现，要保留 Array 和指针之间的这种关系需要付出代价。与使用内建数组时一样，用户还能够轻易得到一个指向 Array 内部的指针，即使 Array 本身不存在了，这个指针仍然保留在那里。另外，Array 和指针之间的这种关系迫使我们不得不暴露类的内部机制。因为用户的指针可以指向 Array 内部，所以一旦 Array 占用的内存发生变化肯定将导致用户错误。这使得类似 resize 那样的扩展操作问题重重。

在本章中，将会看到我们可以多么成功地保留指针的表达能力，同时又能避免这些不足。

13.1 模拟指针

C++最基本的设计原则就是**用类来表示概念**。指针把数组的标识和内部空间结合在一起。因此，如果要模拟数组，就应该从定义一个识别 Array 和内部空间的类开始。这样的类应该包括一个下标和一个指向相应的 Array 的指针。因为这个类的对象的行为类似于指针，所以可以将这个类命名为 Pointer：

```
template<class T> class Pointer {
private:
        Array<T>* ap;
        unsigned sub;
        //…
};
```

这种设计类的方法多少有点不同寻常。通常，设计者先考虑怎样的操作或者特性是有用的，然后才考虑实现的问题。在这种情况下，我们先弄清楚类要包括哪些信息对象，然后再考虑人们可能会对这些信息执行何种操作。所以，我们知道 Pointer 要在 Array 中封装一个（指向）Array（的指针）和这个 Array 中的一个位置；现在必须决定要允许对 Pointer 对象进行哪些操作。

考虑构造函数、析构函数、复制和赋值是设计类的一个很好的起点。对于后两个操作，似乎只有一种语义是有意义的：复制一个 Pointer 之后，原 Pointer 和其副本都应该指向同一个位置。由于我们想让类的行为类似于内建指针，因此销毁 Pointer 时没有理由会导致什么特别的事情发生。因此，析构函数、复制构造函数和赋值操作符的缺省定义就够了，而且也没有必要花气力来重写它们。

那么构造函数呢？我们希望能用一个 Array 和一个下标来构造 Pointer。构造函数都需要这两个参数吗？如果不是，我们只可以省略一个下标，还是两个都可以省略呢？

要求两个参数都有似乎比较可取，这样就可以彻底消除越界 Pointer。然而，这也会禁止包含 Pointer 的数组（和 Array）。因此，我们定义若构造时没有指定相关联的 Array，则所构造的 Pointer 有一个"不指向任何位置"的指针和一个值为零的缺省下标值。到此为止，我们得到了如下的定义：

```
template<class T> class Pointer {
public:
        Pointer(Array<T>& a, unsigned n = 0);
                    ap(&a), sub(n) {}
        Pointer(): ap(0), sub(0) {}
        //…

private:
        Array<T>* ap;
        unsigned sub;
};
```

我们对 n 使用了一个缺省值，这样就可以只定义两个构造函数而不是 3 个，但是不能给 a 一个缺省值，因为没有任何值可以作为缺省值：引用必须被绑定到某个对象。

现在，我们已经知道如何创建、销毁和复制 Pointer 对象了。接下来，我们必须决定要怎样访问一个 Pointer 指向的 Array 元素。到这里事情开始变得有趣了。

13.2　获取数据

乍一看，有人可能会认为访问 Array 元素的最直接的方法就是像下面这几行代码那样简单地定义 operator*() const：

```
template<class T> class Pointer {
public:
```

```
T& operator*() const {
        if (ap == 0)
                throw  "* of unbound Pointer";
        return (*ap) [sub];
}
//…
};
```

但是这样就使我们重新面对原来的问题，而之所以要定义 Pointer 类，正是希望避免出现这样的问题。麻烦在于 operator*的这种定义得到了一个引用，这个引用指向隐藏在相应的 Array 中的数据结构的一个元素。这就意味着实现细节将再次暴露给用户。

当然，如果稍微改变 operator*()的定义，问题就会得到解决：

```
template<class T> class Pointer {
public:
        // T, 而不是 T&
        T operator*() const {
                if (ap == 0)
                        throw  "* of unbound Pointer";
                return (*ap) [sub];
        }
};
```

可惜的是，这样重写代码又带来了一个新问题。我们在这里所做的工作就是让 operator* 返回一个 T，而不是 T&，所以我们不能对它赋值！换句话说，如果 p 是一个 Pointer<T>，这种改变会允许

```
t = *p;
```

但是会禁止

```
*p = t;
```

关键在于，如果允许

```
*p = t;
```

也就很难禁止

```
T* tp = &*p;
```

而上面这种用法正是我们想要禁止的。

但是，我们不能简单地禁止使用 Pointer 来更新 Array 相应的元素。那么，该怎么达成这个目的呢？

最简单的可行办法就是引进一种名叫 update 的新操作到我们的 Pointer 类中。我们不用

```
*p = t;
```

而用

```
        p.update(t);
```

定义这样一个操作是很简单的；有了这个操作，我们的 Pointer 类现在就变成这样了：

```
template<class T> class Pointer {
public:
        Pointer(Array<T>& a, unsigned n = 0):
                ap(&a), sub(n) {}
        Pointer(): ap(0), sub(0) {}

        T operator*() const {
                if  (ap == 0)
                        throw  "* of unbound Pointer";
                return (*ap) [sub];
        }

        void update(const T& t) {
                if  (ap == 0)
                        throw  "update of unbound Pointer";
                (*ap) [sub] = t;
        }
        // …

private:
        Array<T>* ap;
        unsigned sub;
};
```

当然，如果类 Array 还让用户能获得元素的地址，那么在类 Pointer 中使用 update 函数就没有太大意义了。因此，我们对 Array 也使用 update 函数或者与此类似的操作：

```
template<class T> class Pointer {
public:
        T operator[] (unsigned n) const {
                if (n >= sz)
                        throw "Array subscript out of range";
                return data[n];
        }
        void update(unsigned n, const T& t) {
                if (n >= sz)
                        throw "Array subscript out of range";
                data[n] = t;
        }
        // …
};
```

可惜的是，这种方法也带来了它自己的问题。在 12.4 节中提到，使用一个 update 函数来改变存储在容器中的值。在那个讨论中，我们看到使用 update 而不是 operator[]，会失去包含 Array 的 Array 的功能。

所以，我们面临着一个难缠的方便性与安全性之间的权衡问题。通过使用 update，我们可以隐藏实现方法，并且能够保护用户不遭遇因乱用指针而造成的错误。但是，这样会让我们失去使用构造类似 Array<Array<int>>这种很有用处的类型的机会。

选择何种方法要取决于我们确信自己的类会被怎样使用。由于包含数组的数组是一种相当有用的数据结构，所以用户很愿意类似地创建包含 Array 的 Array。退一步说，就算出了问题，我们的 Pointer 类也将为那些细心的用户提供足够的机制，使他们不必使用原生指针（而是完全使用 Pointer 对象）。这样一来，我们将更着重于方便性而不是安全性，并且放弃提供不同的函数来进行读写操作的打算：

```
template<class T> class Pointer {
public:
        Pointer(Array<T>& a, unsigned n = 0);
                ap(&a), sub(n) {}
        Pointer(): ap(0), sub(0) {}

        T operator*() const {
                if  (ap == 0)
                        throw  "* of unbound Pointer";
                return (*ap) [sub];
        }

private:
        Array<T>* ap;
        unsigned sub;
};
```

13.3 遗留问题

到目前为止，我们只设法增加了一个防止出错的中间层。现在，如果 Array 不存在了，还可能存在一个指向它的某个元素的空悬 Pointer。使用 Pointer 和使用指针一样，会造成混乱。我们需要更深入地探讨这个问题，以便弄清楚是否能找到一种通用性更好的解决方案。下面的程序段说明了这个问题：

```
Array<int>* ap = new Array<int> (10);
Pointer<int> p(*ap, s);
delete ap;
*p = 42;
```

这里，我们动态分配了一个 Array<int>，创建了一个名为 p 的指向 Array 中一个元素的 Pointer<int>，删除 Array，然后再试着给这个元素赋值。对这种误操作是不是可以进行任意处理呢？这样做对吗？

我们面对的是一个简单的问题。有没有一种简单的解决方法呢？如果我们能够确保只要存在一个指向某个 Array 对象的 Pointer 对象，该 Array 对象就不会消失，情况又会怎样？

当然，这不是件很容易的事。以我们这种容易出错的情况为例来考虑。这里，我们显式分配了一个 Array，然后又显式删除了它。我们怎样安排才能使得删除 Array 时不会真正使 Array 消失呢？

解决这类问题的方法就是运用我经常称为"软件工程基本定理"的思想（尽管它并不是真正的定理）：通过引进一个额外的中间层，能够解决任何问题。如果想在删除 Array 对象后仍然保留数据，就可以运用这个定理，即让 Array 指向数据而不是包含数据。

这就意味着我们要有 3 个类而不是两个：Array、Pointer 和一个称之为 Array_data 的类。在用户看来，Array 和 Pointer 这两个类似乎一样，但是每个 Array 对象都指向一个 Array_data 对象。

Pointer 的情况如何呢？还是可以删除 Array。实际上，这也是这个练习的全部意义所在——显然现在每个 Pointer 对象都指向一个 Array_data 对象，而不是一个 Array 对象。

剩下的主要问题就是要指出何时删除 Array_data 对象。看上去似乎应该只要没有 Array 或者 Pointer 指向某个 Array_data 对象，就先删除这个 Array_data 对象。最简单的方法就是跟踪这些对象的数目，这样每个 Array_data 对象都会包含一个引用计数。这个计数器将在创建 Array_data 时被置为 1（因为每个 Array_data 对象都是作为创建 Array 的一部分而创建的），并且每次指向这个 Array_data 的 Array 或者 Pointer 被创建时增加 1，而在指向它的 Array 或者 Pointer 被删除时减小 1。如果引用计数减为 0，则销毁 Array_data 对象本身。

完成细节

到目前为止，就如何编写类 Array_data，我们已经知道了足够多的信息。这个类包括实际数据、Array 中的元素数目以及一个引用计数。我们需要 operator[]来获取数据，需要构造函数来分配空间，并设置引用计数，需要析构函数来释放空间。我们希望，对于任何内存只有一个 Array_data 对象的实例与之对应，这样可以通过声明复制构造函数和赋值操作符而不是实现来防止对 Array_data 对象的复制和赋值。因为这个类不是直接供用户使用的，所以成员都是私有的。以后我们将把 Array 和 Pointer 作为 Array_data 的友元：

```
template<class T> class Array_data {

        friend class Array<T>;
        friend class Pointer<T>;

        Array_data(unsigned size = 0):
                data(new T[size]), sz(size), use(1) { }
        ~Array_data() { delete [] data; }

        const T& operator[](unsigned n) const
```

```
                    {
                            if (n >= sz)
                                    throw "Array subscript out of range";
                            return data[n];
                    }
                    T& operator[](unsigned n)
                    {
                            if (n >= sz)
                                    throw "Array subscript out of range";
                            return data[n];
                    }

                    //没有实现，不允许复制操作
                    Array_data(const Array_data&);
                    Array_data& operator=(const Array_data&);

                    T* data;
                    unsigned sz;
                    int use;
            };
```

现在，我们必须编写 Array 类了。从根本上说，Array 应该有一个 Array_data<T>*，而不是 T*。Array_data<T>* 可以简单地将大多数操作转给相应的 Array_data 对象：

```
template<class T> class Array {
        friend class Pointer<T>;

public:
        Array(unsigned size):
                data(new Array_data<T>(size)) { }
        ~Array() {
                if (--data->use == 0)
                        delete data;
        }

        const T& operator[](unsigned n) const     {
                return (*data)[n];
        }
        T& operator[](unsigned n) {
                return (*data)[n];
        }

private:
        Array(const Array&);
        Array& operator=(const Array&);
        Array_data<T>* data;
};
```

现在开始接触核心部分：我们还定义了一个 Pointer，它指向某个 Array_data 对象，而不是指向一个 Array 对象，并且我们确信能够正确处理引用计数：

```
template<class T> class Pointer: public Ptr_to_const<T> {
public:
```

```
            Pointer(Array<T>& a, unsigned n = 0):
                    ap(a.data), sub(n) { ++ap->use; }

            Pointer(): ap(0), sub(0) {}

            Pointer(const Pointer<T>& p): ap(p.ap), sub(p.sub) {
                    if (ap)
                            ++ap->use;
            }

            ~pointer(){if(ap&&--ap->use==0)delete ap;}
            Pointer& operator=(const Pointer<T>& p) {
                    if (p.ap)
                            ++p.ap->use;
                    if (ap && --ap->use == 0)
                            delete ap;
                    ap = p.ap;
                    sub = p.sub;
                    return *this;
            }

            T& operator*() const {
                    if (ap == 0)
                            throw "* of unbound Ptr_to_const";
                    return (*ap)[sub];
            }
    private:
            Array_data<T>* ap;
            unsigned sub;
    };
```

和以前一样，我们允许不指向任何位置的 Pointer 存在，条件是用户不使用这种 Pointer。

这里还要提供显式复制构造函数、赋值操作符和用于管理引用计数的析构函数。注意，复制 Pointer 与复制相关的 Array_data 的元素无关。这样正好：名叫 Pointer 的类就应该像指针一样运作！

通常，令 Pointer 指向它本身时，确保没有发生错误是很重要的。仔细检查代码，确信你真的正确处理了自我赋值问题。

有了 Array 和 Pointer 的定义，我们的范例终于可以工作了：

```
Array<int>* ap = new Array<int> (10);
Pointer<int> p(*ap, 5);
Delete ap;
*p = 42;
```

当删除 ap 时，由于这个 Pointer 对象 p 还存在，所以相关的 Array_data 对象的引用计数还是非零。因此，对 p 的解除引用操作仍然有效。

13.4 指向 const Array 的 Pointer

遗憾的是,还有一点障碍:我们不能使 Pointer 指向 const Array 的元素。有人可能会说 const Array 不是十分有用,所以可以忽略它们,并且忍受这种限制。毕竟,将一个 Array 声明为 const 就说明,除了 Array 第一次初始化之外,我们没法在其他时机给它的元素赋新值。

但是,虽然类型为 const Array 的实际对象很少,用户肯定还是希望通过引用来传递 Array 参数。这些函数的参数通常是 const Array&型的,这样在函数内部就不能改变它们,更为重要的是,这样表达式和其他非 const 值就能传递给它们了。所以看上去我们确实需要 const Array。

也就是说,我们需要另一个看上去像 Pointer 的类,但是它可能要绑定到一个 const Array,并且从 operator[]返回一个 const T&。另外,为了模拟内建指针的行为,我们希望能够从 Pointer 转换到这个新类,但是不会产生副作用。我们可以定义一个独立的新类,并在类 Pointer 中提供一个类型转换操作符给这个类。然而,使用继承来获得这两种类型间的相似性将更简单、方便。

因为我们希望能够从 Pointer 进行转换,而不是从新类进行转换,所以我们以这个新类作为基类:

```
template<class T> class Ptr_to_const {
public:
        // const Array&, 而不是 Array&
        Ptr_to_const(const Array<T>& a, unsigned n = 0):
                ap(a.data),
                sub(n) { ++ap->use; }

        Ptr_to_const(): ap(0), sub(0) { }
        Ptr_to_const(const Ptr_to_const<T>& p):
                ap(p.ap), sub(p.sub)
        {
                if (ap)
                        ++ap->use;
        }

        ~Ptr_to_const() {
                if (ap && --ap->use == 0)
                        delete ap;
        }

        Ptr_to_const& operator=(const Ptr_to_const<T>& p)      {
                if (p.ap)
                        ++p.ap->use;
                if (ap && --ap->use == 0)
                        delete ap;
                ap = p.ap;
                sub = p.sub;
                return *this;
        }
}
```

```
        //返回 const T&，而不是 T&
        const T& operator*() const {
                if (ap == 0)
                        throw "* of unbound Ptr_to_const";
                return (*ap)[sub];
        }

private:
        Array_data<T>* ap;
        unsigned sub;
};
```

这个新类看上去显然很像 Pointer 类的前一个版本。只有注释标示有些差异。最有意思的变化可能不在这儿：成员 ap 仍然指向一个 Array_data<T>，而不是 const Array_data<T>。因为我们想让类 Pointer 从 Ptr_to_const 继承而来，所以即使对象不是 const 类型，我们还是可以把指针保存在 Array_data 中。这样就能简化问题了。

我们在 Ptr_to_const 中的操作不会让用户获得这些数据，同时令 ap 为非 const 的，则可以免除 Pointer 操作中的转型步骤。

类 Pointer 必须重新定义（且只能重新定义）那些与 Array 的常量性相关的操作：

```
template<class T> class Pointer: public Ptr_to_const<T> {
public:
        Pointer(Array<T>& a, unsigned n = 0):
        Ptr_to_const<T>(a,n) { }
        Pointer() {}

        T& operator*() const {
            if (ap == 0)
                    throw "* of unbound Ptr_to_const";
            return (*ap)[sub];
        }
};
```

13.5　有用的增强操作

现在，我们的 Array 类几乎和内建数组一样有用，甚至还有一些很好的改进。我们可以把对 Array 大小的设置推迟到创建完对象之后，而且在用超出 Array 范围的下标进行存取时会抛出异常。这样就能确保在发生没有预见到的错误时能够马上终止程序，而不是把程序引向数组越界的未知操作。

除了提供这种额外的安全措施外，我们还使用类 Pointer 作为一种存取 Array 元素的手段，即使 Array 的大小发生变化，指向 Array 元素的 Pointer 仍然有效。现在让我们来看看怎样重新设置 Array 的大小。

首先回顾一下 12.5 节关于如何重新设置 Array 大小的决策。我们当时想避免一次只能将 Array 的大小增大或者缩小一个元素的情况。

用户可能会希望通过两种方式来增大或者缩小 Array：无论他们是否知道改变后的大小应该为多少。如果知道新的大小，则说明用户有办法决定需要多少个元素。此时，我们就请用户告诉我们新的 Array 大小。

但是，另一种情况是用户不知道需要多大的 Array。假设要从键盘读取新的输入，并且在 Array 中保存结果。此时我们就希望避免一次只增加一个元素的情况。一种方法是提供一个函数来确保 Array 不小于某个值。这个函数可以让 Array 按块（chunk）增加，而不是每次只增加一个元素，这样就降低了获取内存的频率。

但是一次减少一个元素来缩小 Array 时，情况又会怎样呢？很难说每次一块的策略能否在减缩 Array 时派上什么用场。幸运的是，我们可以把它交给用户来控制。当增大 Array 时，用户需要一个地方来存放元素。当减小 Array 时，用户不能再访问已经被删除的元素。只要最终的大小已知，用户就可以调用 resize 操作。

这个分析说明我们需要在类 Array 中增加两个新函数。

resize 函数将按照所请求的新的大小分配空间，并且会把现有的元素复制到这个新空间中。和通常一样，作用于 Array 的函数把请求转送给 Array_data。

```cpp
template<class T> class Array {
public:
        void resize(unsigned n) {
                data->resize(n);
        }
        // …
};
```

由 Array_data 类来完成实际的工作。我们必须记住，要在给 data 分配新空间之前保存原有的元素，而且在复制完它们之后才能将其删除。如果我们正在减小 Array，那么就必须只复制和新数组一样多的元素；同样，在增大 Array 时也只能复制和原来的数组一样多的元素：

```cpp
template <class T>
void Array_data<T>::resize(unsigned n)
{
        if (n == sz) return;
        T* odata = data;
        data = new T[n];
        copy(odata, sz > n ? n: sz);
        delete [] odata;
        sz = n;
}
```

这里，我们假设存在一个工具函数 copy：

```cpp
template <class T>
void Array_data<T>::copy(T* arr, unsigned n)
{
        for (int i = 0; i < n; i++)
```

```
                    data[I] = arr[i];
}
```

假设有一个指向类型为 T 的数组（小写 a）的指针，copy 从数组中复制 n 个元素到 data 中。

如果用户知道 Array 要增大多少，就要采用另一种操作。由于它的主要目的是为某个新元素"预留"空间，所以我们将这个函数命名为 reserve。

在为这个操作编写代码之前需要考虑用户可能会如何调用这个函数，这样做很有好处。想想用户使用它的场合，即希望一次往 Array 中添加若干元素时才会调用 reserve，因此我们将要求调用这个函数的用户能确保 Array 大到能够容纳这些元素。所以我们需要类似下面的代码。

```
Array<some_type> a;
// …
while ( /*某个条件*/ ) {
        a.reserve(n+1);
        a[n] = // 某个值
}
```

注意，要确保有容纳元素 a[n] 的空间，必须确保 Array 的大小至少为 n+1。稍稍思考一下，我们会发现这是很多用户错误的根源。实际上用户很可能会写这样的代码：

```
a.reserve(n);
a[n] = //某个值
```

这暗示我们应该用 reserve(n) 确保 Array 严格大于 n：

```
template <class T> class Array {
public:
        void reserve(unsigned new_sz) {
                if (new_sz >= data->sz)
                        data->grow(new_sz);
        }
        // …
};
```

如果需要增大底层数组，我们就要采用一种策略，确保保留空间大小为分配空间的两倍[1]，直到严格大于所请求的大小：

```
template <class T>
void Array_data<T>::grow(unsigned new_sz)
{
        unsigned nsz = sz;
        if (nsz == 0)
                nsz = 1;
        while (nsz <= new_sz)
                nsz *= 2;
        resize(nsz);
}
```

---

[1] 本书出版两年后，Koenig 本人在 *JOOP* 杂志 1998 年第 9 期上对上述说法做了更正。他指出，始终保持保留空间为分配空间的 1.5 倍左右，这是最佳做法。——译者注

　　一旦我们知道了新的大小，就可以方便地调用 resize 来完成这项任务。

　　有一点可能不是很明显，那就是要想能够有效地重新设置 Array 的大小，我们还需要对它进行复制和赋值。要弄清楚这一点，请注意重新设置 Array 的大小时有可能需要移动元素。另外，当我们有一个 Array 的 Array 时，其中的元素都是 Array。

　　这意味着我们该实现对 Array 的复制和赋值操作了。正如在 12.2 节所建议的那样，我们说的复制 Array 就是复制它的元素。必须为复制构造函数和赋值操作符分配内存，然后完成复制工作。复制构造函数所做的事情是：

```
template <class T> class Array {
public:
        Array(const Array& a):
                data(new Array_data<T>(a.data->sz)
        {
                data->copy(a.data->data, a.data->sz);
        }
        Array& operator=(const Array&);  // ???
        // …
};
```

　　很容易就会想定义 operator= 来调用 Array_data::operator=。唯一的问题就是我们不希望允许对 Array_data 对象赋值！如果允许赋值，那么我们将不能正确地管理引用计数。相反，我们将在 Array_data 中定义一个 clone 操作来重新分配 data 数组和进行复制操作。与平常一样，要记住检查自我赋值：

```
template <class T> class Array {
public:
        Array& operator=(const Array& a) {
                if (this != &a)
                        data->clone(*a.data , a.data->data);
                return *this ;
        }
        // …
};

template <class T>
void Array_data<T>::clone(const Array_data& a, unsigned n)
{
        delete [] data;
        data = new T[sz = a.sz];
        copy(a.data, sz);
}
```

　　有了自我赋值检查，我们的类的用途就更多了：不仅可以推迟到运行时才指定 Array 的大小，还可以在创建 Array 后改变 Array 的大小。因为要检查下标的边界，所以安全性也提高了。

但是还有一个没有解决的问题：我们还没有完全消除对指针的需求。那些愿意遵守下标规定的用户可以遍历整个 Array，并确信能够捕获到下标越界错误。但是他们无法使用 Pointer 来遍历 Array。如果他们还想对 Array 实施一些类似指针的操作，就必须冒着胡乱操作指针的危险去使用内建指针，而不是 Pointer。

同样，我们最好能让用户在 Array 中使用指针。因此，我们必须支持所有内建指针的操作。关于指针算法的问题是更具一般性的容器类问题的一个特例，通常叫作迭代器，我们将在第 14 章中讨论这个问题。

第

14

章

迭代器

在第 12 章和第 13 章中，我们设计并实现了一系列类：Array<T>、Pointer<T>和 Ptr_to_const<T>，从而使下面的程序段能够运行起来：

```
Array<int>* ap = new Array<int> (10);
Pointer<int> p(*ap, 5);
delete ap;
*p =42;
```

这里，在删除 ap 之后，对 p 的解除引用仍然能够成功，因为类 Array 没有删除与 ap 相关的底层存储空间。

为了确保安全性，我们希望用户使用 Pointer 来访问 Array。但是要使用户放弃指针，就必须确保 Pointer 能够支持所有指针能完成的操作。尤其要让 Pointer 支持算术运算和比较操作，以便用户能够遍历 Array。首先，我们将实现 Pointer 的其他指针操作来研究迭代这个主题。然后，我们对迭代器进行更广泛意义上的考察。

14.1 完成 Pointer 类

由于我们的目标就是取代指针，所以应该认真研究指针的用法，这样就能清楚要提供什么操作。我们最好支持类似下面的程序。

```
void f()
{
        int a[10];
        int* pa = a;
        int* end = pa + 10;
        while (pa != end)
```

```
            *pa++ = 0;
}
```

这里，我们定义了一个指向数组头部的指针 pa、一个指向数组尾部的指针 end。然后，我们用 operator++在数组中一次一个元素地移动指针 pa。另外，当 pa 指向每个元素并使它们为零时，我们用 operator*来解除引用 pa。一旦 operator!=提示说 pa 到达了 end，我们就知道一切都结束了。

从这个例子似乎可以看出，需要为 Pointer 和 Ptr_to_const 提供加法、减法和关系运算符。我们在基类和派生类（即 Ptr_to_const 和 Pointer）中都要对这些指针进行定义，因为它们的返回类型不同。Pointer 类中的操作返回的是 Pointer，Ptr_to_const 中的操作返回的是 Ptr_to_const。为了简明起见，我们只在这里给出了派生类：

```
template <class T> class Pointer: public Ptr_to_const<T> {
public:
        Pointer& operator++()
        {
                ++sub;
                return *this;
        }
        Pointer& operator--()
        {
                --sub;
                return *this;
        }

        Pointer& operator++(int)
        {
Pointer ret = *this;
                ++sub;
                return ret;
        }

        Pointer& operator--(int)
        {
Pointer ret = *this;
                --sub;
                return ret;
        }

        Pointer& operator+=(int n)
        {
                sub += n;
                return *this;
        }
```

```
        Pointer& operator-=(int n)
        {
                sub -= n;
                return *this;
        }
        //…
    };
```

所有这些操作都是通过适当地修改 sub 值来完成的。我们将规定复合赋值、前置++和--操作符都返回一个引用，这样类似*++p 的操作就能正确工作了。

所以，它们的行为将类似内建的 C 和 C++操作符，我们将定义后缀操作返回一个右值，而不是左值。由于后缀操作返回的是操作数的原值，所以必须在改变 sub 之前记下 Pointer 原来的状态。

按惯例，我们将定义其他的算术操作为非成员函数。这就必须费点力气来正确反映模拟内建指针的语义。两个指针相减等于一个（有符号的）int 值。因为我们能自如地把 Pointer 转换为 Ptr_to_const，所以可以对这些操作定义一个单独的版本：

```
template <class T> int operator-
    (const Ptr_to_const<T>& op1, const Ptr_to_const<T>& op2)
{
        return (int)op1.sub - (int)op2.sub;
}
```

我们还需要返回到类 Ptr_to_const，并且为 operator-函数增加 friend 声明。

指针与整数相减或相加都会得到一个新的指针。对于自增操作符和复合赋值操作符，必须分别定义对 Pointer 或者 Ptr_to_const 的加法操作（减法操作），从而确保得到正确的返回类型。和从前一样，我们将给出 Pointer 的版本。在这里，我们只定义加法操作。减法操作与之相似，请读者自己练习：

```
template <class T> Pointer<T> operator+
    (const Pointer<T>& p, int n)
{
        Pointer<T> ret = p;
        return ret += n;
}

template <class T> Pointer<T> operator+
    (int n, const Pointer<T>& p)
{
        Pointer<T> ret = p;
        return ret += n;
}
```

这样做考虑了算术运算符，但是我们还需要比较操作符。为了完整性起见，我们必须实现所有的 6 个操作符。因为所有这些操作符都可以用等于和小于操作符来表示，所以在这里只定义等于和小于两个运算符。由于可以在 Pointer 和 Ptr_to_const 之间进行类型转换，所以在基类中定义这些操作。

在写这些函数的代码之前，我们需要再想想。Pointer 封装了指向特定 Array 的指针的概念。因此，对指向**不同** Array 的 Pointer 调用比较操作符，这个操作符将会怎样工作呢？

就 == 和 != 而言，答案是很直观的：当且仅当这两个指针指向同一个 Array 的同一个元素（或者都不指向任何 Array）时，它们才相等。但是对于其他比较操作符来说，答案就不那么明显了，因为没有办法可以不根据具体的实现来定义它们。所以，当 == 和 != 外的其他比较操作符用于把 Pointer 与不同 Array 的元素进行比较时，就要抛出异常：

```
template <class T> int operator==
    (const Ptr_to_const<T>& op1, const Ptr_to_const<T>& op2)
{
        if (op1.ap != op2.ap)
                return 0;
        return (op1.sub == op2.sub);
}

template <class T> int operator<
    (const Ptr_to_const<T>& op1, const Ptr_to_const<T>& op2)
{
        if (op1.ap != op2.ap)
                throw "< on different Arrays";
        return op1.sub < op2.sub;
}
```

这些操作符还必须是类 **Ptr_to_const** 的友元。

最后，我们可能还希望能够允许用户对 Array 增加一个整数或减去一个整数，以获得一个 Pointer。现有的从 Array 到 Pointer 的类型转换还不足以做到这一点。其原因在于在类似 a+1 的表达式中（其中 a 是一个 Array 对象），编译器不知道是把 a 转换成 Pointer 对象还是 Pointer_to_const 对象。要解决这个问题，就必须对所有关于 Array、const Array&和 int 的各种可能组合都定义 operator+。

我们可能还想提供一个方法来检查是否有一个 Pointer 正指向 Array 中的元素，这与"判断内建指针是否指向 0"相似。

我们将这两个扩展也留做练习。

14.2　什么是迭代器

我们刚才所看到的类 Pointer 是叫作迭代器的类家族中的一员。

通常情况下，每个容器类都有一个或者多个相关的迭代器类型。迭代器能使我们在不暴露容器内部结构的情况下访问容器的元素。

需要注意的是，遍历容器很少像遍历 Array 那样简单。对于 Array，有一种直观的方法可以从一个元素得到下一个元素：令索引加 1。然而，更复杂的容器可能没有索引（List 或者 Set 类），或者索引不支持加法（关联数组的索引可以为类似 String 的任意有序类型）。

我们可以把迭代器看作是一个类型系列，因为所有的迭代器都保存相同的数据，并提供相同的操作。迭代器可以标识容器中的某个地方，并且提供遍历容器的操作。迭代器的一组操作可能非常简单，只允许用户从一个元素得到下一个元素；或者也可能和 Pointer 类一样功能强大。我们的 Pointer 类提供了很多方法来遍历 Array，并且支持关系操作符。设计迭代器时如果遇到很多问题，不必大惊小怪。这些问题就是本章接下来要讨论的内容。

14.3 删除元素

我们曾经说过，迭代器能标记容器的某个地方。比如，在类 Pointer 中，我们存储了一个指向某个 Array_data 对象的指针和一个下标。这个下标表明在下层数组中由这个 Pointer 所操纵的数组元素。由于我们的 Array 类不支持删除单个元素的操作，所以不必担心 Pointer 标记的元素不存在后会发生什么情况。但是通常说来，在设计迭代器类时，必须决定元素不存在时该怎么处理。

例如，假设我们有一个容器和一个与之关联的迭代器类：

```
Container<T> c;
Iterator<T> it(c);
```

现在我们往 c 中插入一个元素，并且令迭代器指向该元素：

```
c.insert(some_obj);
// 定位它到 some_obj
```

假设下一步就从容器中删除这个元素：

```
c.remove(some_obj);
```

如果我们还试图使用这个迭代器会发生什么情况？例如，如果用这个迭代器指向下一个元素会怎样呢？

```
it++;
```

如果我们的容器实现后的结构类似列表，其中 operator++ 使指针从指向当前元素后移，指向下一个元素，这样肯定会造成混乱。

处理这个问题有几种方法。通常，若要决定采用哪种方法，最好知道这个类将如何使用。

一种简单的做法是我们可以禁止从容器中删除元素。如果希望用户创建容器，但不必删除单个元素，那么刚才所说的就能实现了。例如，我们的容器可能表示的是一个字典（dictionary），你可以向其中添加单词，但是决不允许从中删除单词。只要我们能够删除整个容器，那么就没有特别的必要来删除单个元素。

如果认为用户需要从容器中删除元素，那么就必须找到一种方法来允许他们这么做。一种方法就是在每个容器对象中保存一个有效迭代器的列表。这样，在删除一个元素时，可以利用这个列表找到并且删除刚好指向这个被删除元素的迭代器[1]。我们还可以对容器中的每个元素采用引用计数，要删除任何一个元素都必须等到最后一个指向该元素的引用（无论从一个迭代器还是从这个容器）不存在时才能够进行。通过把每个迭代器与容器的一个副本关联起来，我们甚至可以更简单地解决这个问题。也就是说，在分配迭代器的时候应该创建一个容器的副本，并对该副本使用这个迭代器。乍一看，这样做似乎很浪费空间，但是有几种方法可以帮助我们实现"写时复制"技术。然而，更为重要的是，这种方法将会让那些希望用迭代器定位实际的（或者是改变的）容器的用户大吃一惊。

还有一种方法就是让迭代器指向容器中的元素与元素之间的位置上。至少从用户的角度来看，这样做可以解决用户删除元素时遇到的问题。尽管如此，它的实现也不简单：所有恰好指向删除元素的迭代器都必须移动。事实上这不是在帮助用户。这种方法最严重的问题在于它会大范围地影响使用迭代器的所有代码。要存取由这个迭代器指向的元素，就需要用户来考虑，究竟应该被存取的是下一个元素，还是前一个元素？当迭代器定位在容器的头部或者尾部时，这个问题就尤其难以解决了。

14.4　删除容器

与删除单个元素密切相关的问题是，如果容器本身已经不复存在，却还有若干活动（指向该容器的）迭代器，那么该怎么办呢？对于 Array，我们的做法是将删除 Array 的操作延后到最后一个迭代器（即最后一个 Pointer）也消失以后。

另一种办法是，可以使用刚才讨论的与删除单个元素相关的许多思想。例如，我们可以在容器中保存一个活动迭代器的列表。然后，容器的析构函数可以利用这个列表将迭代器的状态设置为"无效"，并将此作为删除容器本身的一部分。用容器的副本关联每个迭代器的方法也可以保护容器在还有迭代器存在的时候不被删除。尽管单个元素的情况更难有效的实现，但这些删除整个容器的方法和删除单个元素的方法一样，都有相同的优缺点。

还有一种方法是把问题留给用户来处理，即让他们确保一旦容器被删除就不再使用迭代器。这个方法也运用在内建数组上；它具有和 C 中提供的用指针处理容器一样的缺点。

只要有活动迭代器存在，我们就可以禁止对容器本身的删除。删除容器之前，我们可以

---

[1]　当然，这假定了我们知道把迭代器移到何处。如果我们正好删除了仅有的一个元素，情况又会怎样呢？

先检查还有没有与之连接的迭代器，如果有就抛出异常。这种方法的问题在于它可能把一个无关痛痒的纰漏变成一个致命的错误。失去了迭代器跟踪情况的用户可能会怀着侥幸心理对容器调用 delete 操作。即使程序可以运行，它也会终止，贸然指向这个容器的迭代器可能从不会被用到。

14.5 其他设计考虑

设计迭代器类的时候，考虑怎样创建迭代器以及确定复制和赋值的含义是很重要的。创建迭代器体现了最有趣的设计决策。

应不应该允许创建一个没有绑定到特定容器的迭代器呢？应不应该允许创建一个绑定到了特定容器，但没有绑定到特定元素的迭代器呢？对于 Array，我们的答案分别是"应该"和"不应该"。我们说过，用户可以创建一个没有绑定的 Pointer。在创建一个 Pointer 时，如果用户没有在 Array 中给我们一个位置，我们就将迭代器随意定位到一个不存在的元素。如果我们允许未绑定的迭代器，就还必须决定在所有使用未绑定的迭代器的情况下要如何处理。在 Array 中，我们检查有没有这种情况发生，有的话就抛出异常。

记住，顺便定义你正在定义的迭代器类的容器或者数组可能会带来方便。也就是说你必须定义缺省构造函数。支持迭代器容器的需求可能会影响对未绑定迭代器的处理。

对任何类而言，都要考虑复制、赋值和析构函数。如果迭代器只是一个指向容器的指针，并且有办法表示在容器中的定位，那么使用这些操作的缺省定义就足够了。但是，如果迭代器和 Pointer 一样要依赖于某种引用计数形式的内存，那么就必须要相应地定义这些操作来管理引用计数。

通常，提供方法来测试迭代器是否在关联的容器的尾部是很有用处的。我们没有对 Poiner 提供这种测试。相反，我们要求用户获得一个指向 Array 尾部的 Pointer，然后每次都检测迭代器是否等于指向尾部的 Pointer。作为遍历到容器尾部以后的部分的副作用，返回一个"迭代器尾部"的信号会很容易实现。

14.6 讨论

细节太多了——多到有些读者肯定要问他们自己："这些都是必要的吗？"

回答是"是必要的也不是必要的"。要定义一个抽象数据类型，必须确定它的具体行为。这是不可避免的。如果没有考虑这一点，类也可以运行；只是不太可能再对它进行任何控制。

如果你知道不会去使用那些未定义的行为，而且也不会让别人使用你的类，那么就高枕无忧了。如果最终自己还是要用到它，你的程序就可能执行你没有预料到的事情，此时就不得不找出它这样做的原因。与在开始就定义操作相比，调试对未定义操作的不经意使用要麻烦得多。最起码，如果你不想考虑复制构造函数和赋值操作符应该做些什么，至少应该费点力气将它们私有化。

一旦开始努力设计一个你确实想要的抽象，就在辞典中增加了一个新单词。谨慎小心地定义类的回报就是能在实际中理解和预测这些类的对象会做些什么。一旦学会了一个词，就可以在任何合适的情况下使用它。

第

15

章

序 列

在过去的几年中，C++容器类已经逐渐形成了一种规范的形式：容器应该包含对象，而迭代器类的对象标识容器中的位置。第 12 章到第 14 章研究了容器和迭代器的这种样式。

使用容器类的经验告诉我们，可以使用一种更简单的方法。本章将描述一个称为 Seq 的精简指令集容器类，它模仿了 1960 年提出的纯 Lisp 中的列表（list）。尽管它没有提供那些被广泛使用的列表类的全部功能，但仍然足够有用。而且，它比一般的类要小得多，也简单得多。

15.1 技术状况

前几章中我们开发的那种容器以及相应的迭代器类（Array 和 Pointer）是建立 C++容器常规方法的一个范例。容器包含着用户的对象；迭代器标识容器中的位置。

这种策略与传统语言中数组的工作方式类似：数组包含若干值，用一个辅助值——通常是一个整数或者指针——来标识数组中的某个位置。因此，当我们写类似下面的 C 程序代码段时：

```
int a[N];
int i;

for (i = 0; i < N; i++)
        a[i] =i;
```

这里 a 作为容器，i 作为迭代器。

由于迭代器的思想非常适合传统编程语言中的数据结构，所以 C++程序员发现迭代器很容易使用。但是，迭代器实践起来不如理论上那么简单。例如，因为容器可以是 const 类型的，所以每个容器都需要两种迭代器：一种只能对容器进行读操作；另一种则既能对容器进行读操作,又能进行写操作,这一点与指向一个类型为 T 的对象的两种指针(即 T*和 const T*)类似。

对于每一种容器,除了需要这 3 个类外,传统的方法还要求更多的特性。设计者不仅要遵从"库中必须包括用户想要的所有功能"这种常见的社会压力,还必须让容器和迭代器在各种组合下都能工作。

比如,USL 标准组件库(Standard Components Library[1])中的列表类支持下面的操作:

- 用 0 个、1 个、2 个、3 个或者 4 个元素创建列表;
- 复制列表和给列表赋值;
- 决定列表的长度;
- 联接两个列表;
- 判断两个列表是否相等;
- 在两端添加、访问或者删除元素;
- 访问第 n 个元素;
- 对列表进行排序;
- 使用列表元素所定义的输出操作来打印列表。

另外,还有一些列表迭代器支持下列操作:

- 创建、复制、赋值和比较迭代器;
- 找出与给定迭代器相关联的列表;
- 判断迭代器是否在它的列表的末端;
- 查找具有给定值的元素;
- 移动迭代器以指向列表中的下一个(或者前一个)元素;
- 访问位于迭代器前面或者后面的(迭代器指向元素中间)元素。

将这些操作进行总计:USL 的列表类有 70 个成员和一个友元函数。

- List:27 个成员和一个友元函数。
- Const_listiter:28 个成员。
- Listiter:15 个成员。

USL 列表类实现的源代码超过了 900 行。

15.2 基本的传统观点

所有这些都很好,但是有时人们会希望别这么复杂。既然我们能够拥有轻量级处理和精简指令集计算机(RISC)芯片,那么为什么不能有一个 RISC(Reduced Instruction Set Container,精简指令集容器)类呢?为了获得灵感,我回到 1/3 个世纪以前去研究 Lisp。

---

[1] 别把这个东西与 C++标准库搞混了。USL 标准组件库是包括本书作者在内的 AT&T 研发人员在 20 世纪 80 年代后期开发的一个库。

虽然后来随着时间的推移，Lisp 增加了不少功能，但是最初定义的列表只有 5 个基本概念。

- nil：没有元素的列表。
- cons(a,b)：在列表中，第一个元素为 a，其后的元素为列表 b 中的元素。
- car(s)：s 的第一个元素，而 s 必须是至少有一个元素的列表。
- cdr(s)：s 的第一个元素之外的其他所有元素，其中 s 是至少有一个元素的列表。
- null(s)：如果 s 没有元素，则为真，反之为假；s 必须是一个列表。

注意，这些操作中没有一个会改变列表或者列表中的元素。我们可以用它们创建列表和提取值，但是不能改变列表。

已经存在一个**非常**庞大的理论和实践体系证明上述这些操作具有很强的功能。而且，如果我们加上一个限制条件，要求列表中的元素类型必须相同，则在 C++中就能很容易地实现这种列表。借助于模板，我们可以定义一个类 Seq<T>，描述类型为 T 的一系列对象。我叫它 Seq 而不是 List，是为了避免将它和其他地方的 List 类弄混。

假设我们从实现 5 个主要的 Lisp 操作开始。这些操作在 C++中看起来会是怎样的呢？假设 t 的类型为 T，s 的类型为 Seq<T>。那么，下面是一些可能的 C++操作。

- Seq<T>()：创建并返回一个没有元素的序列。
- Seq<T>(t,s)：创建并返回一个序列，该序列的第一个元素为 t，其后的元素都是序列 s 中的元素。
- s.hd()：返回 s 的第一个元素，s 必须至少有一个元素。
- s.tl()：创建并返回一个序列，该序列包含 s 中除了第一个元素外的所有其他元素；s 必须至少有一个元素。
- (bool)s：如果 s 没有元素，则返回 false；否则，返回 true。

之所以采用 hd 和 tl 作为名字，是因为这样能比 car 和 cdr 更容易让非 Lisp 程序员理解。向 bool 的类型转换将在 if 和 while 语句中使用。

现在，我们记下目前已经确定的内容：

```
template<class T> class Seq {
public:
        Seq();
        Seq(const T&, const Seq&);
        T hd() const;
        Seq tl() const;
        operator bool() const;
};
```

接下来，我们应该怎样描述 Seq 呢？当然用链表，毕竟 List 就是一个链表，所以我们可能需要另一个私有的类来保存一个元素值和一个指向列表中下一个元素的指针。当然，在这里考虑一下 Seq 对象的不可变性也是有意义的。我们马上能意识到的一点是，也许可以避免复制 Seq 或者子序列，而是使 Seq 在合适的时候共享底层序列。这个分析表明要给元素类一个引用计数。我们现在这样做，看看最后会怎样：

```
template<class T> class Seq_item {
        friend class Seq<T>;

        int use;
        const T data;
        Seq_item* next;

        Seq_item(const Y& t, Seq_item* s);
        Seq_item(const T& t): use(1), data(t), next(0) { }
};
```

实现这个类唯一需要技巧的地方，就是如何根据一个值或者一个已有的 Seq 创建一个新的 Seq。在这个操作之后，这两个 Seq 共享由 s 表示的尾链（tail[1]）。这意味着我们必须正确地递增引用计数：

```
template <class T>
Seq_item<T>::Seq_item(const T& t, Seq_item<T>* s):
        use(1), data(t), next(s)
{
        if (s)
                s->use++;
}
```

完全理解这个引用计数策略是很重要的。例如，执行下面的语句之后：

```
Seq_item x = Seq_item(t, s);
```

s 中第一个 Seq_item 的引用计数将比它原来大，但是 x 中第一个 Seq_item 的引用计数将为 1。需要注意的是，存储在 x 中的序列的第一个项的引用计数将比在**相同**序列中第二个项的引用计数少。在继续建立这个类的过程中，这一点的重要性将越来越明显。

因为我们正在采用引用计数，所以在每次创建、销毁或者赋值给一个 Seq 对象时肯定都要进行处理。因此，我们需要复制构造函数、析构函数和赋值操作符。考虑到这种需求，并在这个 Seq 类中包含一个指向描述该序列第一个元素的 Seq_item 的指针，我们有

```
template<class T> class Seq {
public:
        Seq();
        Seq(const T&, const Seq&);
        Seq(const Seq&);                        //新增
        -Seq();                                 //新增
        Seq& operator=(const Seq&);             //新增
        T hd() const;
        Seq t1() const;
        operator bool() const;
```

---

[1] 首元素之后的其他元素组成的局部链表。——译者注

```
private:
        Seq_item<T>* item;                    //新增
};
```

现在我们开始实现这些函数。缺省构造函数是简洁明了的。对一个空的序列设置 item 指针为 0：

```
template<class T> Seq<T>::Seq(): item(0) { }
```

我们的下一个构造函数——从一个指向 T 的引用和另一个 Seq 构造一个新的 Seq——的实现并不难。它分配一个 Seq_item 来保存值，并且把给定的 Seq 放入生成的尾链：

```
template<class T>
Seq<T>::Seq(const T& t, const Seq<T>& x);
        item(new Seq_item<T>(t, x.item)) { }
```

布尔转型操作符的实现是轻而易举的：

```
template<class T> Seq<T>::operator bool() const
{
        return item != 0;
}
```

复制构造函数基本上也很容易，我们所要做的只是要记住递增引用计数：

```
template<class T> Seq<T>::Seq(const Seq<T>& s): item(s.item)
{
        if (item)
                item->use++;
}
```

析构函数和赋值操作符必须可以释放 Seq_item 的整个列表，所以在实现其他一些较简单的成员函数后我们将返回来讨论它们的实现。

比如，hd 操作返回第一个 Seq_item 中的值。唯一有点难度的事情就是当有人试图从一个空序列中取走 hd 时，应该怎样处理。我们会抛出异常：

```
template<class T> T Seq<T>::hd() const
{
        if (item)
                return item->data;
        else
                throw "hd of an empty Seq";
}
```

应该怎样实现 tl 呢？这个函数要返回一个由这个 Seq 的尾链形成的一个新的 Seq；我们怎样才能创造出这样一个结构来呢？所需要的信息就在 item->next 中，而它是一个 Seq_item，所以我们需要一个 Seq 来保存它。这样一来我们似乎首先要定义另一个（私有）构造函数：

```
template<class T>
Seq<T>::Seq(Seq_item<T>* s): item(s)
{
        if (s)
                s->use++;
}
```

现在，就可以很容易地实现 tl 了：

```
template<class T>
Seq<T> Seq<T>::tl() const
{
        if (item)
                return Seq<T>(item->next);
        else
                throw "tl of an empty Seq";
}
```

与对 hd 的处理一样，对空序列调用 tl 将引发异常。

现在，让我们回过头来看析构函数和赋值操作符。当且仅当宿主对象是唯一一个共享底层序列的对象时，析构函数和赋值操作符才需要销毁这个底层序列。要判断这个序列有没有被共享，我们必须考虑引用计数策略是怎样起作用的。记住，有些其他对象可能在共享这个序列尾链。这就意味着对该序列的头部的引用计数比序列中后面的元素的引用计数少。例如：

```
Seq<T>* sp = new Seq<int>;
// 在 sp 中放入一些值
Seq<T> s2 = sp->tl();
delete sp;
```

这里，我们动态地分配了一个 Seq，并放入了一些元素。现在我们令 s2 表示由 sp 指向的序列的尾链。我们需要确定在 delete sp 操作后尾部中还有元素存在，以便 s2 有所指。因此，删除一个序列的时候，我们可以只删除某些元素，也就是共享尾链前面的那些元素。尾链中的元素将保留，直到所有共享这个尾链的序列都被删除为止。析构函数和赋值操作符必须对此进行适当的处理。

如果我们定义一个函数来管理引用计数，并在适当的时候删除 Seq_item 元素，那么情况就会简单一些。假设我们已经有了这样的函数（名为 destroy），接下来实现赋值操作符和析构函数也就容易了：

```
template<class T>
Seq<T>& Seq<T>::operator=(const Seq<T>& s)
{
        if (s.item)
            s.item->use++;
        destroy(item);
        item = s.item;
```

```
            return *this;
    }

template<class T> Seq<T>::-Seq()
{
            destroy(item);
    }
```

我们必须确定在 operator=中对自我赋值进行了预防；可以通过在调用 destroy 之前增加右侧对象的引用计数来预防此类问题产生。

现在，我们唯一还没做的事情就是实现 destroy：

```
template<class T>
void Seq<T>::destroy(Seq_item<T>* item
{
            while (item && --item->use == 0) {
                    Seq_item<T>* next = item->next;
                    delete item;
                    item = next;
            }
    }
```

15.3   增加一些额外操作

这个类很容易实现。而且，它确实非常有用。然而我们很难抵挡住这种诱惑：要在其中加入一些更方便的操作。这种所谓方便和不方便，从某种意义上讲是源于 Lisp 和 C++程序典型风格上的差别。

例如，在序列的头部放入新值的方法就是显式构造一个新的序列，所以，如果 t 是一个类型为 T 的值、s 的类型为 Seq<T>，则 Seq<T>(t, s)是一个第一个元素为 t，其后元素为 s 的元素的序列。

除了笨拙外，使用这个构造函数还有一个缺点，即我们不得不显式地在 Seq<T>中声明类型 T——一种我们可能不知道的类型。我们可以从 Lisp 获得解决这些问题的提示，并且显式地定义一个 cons 函数：

```
template<class T> Seq<T> cons(const T& t, const Seq<T>& s)
{
            return Seq<T>(t, s);
    }
```

现在我们可以写 cons(t, s)，而不是 Seq<T>(t, s)，同时也不用显式地构造类型 T 了。

另一个例子是假设我们希望计算序列中元素的数目。Lisp 程序员可能会编写这样的函数：

```
template<class T> int length(const Seq<T>& s)
{
        if (s)
                return (1+ (length (s.tl()));
        return 0;
}
```

但是，C++程序员则喜欢以这种方式实现 length 函数：

```
template<class T> int length(Seq<T> s)
{
        int n = 0;
        while (s) {
                s = s.tl();
                 n++;
        }
        return n;
}
```

第二个版本依靠的是迭代而不是递归，这意味着它还依赖于值可以改变的变量——在这种情况下就是 n 和 s。特别要注意第二个版本每次从 s 的前部取走一个元素，并扔掉它们，直到最后销毁整个 s。之所以能这么做，是因为 s 是 length 函数参数的副本。

由于 n 的类型为 int，所以可以用我们的老朋友++操作符来修改它。那么 s 又该如何处理呢？

语句

```
s = s.tl();
```

似乎迫切需要简写，就像

```
n = n + 1;
```

可以简写成

```
n++;
```

一样。如果不用

```
s = s.tl();
```

而定义

```
++s;
```

来作为它的简写形式又如何呢？看上去似乎有点奇怪，是真的吗？以指针的形式实现类 Seq<T>的对象；对 Seq<T>运用++操作符，这与对原始指针使用++操作符的唯一区别在于，后者假设指针指向的是数组的元素。

实际上，我们还可以依此类推。Lisp 程序员习惯将 car 作为一个显式函数（即使它叫作

hd)，但是 C++程序员更喜欢用 operator*来存取容器的元素。

这就表明可以增加两个操作符来使这个类更便于 C++程序员使用。

- operator*()：是 hd()的同义函数。
- operator++()：将简化赋值语句 s = s.tl();。

这些额外的操作符将允许使用 C++程序员熟悉的简洁的表达式。例如，在查找名叫 s 的
Seq 中的某个值 val 时，对 C++老手来说，使用

```
while  (s && *s != val)
        ++s;
```

比使用

```
while (s && s.hd() != val)
        s = s.tl();
```

更为熟练一些。

另外，通过运用关于底层 Seq_item 的知识，由我们实现这些简化操作比由用户自己实现
的效率更高。这些操作符可以显式地处理引用计数，并在适当的时候清除原来的第一个元素。
下面是前置 operator++：

```
template <class T> Seq<T>& Seq<T>::operator++()
{
        if (item) {
                Seq_item<T>* p = item->next;
                if (p)
                        p->use++;
                if(--item->use == 0)
                        delete item;
                item = p;
        }
        return *this;
}
```

下面是后置操作符 operator++：

```
template <class T> Seq<T> Seq<T>::operator++(int)
{
        Seq<T> ret = *this;
        if (item) {
                --item->use;
                item = item->next;
                if (item)
                        item->use++;
        }
        return ret;
}
```

后置++操作符保存了 ret 中旧值的副本，然后把它加 1。当返回 ret 时，我们知道至少还有一个叫作 ret 的用户使用着序列中的第一个元素。因此，不用检查引用计数是否为 0，我们就可以把引用计数减小 1。

当然，operator*只是 hd 的同义函数：

```
template<class T> T Seq<T>::operator*()
{
        retun hd();
}
```

另一个常用操作是在列表头部放入一个新值。使用原语时，这个操作看起来就像：

```
s = cons(x, s);
```

除此之外，还可以更为通用地确保一种更快的内建操作：

```
template <class T>
Seq<T>& Seq<T>::insert(const T& t)
{
        item = new Seq_item(t, item);
        return *this;
}
```

至此，我们已经增加了一些操作来使这个类对于 C++程序员来说更自然。这些增加的操作也比用户自己编写的效率要高，因为它们利用了类 Seq 的内部结构。当然，我们很难判断什么时候停止增加新特性。但是我们已经做了足够多的事情，可以停下来看看应该怎样使用这个类了。

15.4　使用范例

体会这个类的运行方式的最好方法是运行一个完整的例子。我们从把两个序列进行合并的函数开始，假设这两个序列都是按升序排列的：

```
template<class T>
Seq<T> merge(const Seq<T>& x, const Seq<T>& y)
{
        // 如果一个 Seq 为空，则返回另一个 Seq
        if (!x) return y;
        if (!y) return x;

        // 两者都不为空；分别取出它们的第一个元素
        T xh = x.hd();
        T yh = y.hd();
        // 进行比较
        if (xh < yh)
```

```
                return cons(xh, merge(x.tl(), y));
        return cons(yh, merge(x, y.tl()));
}
```

下面的函数将序列分成两堆,其做法与人们处理一副扑克牌很像。我们假定,要么开始时堆是空的,要么调用者不介意我们直接在已经存在的堆上堆加元素。元素在处理过程中一直保留着,就像处理扑克牌时那样:

```
template<class T> void split(Seq<T> x, Seq<T>& y, Seq<T>& z)
{
        while (x) {
                y.insert(x.hd());
                if (++x) {
                        z.insert(x.hd());
                        ++x;
                }
        }
}
```

最后,我们可以利用这两个函数来创建一个简单的排序函数:

```
template<class T> Seq<T> sort(const Seq<T>& x)
{
        if (!x || !x.tl())
                return x;

        Seq<T> p, q;

        split(x, p, q);
        return merge(sort(p), sort(q));
}
```

尽管函数很简单,但即使在最坏情况下它也能获得 O(n log n)的性能。也许找到一个既能被初学者理解又拥有很好的最坏情况性能的排序方法,是评价 **Seq** 类强大效能的一个很好的尺度。

不习惯用递归的程序员可能更喜欢以这种方式进行合并:

```
template<class T> Seq<T> merge2(Seq<T> x, Seq<T> y)
{
        Seq<T> r;

        while (x && y) {
                if (x.hd() < y.hd()) {
                        r.insert(x.hd());
                        x++;
                } else {
                        r.insert(y.hd());
                        y++;
                }
```

```
        }
        while (x) {
                r.insert(x.hd());
                x++;
        }

        while(y) {
                r.insert(y.hd());
                y++;
        }

        r.flip();
        return r;
}
```

除了原语、insert 和 operator++外，第二种实现需要对 Seq 执行另一个操作，即我们现在必须实现 r.flip()，用来适当地颠倒 r 元素的顺序。

这两个版本哪个更容易理解可能要取决于你过去的经验。但是由于我们正试图迎合 C++ 使用者的要求，并且由于对于整个社群来说，merge 版本更自然一些，所以看来 flip 操作应该是类的一部分，而不是作为 merge 的辅助函数。

第一件要注意的事情是，如果我们适当地颠倒了一个 Seq，则这个 Seq 必须"拥有"它包含的序列中的全部元素。也就是说，每个 Seq_item 的引用计数都必须是 1。一旦我们自己有了序列的副本，颠倒元素的顺序也就只是操纵指针而已。

所以，我们首先需要一个函数来确保自己拥有这个序列的可以改变的副本。因为不能再和任何其他的 Seq 共享一个尾链，所以把这个函数叫作 owntail。owntail 要做的第一件事情就是找出序列中引用计数大于 1 的第一个 Seq_item（如果有的话）。然后，它将创建序列的一个新副本，副本的内容是从刚才找到的 Seq_item 一直到序列的尾部的部分。最后，owntail 把这个新副本拼接到已存在的序列中，用副本代替原来的尾链，并相应调整原来的尾链的引用计数。其结果对 owntail 返回一个指针非常有用，该指针指向新尾链的最后一个单元。

首先，要注意到如果序列是空的，则什么都不需要处理，所以我们可以返回：

```
template<class T> Seq_item<T>* Seq<T>::owntail()
{
        if (item == 0)
                return 0;
}
```

现在声明一些局部指针，以遍历序列并找出第一个引用计数大于 1 的 Seq_item（如果有的话）。当然，如果到达了序列的尾部，那么就不必继续处理了——我们早就有了这个尾链的副本：

```
        Seq_item<T>* i = item;
        Seq_item<T>** p = &item;
```

```
while (i->use == 1) {
        if (i->next == 0)
                return i;
        p = &i->next;
        i = i->next;
}
```

如果我们做到了这一步，i 指向第一个 use!=1 的项，p 指向一个指针，我们必须改写这个指针才能分开新的尾链。这个指针可能是某个 Seq_item 的 next 成员，也可能是 Seq 自身的 item 成员。我们令这个指针指向一个新的 Seq_item，它将是旧尾链的新副本的第一项，我们还得重新设置旧尾链的引用计数：

```
*p = new Seq_item<T> (i->data);
--i->use;
i = i->next;
```

接下来还必须考虑旧尾链剩余的部分，为我们创建的副本分配新的 Seq_item，并且用旧值的副本初始化这些新节点。这里使用 i 来遍历旧的序列，用 j 来指向新副本：

```
Seq_item<T>* j = *p;
while (i) {
        j->next = new Seq_item<T> (i->data);
        i = i->next;
        j = j->next;
}
return j;
}
```

现在，flip 只用来操纵指针。得到自己的尾链副本后，我们改变所有 Seq_item 的 next 指针，让它们指向**前一个** Seq_item，而不是下一个 Seq_item。这就需要我们在序列中保存 3 个指针，其中一个指向当前 Seq_item，另一个指向它后面（behind）的 Seq_item，还有一个指向它前面（ahead）的 Seq_item：

```
template<class T> Seq<T>& Seq<T>::flip()
{
        if (item) {
                Seq_item<T>* k = owntail();
                Seq_item<T>* curr = item;
                Seq_item<T>* behind = 0;

                do {
                        Seq_item<T>* ahead = curr->next;
                        curr->next = behind;
                        behind = curr;
                        curr = ahead;
                } while (curr);
```

剩下要做的事情就是重新设置 Seq 中的 item 指针，并返回*this（因为 flip 返回的是引用）：

```
            item = k;
        }
        return *this;
    }
```

15.5　再增加一些

到目前为止，我们增加的操作要么为某个原语（operator*）提供了更自然的语义，要么提供了用户无法提供的高效且实用的功能（operator++和 flip）。还有一些操作都属于后面这一类。其中有一个是用来联接两个序列的。一旦使用 owntail 确保了左边的序列没有和别的序列共享尾链，我们就可以把右边的序列联接到尾部。当然，用户不能直接这样做。要增加联接操作，我们需要定义一个成员函数 operator+= 和一个非成员函数 operator+ ；我们把这项工作留做练习。

另一个有意思的扩展可能是对相等性（不等性）检查的支持。首先要注意的是，如果想非常高效地实现这个功能，就应该先增加一个 length 操作。长度不等的两个序列肯定不相等。而且，如果不用计算就可以得到序列的长度，就更容易判断序列是否相等了。假设我们能知道长度，那么对相等性的检查就从检查两个序列的长度是否相等开始：

```
template<class T>
bool operator==(const Seq<T>& op1, const Seq<T>& op2)
{
        if (op1.length() != op2.length())
                return false;
```

如果它们的长度相等，我们就必须对两个序列都要进行遍历。如果 Seq_item 是同一个节点，我们就知道这两个序列是一样的。如果节点不同但值相同，就必须一直检查下去：

```
        Seq_item<T>*p = op1.item;
        Seq_item<T>*q = op2.item;

        While (p != q) {
                assert (p != 0 && q != 0);
                if (*p++ != *q++)
                        return false;
        }

        return true;
}
```

注意，一旦开始进入 while 循环，就知道了两个序列拥有相同数目的元素。Assert 在这里用来检查实现中的 bug，这些 bug 可能会误导我们轻信表象。

length 函数要求我们回过头来重新实现 Seq 类，以便把长度保存起来，在 Seq 所有改变序列长度的操作中同步更新长度值。

结果证明，我们有两个似乎合理的地方可以用来保存长度：用每个 Seq 对象保存长度；用每个 Seq_item 保存长度。两者各有优缺点，但是最好在 Seq 中保存长度，因为序列的平均长度一般都大于 1，所以通常存在的 Seq_item 比 Seq 对象多。

假设在 Seq 对象中存储了长度，则可以很容易地让 length 函数返回这个被存储的值：

```
template<class T> class Seq {
public:
        unsigned length() { return len; }

private:
        unsignd len;
        //…
};
```

为了控制 len，构造函数、赋值操作符、加法操作符、联接操作符、insert 和 tl 函数都将被更新。这些函数中唯一有趣的是接受一个 Seq_item 的 private 构造函数。由于我们不能直接得到任何 Seq_item 指向的（子）序列的长度，所以必须另外给这个构造函数一个参数：

```
template<class T>
Seq<T>::Seq(Seq_item<T>* s, unsigned 1):
    item(s), len(1)
{
        if (s)
                s->use++;
}
```

在使用这个构造函数时，还传递（子）序列的长度：

```
template<class T>
Seq<T> Seq<T>::tl() const
{
        if (item)
                return Seq<T>(item->next, len-1);
        else
                throw "tl of an empty Seq";
}
```

如果读者回头再看 Seq 类的其他部分，并在必要的时候修改代码，以使 len 保持最新以适合其他的 Seq 操作，就会发现这样做对自己很有帮助。

15.6 请你思考

即使包括了额外的操作和优化，序列类也只有 16 个成员和 2 个非成员操作。完整实现的源代码也少于 200 行；说明文字用一页（双面）纸就可以写下了。对于它所支持的操作，运行起来和 USL 列表类一样快。

更普遍地讲，在其他数据结构中运用 RISC 方法会很有趣。对于序列来说，这个方法效果良好，因为我们可以告诉用户他们不能在创建序列之后修改元素。然而这种限制对于更一般的数据结构而言，在维护上难度加大了，但是函数型编程（functional-programming）社群已经证明这也是可以实现的。一个有意思的问题是这种样式能不能被移植到 C++中，如果可以，使用它有没有价值。这个问题没有定论，值得思考。

第

16

章

作为接口的模板

第 12 章到第 15 章探讨了模板的经典用途：建立容器类。此外，模板还是用来描述一个或一组程序接口的通用方式。

在本章中，我们将看到如何使用模板来提供抽象接口。凭借这些抽象接口，我们可以写出独立于任何一种实际类型的函数。

这一章比较难，它建立在 1991 年中期发表的一篇文章的基础上，借用了 ML（一门编程语言，对泛型和函数型编程机制提供了很好的支持——可参见 Chris Reade 著的 *Elements of Funtional Programming*）和其他地方的一些思想。其中很多思想都能在标准模板库（STL）中找到它们自己的方法，我们将在第 17 章到第 22 章讨论 STL。由于这种抽象的使用方式有点难懂，所以我们有必要反复领会这一部分内容，以便加深对这些思想的理解。

16.1 问题

考虑一个在线学生注册系统。该系统的一部分将实现注册逻辑，另一部分则要处理网络通信，以体现出它是一个在线系统。还有一些代码是为了和底层数据库交互而存在的。

如果系统的这些在概念上具有不同特性的部分能够谨慎地分隔开，那就好了。如果能这样，就能带来很多好处，比如我们可以复用这个系统的在线部分和数据库部分，以便建立一个在线的图书馆流通系统。

为了理解这种系统的各部分是如何相互隔离的，我们将写一个小程序，并把它分成若干个片段。在研究这些代码片段的同时，考虑这里用到的技术怎样才能运用到更大程序中。

16.2　第一个例子

这是一个将整数数组中的元素相加的函数：

```
int sum(int * p, int n)
{
        int result = 0;
        for (int i = 0; i < n; i++)
                result += p[i];
        return result;
}
```

我们可以用它求得小于 10 的非负整数的和：

```
#include <iostream.h>

in main()
{
        int x[10];
        for (int i = 0; i < 10; i++)
                x[i] = i;
        cout << sum(x, 10) << endl;
}
```

这个 sum 函数知道 3 件事：

1. 它把一组数加在一起；
2. 它所加的数是整数；
3. 它所加的整数以一种特殊的方式保存。

让我们来看看怎样划分这个程序才能把每一个特征分离到不同的部分中。很明显，sum 函数的第一件事情（就是做加法）是这个函数的固有属性。因此，主导思想就是重写这个 sum 函数，使它对所要相加的东西有最少的额外要求。

16.3　分离迭代方式

我们要从 sum 函数中移走的第一个东西，就是对于"添加的元素是放在数组中"这一特征的依赖。要做到这一点，我们需要遵循标准的 C++技术：用类来抽象这种依赖。

哪种类可以封装关于遍历整个整数集合的概念呢？这个类的对象显然应该能够描述迭代过程的状态，所以相关的操作有：

- 一个构造函数，用来创建要处理的数据；
- 一种请求序列中下一个元素的方法；
- 一种告知遍历何时完成的方法；

- 一个赋值操作符、一个复制构造函数和一个析构函数，使这些对象可以被当作值来使用。

我们早就在第 14 章遇到过这样的对象，叫作迭代器。迭代器可能有很多种，我们所见过的只是他们工作方式的基本概括。

我们写下目前已经了解的有关迭代器的知识：

```
class Int_iterator {
public:
        Int_iterator(int*, int);                // 地址、长度
        ~Int_iterator();

        int valid() const;
        int next();

        Int_iterator(const Int_iterator&);
        Int_iterator& operator=(const Int_iterator&);
};
```

这个类叫作 Int_iterator，而不是 Iterator，因为它表示的是一次对整数值序列的遍历。稍后将对它进行泛型化，以适用于各种类型的值。

这个类的构造函数有两个参数：序列中第一个元素的地址和元素的数量。如果序列中还有元素存在，则成员 valid 返回一个非零值；next 成员函数将取出序列中的下一个元素。我们假设只有在已知序列中还有值的情况下才会调用 next。

我们甚至可以在定义迭代器之前就改写 sum 函数：

```
int sum(Int_iterator ir)
{
        int result = 0;
        while (ir.valid())
                result += ir.next();
        return result;
}
```

这个版本不再需要**直接**知道正要添加的元素是如何保存的。这些知识被封装在 Int_iterator 中，并且不能由 sum 函数进行访问。

需要注意的是，这个函数确实用到了 Int_iterator 复制构造函数和析构函数，因为它的形参是一个 Int_iterator，而不是一个 const Int_iterator&。由于迭代器中包含状态，而遍历的过程必然改变这个迭代器的值，因此我们不能把参数设置为 const 类型的。另外，如果参数是 Int_iterator&，就限定了传进来的参数只能是左值，因为只有左值才能被传给非 const 引用参数。然而 sum 函数里并没有调用迭代器的赋值操作符。

使用这个 sum 函数的主程序与以下代码类似：

```
#include <iostream.h>
int main()
```

```
{
        int x[10];
        for (int i = 0; i < 10; i++)
                x[i] = i;
        cout << sum(Int_iterator(x, 10)) << endl;
}
```

唯一的区别在于我们现在调用的不是 sum(x, 10)，而必须是 sum(Int_iterator(x, 10))。当然，可以写一个重载的 sum 函数，该函数保留原来的接口：

```
int sum(int* p, int n)
{
        return sum(Int_iterator(p, n));
}
```

现在该回过来讨论 Int_iterator 类的定义了。这个类的对象中的什么信息是必需的？我们必须能够定位到序列中的下一个元素，可能是通过一个 int* 来定位，而且还要知道序列什么时候结束。通过记住还剩多少个元素或者经过最后一个元素时的地址，我们可以得到序列何时结束的信息。如果我们随意地选择记住还剩多少个元素，Int_iterator 类的私有成员就类似：

```
int* data;
int len;
```

Int_iterator 类的构造函数很直观。它所做的就是用相应的参数来初始化 data 和 len 成员。

析构函数、赋值操作符和复制构造函数甚至更简单。由于它们的操作与对数据成员的相应操作相同，所以可以省略这 3 个成员函数。编译器将自动为它们插入适当的定义。

最后，我们必须定义 valid 和 next。完成后，类就变成了这样：

```
class Int_iterator {
public:
        Int_iterator(int* p, int c): data(p), len(c) {}

        int valid() const { return len > 0; }
        int next() {
                --len;
            return *data++;
        }

private:
        int* data;
        int len;
};
```

16.4　遍历任意类型

Int_iterator 这个名字是一个无可弥补的损失，我们失去了进行抽象的机会。可以很容易地把 Int_iterator 类转换成一个通用的 Iterator 模板：

```
template<class T> class Iterator {
public:
        Iterator(T* p, int c): data(p), len(c) {}

        int valid() const {
                return len > 0;
        }

        T next() {
                --len;
                return *data++;
        }

private:
        T* data;
        int len;
};
```

在这次修改中，最容易的一件事情就是理解 Int_iterator 类中的哪个 int 实例应该变成 T 类型，以及哪个应该保持为 int。

如果我们使 Int_iterator 类型等价于 Iterator<int>，那么程序的剩余部分完全可以原封不动：

```
typedef Iterator<int> Int_iterator;
```

或者通过简单地在所有出现 Int_iterator 的地方替换掉 Iterator<int> 来修改程序的剩余部分：

```
int sum(Iterator<int> ir)
{
        int result = 0;
        while (ir.valid())
                result += ir.next();
        return result;
}

int main()
{
        int x[10];
        for (int i = 0; i < 10; i++)
                x[i] = i;
        cout << sum(Iterator<int>(x, 10)) << endl;
}
```

16.5　增加其他类型

现在我们可以遍历任意类型的数组，那么我们就用这种新功能来求出任意类型的值的和。通过把这个 sum 函数做成模板，我们可以很轻松地实现上述操作：

```
template<class T> T sum(Iterator<T> ir)
{
        T result = 0;
        While (ir.valid())
                Result += ir.next();
        Return result;
}
```

这样重写后，就可以计算其他类的对象数组中元素的和了。到底哪些类可以呢？任何具备以下条件的类都可以实现该操作：

- 可以把 0 转换成该类的对象；
- 对该类的对象定义了 += 操作符；
- 对象具有类似值的语义，这样 sum 函数就可以把对象作为值返回。

当然，所有数值类型都满足这些需求，但是同样也很容易定义其他满足这些需求的类。

16.6　将存储技术抽象化

至此，sum 对于它要添加的值的所知道的唯一事情，就是参数是 Iterator 类型的。但是 sum 的内部逻辑并不怎么依赖于 Iterator 类：它只使用 valid 和 next 操作。我们怎样利用这种技术，才能使 sum 也能运用到那些并不是以数组形式存储的序列上呢？

我们所需要的是用来反映不同数据结构的不同迭代器。到目前为止，我们只有一种迭代器，可以用来访问存储在数组中的值。但是如果我们的值保存在一个链表中又该怎么办呢？或者保存在文件中怎么办呢？是否也能将它们抽象化呢？

解决这个问题的标准做法是把 Iterator 类转变成一个抽象基类，从而表示许多不同类型的迭代器类中的任何一个：

```
template<class T> class Iterator {
public:
        virtual int valid() const = 0;
        virtual T next() = 0;
        virtual ~Iterator() {}
};
```

下面，我们就可以认为 Array_iterator<T>是一种 Iterator<T>：

```
template<class T> class Array_iterator: public Iterator<T> {
public:
        Array_iterator(T* p, int c): data(p), len(c) {}

        int valid() const { return len > 0; }
        T.next() {
                --len;
                return *data++;
```

```
        }

private:
        T* data;
        int len;
};
```

最后，我们可以让 sum 函数接受一个指向 Iterator 的引用作为参数，以允许动态绑定：

```
template<class T> T sum(Iterator<T>& ir)
{
        T result = 0;
        while (ir.valid())
                result += ir.next();
        return result;
}
```

然后，为了累加数组的元素，只需要创建一个合适的 Array_iterator 来描述该数组，并把迭代器传给 sum：

```
#include <iostream.h>

int main()
{
        int x[10];
        for (int i = 0; i < 10; i++)
                x[i] = i;
        Array_iterator<int> it (x, 10);
        cout << sum(it) << endl;
}
```

这段代码与 16.4 节的 main 版本的区别在于，我们显式地创建了一个名叫 it 的 Array_iterator <int>对象，以便表示对 x 元素的遍历。我们不能简单写出以下表达式：

```
cout << sum(Array_iterator<int>(x, 10)) << endl;
```

因为子表达式 Array_iterator<int>(x, 10)不是左值，因此也就没有一个绑定其上的非 const 引用。

这算是一个次要的缺点。另外，使用动态绑定还带来了一个小小的不便，就是每次遍历 sum 函数中的内部循环时都需要调用虚函数。与我们前面例子的内联扩展相比，这种开销可能是昂贵的，尤其当被增加的对象是类似整数的简单对象时。

我们可以通过取消动态绑定来处理这两个操作。这就意味着如果想加某个集合的元素，就必须在编译的时候知道这个集合的类型，但是这个限制也许不会造成主要的困难。

我们没有采用继承，而是让 sum 函数有**两种**类型的参数：迭代器类型以及被加对象的类型。可惜的是，如果我们直接像这样定义 sum 函数，则并不奏效：

```
template<class Iter, class T> T sum(Iter it)
{ /* … */ }
```

现在，我们定义了一个返回类型与参数类型无关的函数。也就是说，sum(x)的类型独立于 x 的类型。这在 C++中是非法的[1]，因为如果允许这种形式，那么不检查大量的上下文条件，就没有办法判断表达式的类型。

幸运的是，有一种传统方法可以帮我们走出困境：定义 sum 接受一个对求和结果的引用。因为这需要给它第二个参数，以致于更容易与原来的 sum 函数混淆，所以我们称之为 sum2：

```
template<class T, class Iter>
void sum2(T& result, Iter ir)
{
        result = 0;
        while (ir.valid())
                result += ir.next();
}
```

为了与 sum2 的这个版本一起运行，必须重写 main 程序：

```
int main()
{
        int x[10];
        for (int i = 0; i < 10; i++)
                x[i] = i;
        int r;
        sum2(r, Iterator<int>(x, 10));
        cout << r << endl;
}
```

当然，和前面一样，为了能够调用 sum2，我们可以在原来的 sum 中保留这个接口：

```
template<class T> T sum(T* p, int n)
{
        T r = 0;
        sum2(r, Iterator<T>(p, n));
        return r;
}
```

现在，原来的主程序就可以运行了：

```
int main()
{
        int x[10];
        for (int i = 0; i < 10; i++)
                x[i] = i;
        cout << sum(x, 10) << endl;
}
```

---

[1] C++标准委员会已经批准了一种方式，允许返回类型不同于任何模板参数类型，但是很少有编译器支持这种方式。

16.7 实证

为了说明这种方法的灵活性，我们利用 sum2 对一个从 istream 中生成的数量不限的数字集合来求和。

首先，我们需要一个可以当作迭代器的类。由于它的行为和前面的 Iterator 类有着明显的差别，所以我们称它为 Reader。换句话说，Reader<T>对象将从一个 istream 中读取一个 T 值的序列，sum2 可以通过这种方式把 Reader<T>当作一个迭代器使用。

这种设计有一个小问题。按照我们定义迭代器的方式，必须在读取数据前检查 istream 中是否还有数据存在。但是，这并不是 istream 的工作原理；判断 istream 中是否还有数据存在的方法是从 istream 读取数据，以看读取是否有效。

通过在 Reader 类中预先读取一个元素，并且记住读取是否成功，可以解决这个问题。因为我们必须在构造函数和 next 成员函数中都进行读取和测试，所以要把这个操作实现为一个独立的私有的成员函数，命名为 advance：

```
template<class T> class Reader {
public:
        Reader(istream& is): i(is) { advance(); }
        int valid () const { return status; }
        T next() {
                T result = data;
                advance();
                return result;
        }

private:
        istream& i;
        int status;
        T data;
        void advance() {
                i >> data;
                status = i != 0;
        }
};
```

每个 Reader 对象都绑定了一个基于构造函数的 istream 的引用。因此，Reader<double>(cin) 是一个从 cin 中取回 double 值序列的 Reader 对象。

有了这个类和从前面的例子中得到的 sum2，我们现在可以加上从输入中读取出来的数字：

```
int main()
{
        cout << "Enter numbers:" << endl;
```

```
        double r = 0;
        sum2(r, Reader<double>(cin));
        cout << r << endl;
}
```

值得一提的是，sum2 正是用于对数组元素求和的那个函数。

16.8　小结

成功建立任何一个大规模系统的关键在于将它划分成可以独立处理的小模块。然而，关键的关键就是在这些小模块之间定义清晰的接口。

本章说明了怎样才能把 C++ 的类定义用作接口，以减少系统各部分必须了解的信息量（耦合度）。我们特别举了一个 sum 函数的例子，把它的 3 个部分分成各自独立的代码块。

再次考虑本章开头提到的在线学生注册系统。我们应该怎样把这些思想运用到这类应用中呢？

首先，我们必须决定希望用来处理这个系统在线模块的抽象接口。这里的指导思想是考虑这个应用想要从它的窗口系统得到什么，而不是定义针对窗口系统所有用途的通用接口。

一旦知道了需要哪些操作，我们就定义了一系列关于窗口系统的需求，这些需求会在开发这个应用程序时用到。由于没有两个窗口系统会使用同样的操作来完成相同的抽象操作，所以我们可能还需要通过提供一个类把抽象接口的窗口请求发送到窗口系统提供的操作来封装窗口系统。我们所支持的每个窗口系统都有一个这样的接口类。当然，这个抽象接口的开发可以独立于注册系统的开发和在线图书馆流通系统的开发。

为了保持数据库的独立性，我们应该采用同样的步骤来抽象对数据库的使用。首先，定义我们对数据库的需求；其次，对每个用到的数据库提供类来实现这些需求。

现在，我们可以完成由这些窗口接口和数据库接口参数化的注册系统了：

```
template <class W, class DB> class Registration {
public:
        // 学生注册所需的任何操作
};
```

类 Registration 中管理窗口的操作将只使用我们的抽象窗口接口中的窗口操作，这一点和数据库的使用相似。

最后，我们的主函数为正在使用的任何窗口和数据库系统实例化了一个 Registration 对象：

```
int main()
{
        Registration<whizzy_window, dazzling_DB> r;
        // …
}
```

只要 whizzy_window 满足窗口系统的规范，并且 dazzling_DB 满足数据库系统的规范，一切就都会准确无误地运行。

模板和泛型算法

1994 年 7 月，在安大略基奇纳召开的 C++标准会议上，委员会投票通过了一项由 Alex Stepanov 提出的建议，即将他和他的同事在惠普实验室开发的一系列泛型算法作为一部分收录到标准 C++库中。这些收录到库中的类和算法合起来称为标准模板库（Standard Template Library，STL）。对于 C++库来说，这些类和算法本身就是很有用的补充。而且，最根本的是 STL 提供了一种概念框架，使用户能够轻松地添加他们自己的算法和数据结构。

我并不想提供 STL 的参考手册，而是想集中讨论它的基本思想。这些思想很有意思，而且可以在 STL 之外被 C++程序员广泛使用，所以对它们的优点进行介绍还是很值得的。

这里的泛型算法是一种以对它所作用的数据结构进行尽可能少的假设的方式来表达的算法。当然，模板使得某种程度上的泛型（genericity）更加容易：

```
template<class T>
void sort(T* ptr, int size)
{
        /// …
}
```

模板是编写一个与所排序的值的类型无关的程序（这里很可能是一个排序函数）的一种典型方法。

但是，除了写一些处理不同类型的参数的函数外，关于泛型还有很多事情可做。比如，已知存在一些排序算法，不论排序对象是存储在数组中，还是存储在其他的数据结构（比如双向链表）中，都可以非常高效地运行。如果有可能编写某个程序来表述这种算法并且能够适用于两种数据结构，还能获得很高的运行效率，是不是听起来挺美？令人赞叹的是，Alex 的设计恰好做到了这些。

当然这种方法是建立在以前工作的基础上的。这个库至少也是 Alex 开发的第 4 个类似的库了，并且是第二个用 C++写的库（他以前采用的是 Ada 和 Schema）。程序库的原始资料还包括作为第 16 章的基础的一篇文章。另外，我也曾看到过用 Smalltalk、ML 和其他一些我忘了提及的语言编写的泛型库。Alex 的方法特别有意思，除了因为它是用 C++写的外，还因为它与内建类型结合得非常完美。这就意味着想使用 STL 写程序的人不必考虑额外的因素了。而且，以这种方式编写的程序和那些为单个类型设计的手写代码算法运行速度一样快。

由于本章并不打算专门论述排序算法，所以将使用一些基于更简单的问题的例子。关于如何扩展这个方法，使它能够用于更复杂的情况，就作为练习留给读者完成。

17.1　一个特例

假设我们希望找到整数数组中第一个等于某个给定值的元素。我们编写的代码如下：

```
const int*
find1(const int* array, int n, int x)
{
        const int* p = array;
        for (int i = 0; i < n; i++) {
                if (*p == x)
                        return p;
                ++p;
        }
        return 0;
}
```

这几乎就是一个 C 程序：之所以不是 C 程序是因为 for 语句中关于局部变量 i 的声明与 C 语法不同。因为以后可能会有多个修订版，所以我们称它为 find1。

关于 find1 使用的数据结构，我们必须知道哪些情况呢？

- 我们正在查找某个类型为 int 的值。
- 我们正在一个 int 对象数组中进行查找。
- 我们已经预先知道了数组中元素的数目。
- 我们知道第一个元素的地址。

所有这些必须知道的情况都降低了算法的实用性。在下面的例子中，我们将尽可能地去除假设条件来提高这个算法的通用性。

17.2　泛型化元素类型

首先应该去除的就是对 int 的依赖性。这将取消函数对它的数据类型的前两个要求。当然，实现方法就是采用模板：

```
template<class T>
T* find2(T* array, int n, const T& x)
```

```
{
        T* p = array;
        for (int i = 0; i < n; i++) {
                if (*p == x)
                        return p;
                ++p;
        }
        return 0;
}
```

首先要注意的是 find1 中的 const 没有了，这是因为如果用一个指向 const 类型的指针来调用 find2，那么 T 将在适当的时候把 const 当作它的类型的一部分包括进来。因此也就没有必要显式地满足"必须是 const"的特殊要求了。

除此之外，如果不使用模板来去除对 int 的依赖性，那么唯一的一种方法就是将形参 x 从 int 转换为 const T&。这最后的改变部分是基于对效率的考虑：尽管复制一个 int 类型的代价很小，但是复制一个类型未知的对象的代价就可能很昂贵了。更重要的是，也许我们根本就不能复制 T 对象。类 T 可能有一个私有的复制构造函数。我们的调用者可能是 T 的友元函数或者成员函数，我们也可能因此能够复制 T 对象，但是也可能没有这种权利。对这些细节的处理就变成了写模板库时的第二要素。

这些细微的改变已经使我们对类型 T 所需要了解的内容发生了变化。我们还是必须知道要查找多少个元素，还是需要指向第一个元素的指针。不同的是，现在我们可以使用 find2 来处理任何支持 opertor== 的数据结构。更确切地说，我们必须知道，如果 t1 的类型为 T，t2 的类型为 const T，那么 t1==t2 必须定义为返回一个能用作 if 语句的条件中的类型。特别是我们不必知道 t1==t2 是否涉及转换，或者是否调用了一个成员函数，以及其他类似的细节。

17.3 推迟计数

在接下来的几个例子中，我们将试图抽象数据存储方面的信息，最终目标就是生成一个可以搜索数组或者链表，甚至是文件的函数。然而，一次生成这样一个函数恐怕很困难的。因此，我们还是一步一步地来实现。

首先，我们将避免必须预先知道有多少个元素。消除这个依赖性的主要原因在于，对于通用性越好的数据结构，预先计算元素个数的代价就越昂贵。对于某些数据结构而言，甚至几乎是不可能计算得出的——比如，想想利用这个函数来查找文件中的一个特定记录。

我们没有跟这个问题死磕，而是改变了函数，使它接受指向第一个元素和最后一个元素的两个指针。然而，读过 *C Traps and Pitfalls*（中文版《C 陷阱与缺陷》已由人民邮电出版社出版）后，我们知道直接引用数据结构中的"最后一个元素"是很冒险的事情。如果根本就没有元素存在，那该怎么办？当然就没有所谓的最后一个元素了。在这样的情况下，指向"最后一个元素"的指针将位于指向第一个元素的指针**之前**——这是一种奇怪的情形，在某些实现中甚至是非法的。

出于这些原因，最好将指向最后一个元素之后的元素的指针作为一个参数接受。我们的下一个版本就类似于：

```
template<class T>
T* find3(T* array, T* beyond, const T& x)
{
        T* p = array;
        while (p != beyond) {
                if (*p == x)
                        return p;
                ++p;
        }
        return 0;
}
```

用!=而不用<来判断循环结束并不偶然的。从某种角度来说，两者没有区别：如果 find3 的输入有意义，则 p 就小于 beyond，直到它们相等为止。但是，由<加以总体排序的类型通常也能用!=来进行比较。另外，考虑一下我们以后可能会用到的用来替代指针的类型，它们可能能够很好地定义!=，但不能定义<。此时，使用<就是一个不合理的假设了，所以要尽量避免。

我们对指针所做的另一个假设是，可以把 0 转换成一个与其他所有的值不同的指针值。尽管这对于指针类型来说是完全合法的，但是出于对通用性的渴望，我们必须在程序中避免这样做。我们可以稍微改变程序的行为，以避免这种假设：如果要找的值没找到，就可以返回一个 beyond 而不是 0。如果进行查找的目的是希望修改与所查找的值相等的元素，那么这个定义就更有用处了：我们可以不用专门检查元素是否找到了。

```
template<class T>
T* find4(T* array, T* beyond, const T& x)
{
        T* p = array;
        while (p != beyond) {
                if (*p == x)
                        return p;
                ++p;
        }
        return beyond;
}
```

当然，比较顽固的软件工程师可能会对此颇不以为然。刚开始实现就改变规范？不可思议！对于他们，我们可以申辩：我们正在开发一种原型，并且正在使用函数本身作为设计工具。其实我们总是可以在完成之后再写规范，但这似乎很难被人们接受。

这个改变也使我们能够简化代码。我们注意到，当跳出循环时，p==beyond，所以总是返回 p 的值。因此，我们大可不必从循环中间返回：

```
template<class T>
T* find5(T* array, T* beyond, const T& x)
{
        T* p = array;
        while (p != beyond && *p != x)
                ++p;
        return p;
}
```

17.4 地址独立性

如果再看看我们的程序，就会发现还是依赖于传递来的指针。该指针指向要查找的数据的开头。但是如果仔细看一下，会发现我们只依赖于指针的某些保留特性。

• 可以把指针当作参数接受，并把它们作为结果返回。

• 可以比较指针是否相等。

• 可以解除引用（dereference）指针，以便得到一个值；*p 是这样的一个值。

• 可以递增指针，以指向下一个元素。

这就是了！代码声明了类型 T* 的变量，只要这些变量符合上述假设条件，那么就没有理由非要这些变量为（内建）指针。

假设通过把类型 T* 作为模板参数取消了对指针的依赖性，结果会怎样呢？那么，我们就有：

```
template<class P, class T>
P find6(P start, P beyond, const T& x)
{
        while (start != beyond && *start != x)
                ++start;
        return start;
}
```

我们完全剔除了函数中关于具体类型的信息。特别是根本就没有要求 p 应该是（内建）指针类型。p 可以是任何满足本节开始部分列出的 4 个特性的类型。实际上，我们可以这样编写这个函数：

```
template<class S, class T>
S find6a(S a, S b, const T& x)
{
        while (s!= b && *s != x)
                ++s;
        return s;
}
```

这个函数现在已经非常通用了，甚至可以出一个很好的测试题：请指出它的用途。

然而，从使用者的角度来看，我们并没有改变很多。唯一改变的是 find6 现在采用了两个指针作为参数，而不是一个指针和一个计数；并且它返回的是它的第二个参数，而不是一个空指针。我们还可以用这个函数来查找整数数组的元素，这样

```
int x[100];

// …
int* p = find6(x, x + 100, n);
```

将在 p 中放置一个指向 x 的第一个等于 n 的元素的指针（如果不存在这样的元素，就放置一个指向 x+100 的指针）。不同之处在于 find6 除了那些算法运行所必需的条件外，对参数的类型再没做任何假设。它除了用于在数组中进行查找外，还可以应用到更多的地方，因此已经变得通用了。

17.5　查找非数组

假设我们有这样一个单向链表的不成熟的实现：这个链表包含 String 的元素。

```
struct Node {
        String value;
        Node* next;
};
```

这个数据结构不是特别抽象，但它还是可以作为例子来说明。在实际中，我们可能希望有一个包含了列表类的库。

进一步假设我们想要找出这些列表中的哪一个列表包含了某个特定值。那么，不成熟的做法可能是：

```
Node* listfind(Node* p, const String& x)
{
        while (p && *p != x)
                p = p->next;
        return p;
}
```

这个函数看上去很像 find6。这没什么可奇怪的，因为它解决的是同一个问题；唯一不同的是，它采用一种不同的数据结构。由于 find6 是通用的，所以不必经过大幅改动就应该可以直接使用。实际上，通过定义一个辅助类，我们就可以做到。我们要做的就是适时地使 * 和 ++ 两个操作符工作起来，并且要定义其他辅助代码：

```
class Nodep {
public:
        Nodep(Node* p): pt(p) { }
```

```
        String& operator*() { return pt->value; }
        void operator++() { pt = pt->next; }
        friend int operator==(const Nodep&, const Nodep&);
        friend int operator!=(const Nodep&, const Nodep&);
        operator Node*() { return pt; }
private:
        Node* pt;
};

int operator==(const Nodep& p, const Nodep& q)
{
        return p.pt == q.pt;
}

int operator!=(const Nodep& p, const Nodep& q)
{
        return p.pt != q.pt;
}
```

现在根本就不必再定义一个独立的 listfind 操作了。可以直接对 Nodep 运用已有的 find6
函数。假设 p 是一个指向某个 Node 的指针，且 x 是某个 String，我们可以这样调用 find6：

```
find6(Nodep(p), Nodep(0), x);
```

当然，如果已经有了 listfind 的调用者，就可以用 Nodep 和 find6 来定义它：

```
Node* listfind(Node* p, const String& x)
{
        return find6(Nodep(p), Nodep(0), x);
}
```

我们在这里所做的唯一一件不同寻常的事情就是当"解除引用"（dereference）时返回一
个 String& 而不是一个 Node&。这与 Nodep "指向"的是保存在数据结构中某处的值的观念是
一致的。

17.6　讨论

正如前面所述，这个例子本不必要如此麻烦。其实直接写 listfind 就可以了，定义 Nodep
要多做不少工作，何必自找麻烦呢？

原因之一是只需要为 Node 结构写一次 Nodep。然后，我们不仅可以对 find 算法使用 Nodep，
还可以对任何可能创造的其他算法使用 Nodep。实际上，Nodep 结构使我们能够将所拥有的任
何泛型算法运用到正在使用的特定链表结构中。**即使泛型算法的设计者从没见过这个链表结
构**，这也是成立的。换言之，如果我们有 *m* 个数据结构和 *n* 个算法，那么就可以通过 $O(m+n)$
次尝试而不是 $O(m*n)$ 次来将这些数据结构的每一个运用到这些算法的每一个中去。真是一个

大收获！

另一个原因是我们故意选择 Node 类和 find 函数来保持表述的简单性。正如在第 12 章到第 14 章中所见的一样，类似列表类的容器类实际上包含了比这个简单的 Node 类更丰富的语义。特别是任何实际的列表类都有一个配套的迭代器类。STL 一个很大的功劳就是与创建类及其迭代器类相关的智能框架。使用这种框架的类可以迅速地使用 STL 所提供的任何泛型算法。按照 STL 框架写的新算法可以对任何提供了适当迭代器的类进行操作。

有一点值得注意，由于我们在建立容器行为模型时非常小心，所以许多现有的容器类要么已经提供了匹配这种框架的迭代器，要么也能很容易地实现。例如，我们可以把第 12 章到第 14 章开发的 Array 类及 Pointer 类与 find6 函数一起使用。毕竟，这个函数的出发点是查找一个数组，而这些类就是为了提供类似数组的操作而设计的。更有趣的是，第 15 章开发的小型列表类也可以与 find6 一起使用。那个类的最初版本用 next 而不是 operator++ 来遍历容器，并只提供了 hd 函数；我们增加了 operator* 同义函数。但是添加了这些简单的函数后，这些**现有**的类就可以很容易地与 STL 算法一起使用了。

当然，我们忽略了很多细节。例如，如果有一个算法库，其中的算法采用的假设条件并不都与它们处理的类型一致。我们的 find 函数不需要在输入中进行备份，但是其他的算法可能有这样的要求。生成复杂数据结构作为输出的算法还有另外的要求。比如，我们必须知道什么时候才能得到值，以便往文件里写这个值（假设数据结构描述了一个文件）。Alex 和他的同事对他们的库做了大量的工作，就是来处理这些细节问题的。我们将在第 18 章继续讨论这些细节。

第 **18** 章

泛型迭代器

在第 17 章，我们讨论了一系列的例子，最后得到这样的函数：

```
template<class P, class T>
P find(P start, P beyond, const T& x)
{
        while ( start != beyond && *start != x)
                ++start;
        return start;
}
```

在第 16 章和第 17 章中，我们探讨了如何利用模板编写可适用于不同数据结构和参数类型的函数。在这个例子里，我们可以定义合适的类充当 P，从而使用同一个 find 函数对数组、链表、文件或许多其他数据结构进行查找。

不过还有一项内容可能会因人而异，那就是使用的算法。在这个过程中，我们会认识到，我们所使用的某种特定算法本身就确定了一些行为模式——一些我们期望模板参数应该具有的行为模式。于是，find 这个例子对模板参数 P 做了一些假设，而这些假设与其他算法对其模板参数所做的假设是有所不同的。

为了深入探讨迭代器类型和算法之间的关系，我们将了解一些其他算法，并且分析它们各自对其相应模板参数类型强加的行为。

18.1　一个不同的算法

我们一直以来都在拿线性查找当例子。如果我们试着写一个函数，颠倒一个序列中所有元素的顺序，情形会是什么样子呢？这个函数可能是这样的：

```
// 第一次尝试——不是很正确
template<class P, class T>
void reverse(P start, P beyond)
{
        while (start < beyond) {
                T t = *start;
                --beyond;
                *start = *beyond;
                *beyond = t;
                ++start;
        }
}
```

这个函数比 find 稍微复杂一点。使用起来也还是非常浅显易懂的。例如，如果 x 是一个有 n 个元素的数组，则如下的调用

```
reverse(x, x + n)
```

会将其中的元素反序。与 find 函数相同，我们以待反转序列的第一个元素和最后一个元素"之后"的那个元素（逾尾元素）为参数。

除了非常简单之外，这个函数还揭示了有关泛型算法的几个新问题，在建立实用的通用库之前必须先回答这几个问题。显然最重要的一点发现就是 reverse 需要一些 find 不需要的操作。如果类型 P 确实表示某种内建指针类型，那么毫无问题；但是如果 P 表示的是用户自定义的类型，那么定义这个类型的用户就必须满足许多额外的要求。

find 函数只需要在 p 是类型 P 的时候适当定义++p、p!=beyond 和*p 就足够了。而 reverse 函数还需要定义 p<beyond 和--p，并且要确保*p 是一个左值。

find 和 reverse 之间的这些区别是很重要的，因为它们会影响那些能在其中运用 reverse 算法的数据结构。例如，由于 reverse 改变了*p 的值，所以 reverse 要求传递给它的数据结构允许对数据结构进行修改。这个限制应该没什么值得奇怪，真正值得奇怪的是对 p<beyond 的要求。

判断两个值是否相等与判断两者的先后次序之间存在着很重要的差别。考虑一下，如果要颠倒顺序的内容保存在某种链表中,将会发生什么情况呢？那么我们可以比较容易地判断出两个元素是否相等，即使很难判断哪一个先出现时也是如此。类似地，由于需要求出--p 和++p 的值，很显然单向链表和类似的数据结构都没有这个能力，所以只能弃而不用。

如果我们想在适当的地方反转一个数据结构，若不能改变*p 的值我们就很难做到。还有其他的要求吗？结果证明可以很容易地用对 p!=beyond 的要求来替换对 p<beyond 的要求，就像：

```
template<class P, class T>
void reverse2(P start, P beyond)
```

```
        {
                while (start != beyond) {
                        --beyond;
                        if (start != beyond) {
                                T t = *start;
                                *start = *beyond;
                                *beyond = t;
                                ++start;
                        }
                }
        }
```

我们用两个（不）等于检查替换了一个次序检查。每次改变 start 或 beyond 之后，至少实施一个检查，所以绝对不可能出现 start 和 beyond 擦肩而过的情形——当然，前提是输入有效。进行两次检查似乎比只检查一次效率要低，但是与交换元素的消耗比起来这个判断的消耗已经相当小了。另外，对 reverse 的最初版本进行细致测试的结果表明，如果它反转的是一个有奇数个元素的数据结构，它将用正中间的元素替换该元素本身。换言之，尽管双重检查消耗资源，但也耗不了很多，而且还可以使得该算法能在更多种类的数据结构中使用。

再来考虑对类型 P 的递减操作要求。如果愿意付出一些开销，我们也可以绕过这一要求。一种方法是分配一个辅助的 T 数组，把数据复制到这个数组中，然后按逆序把它们复制回去。另一种方法是分配一个辅助的 P 数组。还有一些递归技术可进行此类操作。但是，所有这些技术都需要辅助存储区，大小与要反转的数据结构的大小成正比，所以能够进行自减操作可以节省大量的时间和空间。

18.2　需求的分类

我们已经看了两种不同的算法 find 和 reverse，逻辑上它们各自对所使用的类有不同的要求。因此，设计对 find 可行的数据结构时将面临的问题，与设计对 reverse 可行的数据结构时所面临的问题是不同的。如果我们有 50 种不同的算法，是不是就得有 50 套不同的要求呢？那将是让人难以忍受的。

但是我们还是不可能搞出一套放之四海而皆准的需求。如果我们希望反转某个序列的元素，就必须能按逆序读取它们。但是，如果想要在一个不能向后读取的顺序文件中找出一条特定的记录，对支持 operator-- 的要求就显得太过苛刻。因此，我们不能对两种目标使用同一套需求。

这些讨论说明，必须对需求进行适当的分类——我们必须找出一套能很好地适合某个算法集的需求，以及另一套适合另一个算法集的需求，以此类推。如果幸运，我们可能只需记住几套需求，同时还可以使用各种各样的算法。

18.3 输入迭代器

find 函数的需求看上去最简单，但仍然可以做很多有用的工作。如果一个对象 p 希望完全模拟指向序列的指针，那么它必须能够使用 p 来取出这个序列的元素，使 p 指向序列的下一个元素，并且能够判断我们是否到达了最后一个元素。这些就需要*p、++p 以及 p!=q 必须能够正常工作。

为了避免出现让人诧异的行为，我们必须增加两个操作：p++和 p==q。毕竟，我们不能期望算法的作者记住两个等式中哪个是正确的，哪个是错误的。最后，我们当然还必须能够复制 p。

满足这些需求的类型允许我们能够按照某个预先规定的顺序读（但不是写）序列中的元素。出于这种原因，我们叫这样的类型（有时是这种类型的对象）为**输入迭代器**（input iterator）。

输入迭代器既不是某个特殊类型也不是对象，这很重要。相反，它是一个概念，指的是满足这些特定需求的完整类型集合中的任意成员。第 13 章和第 14 章开发的类 Pointer，原本是设计成和内建指针具有一样的操作，也可以作为一个输入迭代器使用。更有趣的是，我们在第 15 章建立的那个 Seq 类也是如此，既是小巧的容器类，又是迭代器。

18.4 输出迭代器

如果我们可以读取一个序列，也应该能够对该序列进行写操作。也就是说，应该有和输入迭代器类型相似的输出迭代器类型。

输出迭代器需要做些什么呢？显然，输入迭代器和输出迭代器之间唯一的区别在于*p 的行为。如果 p 是一个输入迭代器，那么*p 是我们可以读取的值，但是不一定允许修改。如果 p 是一个输出迭代器，那么应该允许改变*p，但是不一定允许读取。毕竟，p 在改变前定位的存储空间可能包括一个不能被合法复制的无效值。

使用输入迭代器和输出迭代器，我们就可以写出一个泛型复制函数了：

```
template <class In, class Out>
void copy(In start, In beyond, Out result)
{
        while (start != beyond) {
                *result = *start;
                ++result;
                ++start;
        }
}
```

当然，绝大多数经验丰富的 C 和 C++程序员都希望精简这个函数：

```
template <class In, class Out>
void copy(In start, In beyond, Out result)
{
        while (start != beyond)
                *result++ = *start++;
}
```

因此，必须确信我们的要求包括给后缀操作符提供常规的含义：如果 p 是一个输入迭代器或者输出迭代器，p++的值就应该是 p 的旧值。

18.5　前向迭代器

到目前为止，我们已经有了允许读取或者写入序列元素的迭代器了。有没有两件事情都能实现的迭代器呢？例如，考虑这样一个算法，它能够遍历序列的元素，以某种方法改变每个元素，但是一旦接触某个元素后就再也不能访问这个元素。这个操作只是需要一个将输入迭代器和输出迭代器的操作结合在一起的迭代器。我们称之为**前向迭代器**（forward iterator），可以这样使用：

```
template<class Iter, class Function>
void apply<Iter start, Iter beyond, Function f)
{
        while (start != beyond) {
                *start = f(*start);
                ++start;
        }
}
```

这里，我们使用*start 来进行读取和写入。输入迭代器或者输出迭代器都不具备这个能力，但是前向迭代器就可以正确地实现。

类型 Function 也很有意思：它可以是任何能够像函数一样运行的对象的类型。这种类型的对象称为**函数对象**。从本质上说，函数对象封装了一个函数和任何应该传送给这个函数的值。在 apply 中，函数对象 f 用来提供一个重载的函数调用操作符 operator()，该操作符接受一个类型由 operator*返回的参数。因此，对

```
f(*start)
```

的调用通常会把*start 传递给由 f 封装的函数对象。

第 21 章、第 22 章和第 29 章将会详细地探讨函数对象。

18.6　双向迭代器

让我们再看看 reverse 函数。显然，由于 reverse 函数希望能够对它的参数运用 operator--，

所以即使使用前向迭代器也是不够的。假设我们把对 operator--的需求添加到已有的迭代器需求集合中，那么现在这个需求集是什么样子的？它能为我们做哪些事情？

稍加思索我们就会确信，所有前向迭代器的操作都应该是这个需求集的子集，既然要求在数据结构中备份数据，则不必考虑诸如打印机和键盘之类的东西，因此再去费力地区分读取或者写入就没有多大意义了。另外，"建立在前向迭代器的基础上"意味着我们只需要增加一种迭代器，而不是两种。

双向迭代器和前向迭代器类似，除了支持其他的操作外，它还支持 operator--。显然 reverse 函数需要一个双向迭代器。

18.7 随机存取迭代器

假设 p 指向序列的头一个元素（也就是第 0 个元素），我们希望到达下一个元素。这是很简单的：执行++p 就可以了。如果想到达第 1000 个元素又该怎么办呢？问题就变得更有趣了：我们必须执行 1000 次++p，还是有更有效的方法？

如果 p 是一个指向数组元素的指针，就应该不存在问题：我们会用 p += 1000 来完成任务。然而，p 可能是一个行为类似于指向链表元素的指针的类，这种情况就只能通过执行 1000 次++p 来实现 p += 1000。我们并不愿意给用户提供简单方便而效率极差的操作。因此，我们目前所见过的迭代器都不支持+，或者-，或者它们的变种+=、-=和[]。

另外，有些算法必须能够高效地访问数据结构的任何元素。比如考虑折半查找：

```
template <class P, class X>
P binsearch(P start, P beyond, X x)
{
        P low = start, high = beyond;

        while (low != high) {
                P mid = low + (high - low) / 2;
                if (x == *mid)
                        return mid;
                if (x < *mid)
                        hi = mid;
                else
                        low = mid + 1;
        }
        return beyond;
}
```

折半查找算法的关键是能够快速计算指向某个序列中间元素的指针。这里，这个计算是由下面的语句完成的：

```
P mid = low + (high - low) / 2;
```

如果这个计算需要遍历序列的所有元素，那么折半查找的全部意义都将丧失[1]。

为了允许折半查找和本质上是随机访问的其他算法，我们必须增加另外一种迭代器。随机访问迭代器把人们所期望的+、−、+=、−=和[]增加到双向迭代器操作中。

内建指针和 Pointer（第 13、14 章）都是随机访问迭代器。

18.8　是继承吗

我们已经定义了 5 种类型的迭代器。输入迭代器和输出迭代器通常有好几种操作相同，但是都不能彼此替代。前向迭代器总是可以作为输入迭代器或者输出迭代器使用。类似地，双向迭代器可以像前向迭代器、输入迭代器或者输出迭代器一样工作，而随机访问迭代器则可以向任何其他的迭代器一样工作。难道不应该用继承来把它们关联起来吗？

人们总爱问这个问题，而总是惊讶于所得到的否定。继承是关联类型的一种方法，但是迭代器不属于类型的范畴。相反，它们是一系列类型应该满足或者不应该满足的需求的集合，怎么能用继承关联它们呢？

比如，假设我们希望前向迭代器继承输入迭代器和输出迭代器的特性。这意味着什么？显然是增加了更多的需求：前向迭代器必须是类，而不是内建类型，而且必须有一个特殊的基类。如此一来，我们就不能把指针当作迭代器使用了。另外，这些新增加的需求不会带来任何好处：我们前面看到过的算法肯定不需要它们，STL 中的算法也不需要。

所以这里需要的并不是继承，即使看起来像是。可能我们应该称为**概念继承**（conceptual inheritance）。它和迭代器的那些需求一样都不包含在 C++语言或者 C++库中；相反，它们是构建 C++库的概念框架的一部分。

18.9　性能

我们只允许随机存取迭代器在能够支持高效随机存取的特定数据结构中工作，其他的数据结构不予考虑。如果不考虑整体效率，本可以无须如此殚精竭虑。但是效率是人们使用 C++的原因之一。C++的使用者应该会很欣赏程序库对效率的保障。例如，一个双向迭代器从序列的第 n 个元素退后到第 $n-1$ 个元素的时间复杂度是 $O(n)$，相信你一定会莫名其妙。

实际上，标准委员会所接受的 STL 赋予了迭代器比这更强的性能要求：特定类型的迭代器支持的每种操作都要快——分摊执行时间必须是 $O(1)$。这个要求就使库中对所有算法性能的要求得以实现。例如，它使得 reverse 算法可以在一个 n 元素序列中具有分摊的 $O(n)$级时间复杂度。

---

[1] 为了检查一下是否真正理解了这个问题，请解释 P mid=(low+high)/2 不能起作用的原因。接着，尝试改写 binsearch，以便它对容器元素只使用 operatorc 而不是 operator==。

18.10　小结

所谓泛型算法，就是这样的算法：对于所操作的数据结构的细节信息，只有最低限度的了解。当然，理想的情况应该是根本不需要这样的信息，但是现实却不是这样。作为一种折中，STL 根据数据结构能够支持的有效操作，将这些数据结构进行分类。然后，对于每个算法，它会指出该算法所需要的数据结构类别。

被分类的既不是算法，也不是数据结构，而是用来访问数据结构的类型。这些类型的对象叫作迭代器。迭代器共有 5 种：输入迭代器、输出迭代器、前向迭代器、双向迭代器和随机存取迭代器。概念继承将这些种类关联起来；之所以称之为"概念的"，是因为这些种类本身都是概念，而不是类型或者对象。

这一整套结构使得我们很容易判断出何种算法应该在何种数据结构上工作。另外，该结构提供了一种框架，其他人也可以根据这个框架来补充程序库之外的新算法。

第
19
章

使用泛型迭代器

在第 18 章中，我们探讨了迭代器的分类。利用这个分类，我们可以建立能够适应各种不同算法的迭代器。我们将在本章集中精力分析一个小程序，通过让这个程序使用不同类型的迭代器，让它去做不同的事情。这个程序的功能是复制按顺序排序的数据结构：

```
template<class In, class Out>
Out copy(In start, In end, Out dest)
{
        while (start != end)
                *dest++ = *start++;
        return dest;
}
```

这个函数将被迭代器值 start 和 end 限定的序列复制到一个以迭代器 dest 为开始位置的序列中。除了复制数据外，它还把迭代器作为结果返回到以 dest 指示开始的序列中，没有被所复制值覆盖部分的第一个元素位置。这个信息是很有用的，而且如果不作为结果返回，以后就很难算出来。

通过给这个函数一些（内建）指针，我们可以看清楚它是如何工作的：

```
int main()
{
        char* hello = "Hello ";
        char* world = "world";
        char message[15];
        char* p = message;

        p = copy(hello, hello+6, p);
        p = copy(world, world+5, p);
        *p = '\0';
```

```
            cout << message << endl;
    }
```

这里，对 copy 的第一次调用将 Hello（后跟一个空格）复制到 message 的前 6 个字符位置，对 copy 的第二次调用将 world 复制到 message 接下来的 5 个字符位置，而 p 则转而指向紧跟在 world 中 d 后面的字符。为了遵循 C 中使用空字符来结束字符串的约定，对*p 的赋值在 d 后面放入了一个空字符。最后，我们把该信息打印到 cout 上。

19.1 迭代器类型

我们的程序使用模板参数类型 In 和 Out 分别作为输入迭代器（18.3 节）和输出迭代器的类型。说某个类型是输入迭代器或输出迭代器，就意味着它支持相等（包括==和!=）比较和++自增操作符（包括前置自增操作符和后置自增操作符）。它还必须能够作为函数的参数被传递、返回、保存在数据结构中等。

输入迭代器和输出迭代器之间的区别在于各自是如何访问那些迭代器所表示的数据的。这两种迭代器都必须通过一元操作符*支持间接引用，但是输入迭代器只需要能读取一个值，而输出迭代器只需要能够赋值。因此，举个例子来说，如果 in 是一个输入迭代器，out 是一个输出迭代器，那么

```
    *out = *in;
```

必须按照预想工作，但是

```
    *in = *out;
```

则不必。

还有一条对使用输出迭代器的限制：每次由输出迭代器表示定位时，都必须给迭代器赋一个值，而且只能赋一次。类似地，输入迭代器也有限制，就是如果输入迭代器增加到超过某个特定的输入值时，这个值将再也不能被访问了。稍后我们就会明白为什么有这些限制。

19.2 虚拟序列

显然，当类型 int*的值指向数组的某个元素时，这个类型既可以用作输入迭代器，又可以用作输出迭代器。让我们来看看还有没有类似 int*的其他类型。

比如，假设我们想要创建一个用来读取相同常量值序列的输入迭代器。类似的迭代器可能十分有用，比如设置数组的元素为某个特定值：

```
int x[100];
Constant_iterator c(0);

copy(c, c+100, x);
```

这里，我们用 c 作为指向一个"数组"的"指针"，该数组有 100 个等于 0 的值。实际上，我们会发现 c 可以像指向一个无界"数组"的"指针"一样工作；我们只能往 c 中增加某个整数来获得适当的上边界。

这是一个能正常运行的 Constant_iterator 类的声明：

```
class Constant_iterator {
public:
        Constant_iterator(int=0);
        int operator*() const;
        Constant_iterator& operator++();
        Constant_iterator operator++(int);

private:
        int n;
        int count;
        friend int operator==(const Constant_iterator&,
                              const Constant_iterator&);
        friend int operator!=(const Constant_iterator&,
                              const Constant_iterator&);
        friend Constant_iterator operator+
                (const Constant_iterator&, int);
        friend Constant_iterator operator+
                (int, const Constant_iterator&);
};
```

除了利用缺省的复制构造函数和赋值操作符外，这些就是我们所需的全部操作了。大致思路是，成员 count 将跟踪产生的值的数量，这样比较操作符就可以判断何时到达"序列"尾部。下面的成员函数定义将实现这一点：

```
Constant_iterator::Constant_iterator(int k): n(k) { }

int Constant_iterator::operator*() const { return n; }
```

正如预料的一样，构造函数记住了迭代器生成的值，而解除引用（dereference）操作符则返回这个值。

自增操作符递增我们遍历过的值的数目的计数。和平常一样，我们与内建前缀和后缀约定保持一致，并返回一个对迭代器本身的引用。

```
Constant_iterator& Constant_iterator::operator++()
{
        ++count;
        return *this;
}

Constant_iterator Constant_iterator::operator++(int)
{
```

```
       Constant_iterator r = *this;
       ++count;
       return r;
}
```

现在必须考虑不是数字的情况了。这里的想法是对一个 Constant_iterator 和一个 int 运用+
操作符把这个 int 对象增加到计数中，产生一个性质类似"岗哨"的新 Constant_iterator。

```
Constant_iterator
operator+(const Constant_iterator& p, int n)
{
       Constant_iterator r = p;
       r.count += n;
       return r;
}

Constant_iterator
operator+(int n, const Constant_iterator& p)
{
       return p + n;
}
```

当且仅当两个迭代器生成相同数量的值并且这些值都相等时，这两个迭代器才相等。

```
int operator==(const Constant_iterator& p,
               const Constant_iterator& q)
{
       return p.count == q.count && p.n == q.n;
}

int operator!=(const Constant_iterator& p,
               const Constant_iterator& q)
{
       return !(p == q);
}
```

如果完成了这些定义，就会发现前面的例子

```
int x[100];
Constant_iterator c(0);

copy(c, c+100, x);
```

实际上把 x 的元素都设成了零。

这样，我们就创建了一个迭代器，表示一个包含相等值的"虚拟数组"（实际上并不存在）。
当然，我们可以很容易地让这些想象出来的值彼此互不相同。例如，我们可以创建一个算术
序列迭代器，该序列中的值稳步递增或者递减（等差序列），比如 1、3、5、7 等。这样的迭
代器的构造函数需要起点和步长作为参数。还有一个实用的练习，就是使用模板来泛型化这
个例子，使它能适用于 int 外的其他类型。

19.3　输出流迭代器

现在我们已经定义了一个可以创建值的输入迭代器，我们再定义一个可以把这些值打印出来的输出迭代器。我们可以说这是 ostream_iterator 类的一个对象。

这个类应该怎样工作呢？我们可以设想提供一个 ostream 对象作为构造函数的一个参数，则往 ostream 中"存入"东西将导致"被保存的"值要写入 ostream。也就是说，如果 out 是这种类型的迭代器

```
ostream_iterator<int> out(cout);
```

那么

```
*out++ = x;
```

应该打印 x 到 cout 上。可是，看得再深入些就会发现一个难以察觉的问题。考虑打印一个值序列的问题。使用 ostream_iterator 的显而易见的方法是：

```
for (int i = 0; i < 10; i++)
        *out++ = i;
```

然而，这等价于

```
for (int i = 0; i < 10; i++)
        cout << i;
```

后者打印出

```
0123456789
```

这个输出可能不是我们想要的结果。

更常见的情况是，当我们想将一个值序列直接写入到一个 ostream 的同时，也想在相邻的值之间放入东西。因此，我们将设计自己的 ostream_iterator 类来才接受两个构造函数参数：一个 ostream 对象和一个 const char*对象。其中，后者表示写完每个值后还要写的字符串。所以，我们可能会用类似下面的代码：

```
ostream_iterator<int> out(cout, "\n");
*out++ = 42;
```

来换行打印 42。

如果我们想把 ostream_iterator 用作一个输出迭代器，那就必须自己动手实现余下的操作。我们需要自增操作符、解除引用（dereference）操作符、赋值操作符以及比较操作符。

我们要在这里探讨前面的要求，即用户必须一次对某个输出迭代器类型的所有特定值进行解除引用（dereference）和赋值。如果 out 是一个输出迭代器，我们希望

```
*out = x;
```

在不等用户递增 out 的时候就打印 x。如果输出是由对 out 的赋值触发的，那么自增操作符就没有什么实际的工作可做。我们也就可以把 out++和++out 实现为空操作。现在，我们应该怎样定义*out 呢？我们知道*out 必须是某个类的对象，这个类的赋值操作符打印它的右操作数；除了这个要求外，*out 可以是任何类型的。实际上，我们早就有一个很实用的有效类型了：针对这个目标，我们可以使用 ostream_iterator 类本身来使*out 和 out 等价！

有了这种方法，我们就可以如下定义 ostream_iterator：

```
template<class T>
class ostream_iterator {
public:
        ostream_iterator(ostream& os, const char* s):
        strm(&os), str(s) { }

        ostream_iterator& operator++() { return *this; }
        ostream_iterator& operator++(int) { return *this; }
        ostream_iterator& operator*() { return *this; }
        ostream_iterator& operator=(const T& t)
        {
                *strm << t << str;
                return *this;
        }

private:
        ostream* strm;
        const char* str;
};
```

对于 ostream_iterator，不需要==或者!=与 copy 程序一块儿工作，所以我们可以把关于==和!=的定义作为练习留给读者来完成。

有了这些关于 ostream_iterator 和 Constant_iterator 的定义，我们就可以使用 copy 把 42 重复 10 次打印到标准输出上，每次都另起一行，如下所示：

```
int main()
{
        ostream_iterator<int> oi(cout, " \n");
        Constant_iterator c(42);

        copy(c, c+10, oi);
}
```

19.4 输入流迭代器

我们已经知道，通过定义适当的迭代器，可以使用 copy 来将一个生成的值序列写到一个

ostream 中去。现在，让我们创建一个从某个 istream 中取值的输入迭代器，这样就能使用 copy 来读取流的数据并写到其他的流中。

通常情况下输入比输出难。困难来自以下几个方面。

- 输出迭代器一般不需要相互比较。例如，即使还没有实现比较操作，也可以在 copy 中使用 ostream_iterator。然而对于输入迭代器，我们必须实现比较操作才能判断是否到达了文件尾部。

- 如果不进行尝试性的读取，就不可能判断是否已经到达文件尾部。但是，读取值是很耗费系统资源的，所以只有在绝对需要这样做时才不得已而为之。

这两个限制条件迫使我们采取一种"惰性计算"策略。每个 istream_iterator 对象将有一个只能容纳一个元素的缓冲区和一个表明缓冲区是否已满的标志。另外，每个 istream_iterator 还有另一个标志来说明是否到达了文件尾部。因为我们已经确定了类的结构，所以可以这样开始：

```
template<class T>
class istream_iterator {
private:
        T buffer;
        istream* strm;
        int full
        int eof;
        // …
};
```

这个结构给我们提供了足够的功能，因此可以接着写构造函数了。在做这件事的时候，我们必须回答一个问题：full 和 eof 是否能够同时为 true？无论如何回答，肯定都有自己的道理，但是当且仅当 buffer 内有一个有用值时，说 full 为 true 更容易些。这就是我们写构造函数之前必须知道的全部内容：

```
template<class T>
class istream_iterator {
public:
        istream_iterator(istream& is):
                strm(&is), full(0), eof(0) { }

        istream_iterator():
                strm(0), full(0), eof(1) { }
        // …
};
```

现在我们可以研究一下 istream_iterator 必须要实现的操作。请记住要允许类 istream_iterator 像输入迭代器一样工作，我们需要赋值操作符、解除引用（dereference）操作符、自增操作符和相等操作符。

赋值操作很简单：我们不必另外定义，可以使用缺省的赋值操作。

定义自增操作符时，必须确保一旦迭代器遍历过了一个值后，就不会再来读取这个值。

我们通过操纵 full 来实现这一点：

```
template<class T>
class istream_iterator {
public:
        istream_iterator& operator++()
        {
                full = 0;
                return *this;
        }

        istream_iterator operator++(int)
        {
                istream_iterator r = *this;
                full = 0;
                return r;
        }
        // …
};
```

在研究解除引用（dereference）操作符和相等操作符时，我们应该考虑一下实际从 istream 中读取数据的策略。前面已说过，我们将采用一种惰性计算策略，这样只有在迫不得已的时候才读取值。解除引用（dereference）操作显然会迫使我们去读这个流。更有意思的是，相等操作符也是这样！

为了理解这一点，我们需要理解两个 input_iterator 相等的真正含义是什么。为了达到讨论的目的，我们将采用一种相等的严格定义：只有当两个 istream_iterator 是同一个对象或者两者都处于文件尾部时，它们才相等。我们可以不用这个定义，因为实际中这种比较的唯一用处就是判断是否到达了文件尾部。注意，即使有了这种严格定义，我们还是需要在填写缓冲区时对 istream_iterator 使用比较操作——和平常一样，必须预读以便判断流是否到达了文件尾部。这就意味着比较操作符必须要接受 istream_iterator&类型的参数，而不是人们预期的 Const istream_iterator&。类似地，我们的惰性计算策略还将导致 operator*改变其对象。显然 const istream_iterator 对象不大适合。

那么，现在我们知道需要在几个地方读 buffer，这就需要有一个私有函数来做这件事情。我们的惰性计算策略首先检查是否需要输入，若需要，则读取数据并适当地设置状态：

```
template<class T> class istream_iterator {
private:
        void fill() {
                if (!full && !eof) {
                        if (*strm >> buffer)
                                full = 1;
                        else
                                eof = 1;
```

```
                }
        }
        // ...
}
```

有了这个函数，operator*就变得简单了：

```
template<class T> class istream_iterator {
public:
        T operator*() {
                fill();
                assert(full);
                return buffer;
        }
        // ...
};
```

这里的 assert 用来在 istream_iterator 到达文件尾部后，捕获"想找出由它指向的值"的企图。

现在还剩比较操作符。它们也都是很显而易见的——假设我们采用前面的肯定不完善的策略，即只有当两个 istream_iterator 是同一个对象或者都处于文件尾部时，这两个 istream_iterator 才相等。

```
template<class T>
int operator==(istream_iterator<T>&p, istream_iterator<T>& q)
{
        if (p.eof && q.eof)
                return 1;
        if (!p.eof && !q.eof)
                return &p == &q;
        p.fill(); q.fill();
        return p.eof == q.eof;
}
template<class T>
int operator!=(istream_iterator<T>&p, istream_iterator<T>& q)
{
        return !(p == q);
}
```

有了 istream_iterator 和 ostream_iterator 的定义，就确实可以使用 copy 函数来从一个输入文件复制值到一个输出文件中：

```
int main()
{
        ostream_iterator<int> output(cout, " \n");
        istream_iterator<int> input(cin);
        istream_iterator<int> eof;
```

```
        copy(input, eof, output);
}
```

19.5 讨论

使用看上去像指针的结构时，很容易把它设想成仅仅是一个指针。然而，深入研究某个特定算法使用到的指针操作，就会发现可以针对其他的数据结构模拟指针。

不是所有这些数据结构都有存在的必要。所以，比如我们的 Constant_iterator 类就是在虚拟一个无限值序列，一样可以对这个值序列进行遍历。更有意思的是，istream_iterator 类和 ostream_iterator 类还使我们能够把文件当作值序列进行处理。

istream_iterator 类和 ostream_iterator 类是标准模板库的组成部分。而 Constant_iterator 则不是，这就是为什么使用大写字母 C 的原因。感兴趣的读者可以自行创建另外的迭代器来遍历所能想到的数据结构，可以从中得到乐趣。

迭代器配接器

第 17 章到第 19 章讲解的是标准模板库（STL）中的迭代器以及与之相关的概念。这里，我们将以迭代器配接器（iterator adaptor）——把迭代器作为参数并转换为其他迭代器的模板——为主题继续进行讨论。通过转换迭代器，我们可以扩展与底层迭代器一块使用的程序的范围。这个概念比较难理解，所以我们将通过一些重要的例子深入浅出地阐述。

20.1　一个例子

第 17 章开发了下面这个泛型函数：

```
Template<class T, class X>
T find(T start, T beyond, const X& x)
{
        while (start != beyond && *start != x)
                ++start;
        return start;
}
```

这个函数在一个任意的数据结构中进行线性查找，该数据结构仅以模板参数 start 和 beyond 的类型为显著特征。我们使用 start 和 beyond 作为输入迭代器。也就是说，在我们查找数据结构的内容时，只需要它们支持读相应内容所需的操作。

普通指针可以充当输入迭代器。因此，比如说，如果声明了

```
int x[100]
```

而且希望找出在 x 中第一次出现 42 的位置，就可以有语句

```
int* p = find(x, x+100, 42);
```

在此之后，p 将指向 x 中第一个等于 42 的元素，如果不存在这样的元素，p 就等于 x+100。

假设我们不是要找出与某个特定值相等的第一个实例，而是要找出最后一个，那么应该怎么做呢？

我们希望写一个在序列数据结构中找到等于 x 的最后一个元素，这个数据结构以一对叫作 start 和 beyond 的输入迭代器为特征。显然，如果找到了要找的元素，那么这个函数很容易实现。如果没找到呢？我们就必须返回某个不表示数据结构的元素的值；唯一可用的满足这个条件的值是 beyond。显然，前向查找和反向查找在出错时都必须返会同一个值；这个要求打破了原来的完全平衡。

一旦我们决定了要做什么，就可以开始做了。最直接的方法就是一直查找，直到到达尾部：

```
template<class T, class X>
T find(T start, T beyond, const X& x)
{
        T result = beyond;
        while (start != beyond) {
                if (*start == x)
                        result = start;
                ++start;
        }
        return result;
}
```

实际上，如果我们可以假设 T 是一个输入迭代器的话，就几乎没有选择余地，只能实现 find_last。但是这种决策有个严重的缺陷：它总是需要查找数据结构中的所有元素，即使要查找的值就在结构体的尾部也是如此。

如果采用的不是输入迭代器而是双向迭代器，就会产生新的可能情况。我们现在不必只依赖于++操作符；还可以使用--操作符。这就意味着我们可以从尾部开始，在数据结构体中进行扫描并朝头部移动：

```
template<class T, class X>
T rfind(T start, T beyond, const X& x)
{
        if (start != beyond) {
                T p = beyond;
                do {
                        if (*--p == x)
                                return p;
                } while (p != start)
        }
        return beyond;
}
```

　　为什么这个函数比原来的 find 复杂这么多呢？本质的原因是，在这种情况下，查找失败时所返回的值不如向前查找时返回的值合乎常规。

　　在最初的 find 中，我们可以使用 start != beyond 作为循环的结束条件，销毁 start 的初值，并且确保无论是否找到 x，start 都要指向正确的位置。在 rfind 中，我们不可能这样做。相反，我们必须保存 beyond 的值，以便在没找到 x 的时候返回这个值。另外，不许对空数组执行特别的检查，因为如果数组为空，就不能保证还能成功地计算--beyond 的值。

20.2　方向不对称性

　　我们清楚，在算法构造中有十分重要的一点：当反转某个算法的方向时，并不能总是精确地保持原有的对称性。就 rfind 来说，这种不对称性源自用 C 语言定义的迭代器的特性：尽管通常迭代器都确保了逾尾值有效，但对超出头部的值没有相应的保障。

　　为了更直接地进行说明，考虑一个简单的循环。这个循环将一个数组 a 的所有元素（共10 个）设为 0：

```
int a[10];
for (int i = 0, i < 10; i++)
        a[i] = 0;
```

　　在这个循环结束时，i 的值将是 10——这个值当然不会产生什么特殊问题。如果我们按逆序使 a 的元素为 0，还是没有什么问题：

```
for (int i = 9; i >= 0; i--)
        a[i] = 0
```

循环结束时 i 的值将为-1——这对于 i 来说似乎是一个可取的值。

　　然而，如果我们改变这个循环，采用指针而不是下标，就会发现不对称的来源了：

```
for (int* p =a; p < a + 10; p++)
        *p = 0;
```

　　在循环结束时，p 将等于 a+10，当 a 的某个"元素"不存在时就定位到 a+10。这个程序之所以能运行起来，只是因为 C 和 C++语言保证（且只保证）能够定位超出了任何数组尾部之后的那一个元素的地址。换句话说，就是 a+10 是合法的，而 a+11 是非法的，a-1 也是非法的。

　　这就意味着如果想重写这个后向循环，让它使用指针，就必须非常小心，不能构成 a-1 的地址。尤其是不能写这样的代码

```
// 这段代码无效
for (int* p= a + 9; p >= a; p--)
        *p = 0;
```

　　这段代码不成功，原因是循环只在到达了 p < a 的状态时才会终止，但无法保证总能发生

这个状态。显然，我们必须尽量使用 p > a 作为比较，并且在递减了 p 之后给*p 赋值：

```
// 这段代码有效
int* p = a + 10;
while (p > a)
        *--p = 0;
```

这样就确保了 p 永远不会具有一个被禁止的值。

20.3　一致性和不对称性

现在我们已经学会了如何在数据结构中进行前向和后向查找，但是有一个条件：出错时返回的值必须总是逾尾值。这个限制条件可能有点麻烦，尤其在使用 find 或者 rfind 查找序列结构的一部分时。

例如，常见的情况是在数据结构中查找具有特定值的元素，如果没找到就在尾部增加一个具有该值的元素。如果结构中本来没有这个值，find 就会很方便地返回一个指向放入该元素的位置的指针。但 rfind 函数考虑得则没有这么周全：如果要找的值没有找到，它就返回一个指针。尽管严格来说，这个指针是一个逾尾指针，但由于我们正在进行后向查找，所以它必须被当作超出头部的指针看待。这将使我们在错误的数据结果尾部增加一个新值。关于这种情况，我们能做些什么呢？

乍一看，可能会觉得没有办法。一个有 n 个元素的数据结构只能有 $n+1$ 个不同的迭代器值：指向 n 个元素的值和 1 个逾尾值。但是如果使每个元素之间的偏移量都为 1，情况又会怎样？如果不直接使用迭代器的值，而是假设每个迭代器都指向数据结构中紧跟在要查找的元素后面的位置，情况又将如何？

接下来，我们将使用逾尾值来指向结构的最后一个元素，让一个指向最后一个元素的指针引用最后一个元素的下一个元素，以此类推。这样我们将释放指向第一个元素的指针，并把它当作一个超出头部的值来使用。

证明这一点比说清楚更容易。下面这个叫作 rnfind（即 reverse neighbor find）的函数从头到尾搜索一个顺序数据结构，并返回这样一个迭代器：它指向紧跟着所要查找的元素后的元素（比要查找的元素更接近尾部的元素）。如果没有找到要查找的值，就返回一个指向第一个元素的迭代器（也就是越过不存在的超出头部元素的元素）：

```
Template<class T, class X>
T rnfind(T start, T beyond, const X& x)
{
        while (beyond != start && beyond[-1] != x)
                --beyond;
        return beyond;
}
```

当然，这个函数由于使用了 beyond[-1]作为*(beyond-1)的缩写，所以有一点迷惑性，因为 beyond 恰好指向 rnfind 要用来和 x 作比较的元素后的元素。不使用--x 而是用 beyond[-1]意味着 T 必须是一个随机存取迭代器，而不仅仅是一个双向迭代器。当然，我们可以用--的形式重写 beyond[-1]，但是这样会混淆一个重要的观点：看上去 rnfind 比以前任何一个反向查找函数都更像 find。

这都是由于"邻接技术"允许 rnfind 这样查找造成的。实际上，通常如果我们交换起始值和终止值，交换++和--，并且遵循迭代器应该指向真正想要的元素后的元素的约定，我们好像就可以反转顺序算法的方向。

20.4 自动反向

目前的这个解决方案花费了不少精力，现在该使它更精妙一些了。假设类型 T 是一个双向迭代器。那么，我们就可以设想创建一个新类型——比如叫作 TR（即 T reversed）——行为和 T 类似，但是方向相反。

我们的"邻接技术"约定，将 T 转换为 TR 必须得到一个结果，这个结果指向 T 所指向的元素的前一个（或者后一个？我们很快会弄清楚）元素。而且++和--要互换，常规的复制、赋值、比较和解除引用（dereference）操作也必须能起作用。

能采用一个模板来完成所有这些操作吗？差不多是可以的。解除引用操作将导致一个重大的问题。例如，假设我们用到

```
template<class T> class Rev<T>
{
        // …
        ??? operator*();
};
```

我们就无法知道 operator*返回的是什么类型了。也就是说，除了迭代器类型的常用参数外，我们需要一个额外的模板参数来表示迭代器生成的对象的类型，根据这个观察结果，我们可以这样声明模板：

```
template<class It, class T> class Rev {
        friend bool operator==
                (const Rev<It, T>, const Rev<It, T>;
        friend bool operator!=
                (const Rev<It, T>, const Rev<It, T>);

public:
        Rev();
        Rev(It, i);
        operator It();
        Rev<It, T>& operator++();
```

```
            Rev<It, T>& operator-();
            Rev<It, T>& operator++(int);
            Rev<It, T>& operator-(int);
            T& operator*();
    };
```

这里没有什么特别难以理解的东西。我们只是声明了双向迭代器所需要的操作：构造、解除引用（dereference）、（不）相等以及前后置自增或自减。我们没有显式地声明析构、复制和赋值操作，因为我们预先安排了由处理迭代器类型的相应操作来正确地完成这些操作。

实现也是很直观的。唯一要记住的就是解除引用操作实际发生在私有数据成员所指向元素的前一个元素。下面的实现包括数据成员和所有操作的定义：

```
template<class It, class T> class Rev {
        friend bool operator==
                (const Rev<It, T>, const Rev<It, T>;
        friend bool operator!=
                (const Rev<It, T>, const Rev<It, T>);

public:
        Rev() { }
        Rev(It, i): it(i) { }
        operator It() { return it;}

        // 将参数迭代器反向
        Rev<It, T>& operator++() { --it; return *this; }
        Rev<It, T>& operator-() { ++it; return *this; }

        Rev<It, T>& operator++(int) {
                Rev<It, T> r = *this;
                --it;
                return r;
        }
        Rev<It, T>& operator-(int) {
                Rev<It, T> r = *this;
                ++it;
                return r;
        }

        T& operator*() {
                It I = it;
                --i;
                return *i;
        }

private:
        It it;
};

template<class It, classT>
```

```
bool operator==(const Rev<It, T>& x, const Rev<It, T>& y)
{
        return x.it == y.it;
}

template<class It, class T>
bool operator!=(const Rev<It, T>& x, const Rev<It, T>& y)
{
        return x.it != y.it;
}
```

下面这条规则是 **operator*** 的一部分：

```
T& operator*() {
        It I = it;
        --i;
        return *i;
}
```

我们怎样才能确信这里应该是用--i而不是用++i呢？首先注意到类型为It的变量i是一个原迭代器类型。它的值可能指向（原）结构中的任何元素，或者可能是一个逾尾值。如果我们用的是++i，就没有办法能到达结构的第一个元素，因为没有哪个值可以让我们使用++并使结果指向第一个元素。相反，采用--i将逾尾值转换为指向原结构中最后一个元素的指针，所以肯定是对的。

现在有了迭代器配接器，可以通过与迭代器相关联的容器将一个双向迭代器由前向遍历迭代器转变为后向遍历迭代器。这就使我们能够使用同一个 find 函数从头部或尾部开始查找某个值：

```
typedef Rev<int*, int> R;

int* p = find(x, x+100, 42);
R r = find(R(x+100), R(x), 42);
```

为了方便，我们引进了 R；我们还可以这样编写代码

```
Rev<int*, int> r =
        find(Rev<int*, int>(x+100),
            Rev<int*, int>(x), 42);
```

这样，p 就指向了 42 第一次在 x 中出现的位置，r 则"指向"最后一个位置。

20.5　讨论

我们所获得的是使用同一个算法在数据结构中进行前向和后向查找的能力，它只取决于描述数据结构的双向迭代器类型的可用性。实际上，我们编写了一个进行接口匹配的模板：我们有一个接口，我们需要一个不同的接口，所以把已有类"适配"成所需接口。

这个特殊的任务比我们最初设想的稍微复杂一些，这是由 C 数组的不对称特性造成的：它确保了逾尾值，但是没有超出头部的值。我们很容易以为 C++应该也允许超出头部的值，但是这样并不能解决问题，因为采用整个技术的目的是为了和任意数据结构一起工作，而不是只和数组一起工作。因此，坚持允许超出头部的值将要求所有数据结构的实现者必须增加复杂度，以把超出头部的约定考虑在内。然而，我们在反向迭代器配接器中一次性地解决了这个问题，而不必再为它操心了。

STL 有一个叫作 reverse_bidirectional_iterator 的模板，是我们在本章开发的 Rev 模板的更通用版本。另外，如果你有一个随机存取迭代器而不仅仅只是一个双向迭代器，就可以使用 reverse_iterator。它要求参数具有随机存取能力，反过来又为它的使用者提供随机存取迭代器的能力。

除了反转迭代器的方向外，迭代器配接器显然还有其他的应用。例如，我们可以创建一个边界检查配接器。假定一个迭代器类型可以生成另一个迭代器类型，被生成的迭代器类型可以将迭代器的值限定在由创建该类型的对象时确定的一对边界中。只要小心使用，迭代器配接器可以极大地减少要写的算法数量，或者达到事半功倍的效果。

第
21
章

函数对象

除了迭代器和配接器外，STL 还提供了一种称为**函数对象**（function object）的概念。函数对象和配接器一样，都是容易混淆的概念。简单地说，函数对象提供了一种方法，将要调用的函数与准备传递给这个函数的隐式参数捆绑起来。这就允许我们使用相当简单的语法来建立复杂的表达式。

函数对象表示一种操作。通过组合函数对象，我们可以得到复杂的操作。通常在一般的程序里要做到这一点，我们必须编写大量的循环和条件语句，调用函数并且将语句组合成程序块。然而，这些组合早在编译时就已定型，在运行时处理这些无疑对效率是不利的。函数对象则允许我们把组合操作作为运行程序的一部分。之所以能进行这种组合，是因为函数对象可以把函数当作值来处理，从而带来了很大的灵活性。

由于函数对象十分灵活，能使很复杂的事情成为可能，所以它们首先是难以理解的。因此，我们将以一个例子开始，说明应该如何使用这样的对象，然后还将揭示它们是如何工作的。

21.1 一个例子

标准库包含了一个叫作 find_if 的函数，它的参数是一对迭代器和一个**判断式**（predicate）——一个生成布尔值 truth 的函数。find_if 函数返回由这对迭代器限定的范围内第一个使判断式得到真值的迭代器的值。例如，假设我们有一个类型为 vector<int>的对象 v，我们希望找出 v 中第一个大于 1000 的元素。我们可以通过构造一个判断函数来实现——比如叫作 greater1000——这个函数检测它的参数是否大于 1000：

```
bool greater1000(int n)
{
```

```
        return n > 1000;
}
```

然后，就可以将这个函数作为给 find_if 的第三个参数，这样

```
find_if(v.begin(), v.end(), greater1000)
```

就会返回指向 v 中第一个大于 1000 的元素的指针，或者当不存在这样的元素时返回 v.end()。

函数对象和函数对象配接器使我们不必真正定义一个函数，就能够写一个与 greater1000 等效的表达式。在本节的余下部分，我们将逐步减少对 greater1000 的需求。

首先，我们从包含一个叫作 greater 的模板类的库开始。greater 类的对象充当判断式并接受两个参数，判断第一个参数是否大于第二个。我们可以用这个类来重写 greater1000：

```
bool greater1000(int n)
{
        greater<int> gt;
        return gt(n, 1000);
}
```

这里，我们创建了一个叫作 gt 且类型为 greater<int> 的函数对象，它能够比较两个整数的大小。我们用它来检验 n>1000 是否成立。

下一步是很有意思的。标准库中有一个叫作 bind2nd 的函数配接器。假设已有函数对象 f，且 f 有两个参数和一个值 v，则 bindznd 创建一个新的函数对象 g，g(x) 具有与 f(x,v) 相同的值。取名为 bind2nd 是因为这个配接器将值 v 绑定到第二个参数 f 上。

对函数对象 gt 和值 1000 运用 bind2nd，通过调用

```
bind2nd(gt, 1000)
```

可以获得一个新的函数对象，它可以检查其参数是否大于 1000。因此，比如

```
(bind2nd(gt, 1000)) (500)
```

为 false，而

```
(bind2nd(gt, 1000)) (1500)
```

则为 true。

我们可以使用 bind2nd 来重写 greater1000：

```
bool greater1000(n)
{
        greater<int> gt;
        return (bind2nd(gt, 1000)) (n);
}
```

考虑到 greater<int>（）表达式返回一个 greater<int> 型的匿名对象，我们可以利用这个匿名对象取代局部变量 gt，毕竟这个局部变量只使用了一次。

```
bool greater1000(n)
{
        return (bind2nd(greater<int>(), 1000) (n);
}
```

在这里，我们把原来的 greater1000 换成了参数 n，表示用参数 n 来"调用"表达式

```
bind2nd(greater<int>(), 1000)
```

这也就意味着对于我们的目的而言，表达式

```
bind2nd(greater<int>(), 1000)
```

等价于判断式 greater1000，所以我们可以（最终）删除判断式 greater1000，并以下面的方式调用 find_if:

```
find_if(v.begin(), v.end(),
        bind2nd(greater<int>(), 1000)
```

这样做似乎有些吃力不讨好。但是，假设我们要使例子更实用一些，在 v 中查找第一个大于 x 的值。那么

```
find_if(v.begin(), v.end(),
        bind2nd(greater<int>(), (x))
```

就显然足以完成任务了。而 greater1000 在这儿起不到什么作用。

原因在于值 1000 是在 greater1000 的定义中创建的。如果试图写一个 greater1000 的更通用版本，就会遇到麻烦：

```
bool greater_x(int n)
{
        return n > x;
}
```

x 的值在哪里设置呢？我们不能将 x 作为第二个参数传递，因为 find_if 要求它的判断式只有一个参数。显然，下一步必须让 x 成为一个全局变量。真烦！

函数对象配接器所解决的一个问题，是把信息从使用该函数对象（这里是 find_if）的部分通过程序的另一部分（这个部分对要传递的信息［此处信息指 find_if 的函数体］一无所知）传递到第三部分中（这里指与 bind2nd 有关的判断表达式）。在第三部分中，信息将被取出来。

这种隐藏信息的方法是很巧妙的；本章和第 22 章大概是本书最难的几章，我们将进行深入研究。本章探讨什么是函数对象；第 22 章将分析 STL 中定义的几种函数对象。

这两章的思想将有助于理解第 29 章。我以前曾写过一篇论文，在那篇论文中第一次涉及这些思想中的部分内容，第 29 章将在此基础上讨论在流控制中使用函数对象来简化语法的方法。

21.2　函数指针

在有些编程语言中，函数是"第一级值"（first-class value）。在这些语言中，可以将函数作为参数传递，并把它们当作值返回，还可把它们当作表达式的组件来使用等。

C++不属于这类语言，但这一点并不是显而易见的。因为对于 C++程序而言，将函数作为参数传递并把它们的地址存储在数据结构中，是很常见的操作。例如，假设我们想对某个数组的所有元素都运用某个给定函数，如果知道这个函数有一个 int 参数，并且生成 void 类型，我们可以如下编写代码：

```
void apply(void f(int), int* p, int n)
{
        for (int i = 0; i < n; i++)
                f(p[i]);
}
```

这是不是说明 C++把函数也当作第一级值了呢？

本例中的第一个隐蔽之处就是，f 虽然看上去像函数，其实根本不是。相反，它是一个函数指针。与在 C 中一样，C++不可能有函数类型的变量，所以任何声明这种变量的企图都将立即被转换成指向函数的指针声明。与在 C 中一样，所有对函数指针的调用都等价于对这个指针所指向的函数的调用。所以，前面的例子就等价于

```
void apply(void (*fp)(int), int* p, int n)
{
        for (int i = 0; i < n; i++)
                (*fp)(p[i]);
}
```

那又怎么样？函数和函数指针之间有什么重大差异吗？这个差异和任何指针与其所指向的对象之间的差异是类似的：不可能通过操纵指针创建这样的对象。C++函数的总存储空间在程序执行之前就固定了。一旦程序开始运行，就无法创建新函数了[1]。为了理解"为什么说不能动态创建新函数"这个问题，我们来思考一下如何写一个 C++函数，可以把两个函数组合起来生成第三个函数。组合是我们所能想到的创建新函数的最简单的方法之一。现在为了简单起见，我们假设每个函数都有一个整数参数并返回一个整数结果。然后，假设我们有一对函数 f 和 g：

```
extern int f(int);
extern int g(int);
```

我们希望能够使用下面的语句：

---

[1] 当然，有些独立的实现可能会选择通过提供动态链接库的某种形式类改变这个限制。不过这还没有正确应用于 C++语言中，所以也不影响下面的讨论。

```
int (*h)(int) = compose(f, g);
```

对于任何整数 n 而言, h(n)（你会回想起来，它等价于 (*h)(n)）将会等于 f(g(n))。
C++没有提供直接做这件事的方法。我们可以杜撰出如下的代码：

```
//这段代码无效
int (*compose(int f(int), int g(int)))(int x)
{
        int result(int n) { return f(g(n)); }
        return result;
}
```

这里, compose 试图用函数 f 和 g 来定义一个函数，当应用于 x 时可以得到 f(g(x)) 的函数；
但是由于两个原因它不可能成功。第一个原因就是 C++不支持嵌套函数，这就意味着 result
的定义是非法的。第二个原因是 result 需要在块作用域之内访问 f 和 g，所以没有简便的方法
可以绕过这个限制。也就是说，我们不能简单地使 result 全局化：

```
// 这段代码也不起作用
int result(int n) { return f(g(n)); }

int (*compose(int f(int), int g(int)))(int x)
{
        return result;
}
```

这个例子的问题在于 f 和 g 在 result 中没有定义。

第二个问题更难以捉摸。假设 C++允许嵌套函数——毕竟有些 C++实现把它当作一种扩
展，这样做会成功吗？

可惜的是，答案是"实际上不会成功"。为了了解原因，我们稍微修改了一下 compose 函数：

```
//这段代码还是不起作用
int (*compose(int f(int), int g(int)))(int x)
{
        int (*fp)(int) = f;
        int (*gp)(int) =g;

        int result(int n) { return fp(gp(n)); }
        return result;
}
```

其中所做的改变是要将 f 和 g 的地址复制到两个局部变量 fp 和 gp 中。现在，假设我们调
用 compose，它返回一个指向 result 的指针。因为 fp 和 gp 是 compose 的局部变量，所以一旦
compose 返回，它们就消失了。如果我们现在调用 result，它将试图使用这些局部变量，但是
这些变量已经被删除了，结果很可能导致程序运行崩溃。

通过检查上面 compose 的最后一个版本，我们应该很容易明白这个程序失败的原因。然

而，第一个版本中也存在着相同的问题。唯一不同的是，第一个版本中的 f 和 g 不是普通的局部变量，而是形参。这个区别无关大局：当 compose 返回时它们也消失；也就是说当 result 试图访问它们时也会导致崩溃。

那么，显然编写 compose 函数除了需要常规的基于堆栈的实现外，还需要某种自动内存管理。实际上，把函数当作第一级值处理的语言通常也支持垃圾回收机制。尽管 C++将垃圾收集作为语言的标准部分会给很多方面带来好处，但是有太多的困难使得我们不能这样定义 C++。有没有办法来回避这种局限，并能以一种更通用的方式将函数作为值处理呢？

21.3　函数对象

困难在于我们的 compose 函数想要创建新函数，而 C++不允许直接这么做。无论何时，在面对这样一个问题时，我们都应该考虑用一个类对象来表示这种解决方案。如果 compose 不能返回一个函数，那么它可能返回一个行为和函数类似的类对象。

这样的对象叫作**函数对象**。通常，函数对象是某种类类型的对象。该类类型包括一个 operator()成员函数。有了这个成员函数就可以把类对象当作函数来使用。举例来说，如果我们写这样一个类：

```
class F {
public:
      int operator() (int);
      // …
}
```

则类 F 对象的行为将在某种程度上类似于那些采用整数参数并返回整数结果的函数。例如，在

```
int main()
{
      F f;
      int n = f(42);
}
```

中，f(42)等价于 f.operator()(42)。也就是说，f(42)获得对象 f，用参数 42 调用它的 operator() 成员函数。

我们可以把这些技巧作为运用类的基础来组合函数：

```
class Intcomp{
public:
      Intcomp(int (*f0)(int), int (*g0)(int) ){
            fp(f0), gp(g0) { }

      int operator() (int n) const {
            return (*fp)((*gp)(n));
```

```
        }

private:
        int (*fp)(int);
        int (*gp)(int);
};
```

这里，构造函数准备记住函数指针 f0 和 g0，operator()(int)完成这两个函数的组合。首先，operator()传递它的 int 参数 n 给由 gp 指向的函数，然后把 gp 返回的结果传给 fp。所以，如果已有和前面一样的函数 f 和 g，我们就能使用 Intcomp 来将它们组合起来：

```
extern int f(int);
extern int g(int);

int main()
{
        Intcomp fg(f, g);
        fg(42);                         //等价于 f(g(42))
}
```

这项技术起码在原理上解决了组合问题，因为每个 Intcomp 都专门开辟出位置来存放被组合函数的标识。然而，由于它只能组合函数，而不能组合函数对象，所以仍然不是一个实用的解决方案。这样一来，比如说我们不能用 Intcomp 来联合一个具有任何特性的 Intcomp。换句话说，尽管可以使用 Intcomp 类来联合两个函数，但不能用它来联合多两个以上的函数。对此我们能做些什么改进呢？

21.4 函数对象模板

我们似乎可以创建一个类，其对象不仅可以用来组合函数，而且还可以用来组合函数对象。在 C++中定义一个这样的类的常见做法是采用我们称之为 Comp 的模板。模板类 Comp 将有一些模板参数，其中包括两个将被组合在一起的事物的类型。为了以后的运用，我们还将再给 Comp 增加两个类型参数。当调用 Comp 对象时，我们会给它一个类型值，而它则会返回另一个类型的值，从而就把这两种类型作为 Comp 模板的两个新增加的类型参数了。通过这种方法，我们再也不会受到只能处理返回 int 的函数的限制了：

```
template<class F, class G, class X, class Y> class Comp {
public:
        Comp(F f0, G g0): f(f0), g(g0) { }
        Y operator() (X x) const {
                Return f(g(x)):
        }

private:
        F f;
```

```
        G g;
};
```

这里的指导思想是类型 Comp<F, G, X, Y>的对象能够将类型为 F 的函数（或者函数对象）与另一个类型为 G 的函数（或者函数对象）组合起来，得到一个参数类型为 X、结果类型为 Y 的对象。除此之外，细节都与类 Intcomp 几乎相同。可以用类 Comp 来联合前面的整数函数 f 和 g：

```
int main()
{
        Comp<int (*)(int), int (*)(int), int, int> fg(f, g);
        fg(42);                              //调用 f(g(42))
}
```

这样做可以奏效，但是需要规定两次函数类型 int(*)(int)，实在不值得欣赏。实际上，如果我们想组合函数 f 和 g，则 fg 的完全类型必须作为第一个模板参数。这将使得类型变得令人望而生畏：

```
Comp<Comp<int (*)(int), int (*)(int), int, int>,
        int (*)(int), int, int> fgf(fg, f);
```

有没有方法可以将它简化到实用程度呢？

21.5 隐藏中间类型

让我们想想要实现的目标。现在，我们已经有一种可以联合两个函数或者两个函数对象的方法，但表示联合的函数对象的类型太复杂。我们希望能够写这样的语句：

```
Composition fg(f, g);                       //过于乐观
```

但这只能是奢望。原因在于，当我们稍后想求 fg(42)的值时，编译器不知道表达式应该采用哪种类型。无论 fg(42)的类型是什么，都必须隐含在 fg 的类型中，而且要与 fg 所接受的参数的类型相似。所以，我们最多只能这样写：

```
Composition<int, int> fg(f, g);
```

这里，第一个 int 是函数对象 fg 接受的参数的类型，第二个 int 是它被调用时返回结果的类型。有了这个定义，起码就不难写出部分该类的部分定义了：

```
template<class X, class Y> class Composition {
public:
        // …
        Y operator() (X) const;
        // …
};
```

但是我们怎样才能实现这个类呢？这种情况下，构造函数应该怎样编写呢？

构造函数提出了一个有趣的问题，因为构造函数 Composition 必须能够接受函数和函数对

象的任何组合——尤其是 Composition。这就意味着构造函数必须是一个模板[1]，以适应所有这些可能的情况：

```
template<class X, class Y> class Composition {
public:
        template<class F, class G> Composition(F, G);
        Y operator() (X) const;
        // …
};
```

但是这样做回避了问题。类型 F 和 G 不属于类 Composition 的类型，因为它们在这里不是模板参数。然而，类 Composition 也许可以通过保存 Comp<F, G, X, Y>的对象来发挥作用。如果不把 F 或者 G 作为类 Comp 本身的模板参数，就很难做到这一点。所幸的是，C++提供了一种叫作继承的机制。

21.6　一种类型包罗万象

假设我们重写 Comp，使 Comp<F, G, X, Y>继承自某个不依赖于 F 或者 G 的其他类，我们称这个类为 Comp_base<X, Y>。那么，在类 Composition 中，就可以保存一个指向 Comp_base<X, Y>的指针。

从 Comp_base 开始着手可能是由内向外解开这个死结的好方法。从概念上讲，Comp_base<X, Y>对象表示的可能是一个接受 X 参数并返回 Y 结果的任意函数对象。因此，我们将给它提供一个虚函数 operator()，因为所有继承自 Comp_base<X, Y>的类中的 operator() 都接受一个相同类型（叫作 X）的参数以及返回一个相同类型（叫作 Y）的结果。由于我们不希望特地为一个普通的 Comp_base 定义 operator()，所以将它创建成纯虚函数。另外，由于涉及继承，所以 Comp_base 还需要一个虚析构函数。

做一下预测的话，我们会清楚目标是要能够复制 Composition 对象。复制 Composition 对象涉及要在不知道确切类型的情况下复制某种 Comp 类型的对象。所以，我们需要在 Composition 中有一个纯虚函数来复制派生类对象。

具备了所有这些前提，就可以得到下面这个基类：

```
template<class X, class Y> class Comp_base {
public:
        virtual Y operator()(X) const = 0;
        virtual Comp_base* clone() const = 0;
        virtual ~Comp_base() { }
};
```

现在，我们用 Comp_base 作为基类来重写类 Comp，并且为 Comp 增加一个适当的 clone 函数，该函数将覆盖 Comp_base 中的纯虚函数：

---

[1] 标准委员会于 1994 年批准了此项特性。

```
template<class F, classG, class X, classY>
                class Comp: public Comp_base<X, Y> {
public:
        Comp(F f0, G g0): f(f0), g(g0) { }

        Y operator()(X x) const { return f(g(x)); }
        Comp_base<X, Y>* clone() const {
                Return new Comp(*this);
        }

private:
        F f;
        G g;
};
```

这样，我们可以令 Composition 类包含一个指向 Comp_base 的指针：

```
template<class X, class Y> class Composition {
public:
        template<class F, class G> Composition(F, G);
        Y operator() (X) const;

Private:
        Comp_base<X, Y>* p;
        // …
};
```

无论类何时获得一个指针类型的成员，我们都应该考虑在复制该类对象的时候如何处理这个指针。这种情况下，我们希望复制底层对象，按照第 5 章讨论的那样将类 Composition 作为一个代理——从根本上说，这就是我们预先在类 Comp_base 中添加 clone 函数的原因。因此，我们必须在类 Composition 中写个显式的复制构造函数和析构函数：

```
template<class X, class Y> class Composition {
public:
        template<class F, class G> Composition(F, G);
        Composition(const Composition&);
        Composition& operator=(const Composition&);
        ~Composition();
        Y operator() (X) const;

Private:
        Comp_base<X, Y>* p;
    };
```

21.7　实现

至此，实现类 Composition 应该是相当简单的事情了。在用一对类型为 F 和 G 的对象构造 Composition<X, Y>时，我们将创建一个 Comp<F, G, X, Y>对象，并把它的地址存储到指针 p 中。下面看上去有点奇怪的语法就是定义一个模板类的模板成员的方法。

针对 Composition<X, Y>的每个变量，它都定义了构造函数 Composition<F, G>，所以构造函数的全称就是：

```
Composition<X, Y>::Compositon<F, G>(F, G)
```

我们这样定义这个构造函数：

```
template<class X, class Y>
        template<class F, class G>
                Composition<X, Y>::Composition(F f, G g);
                p(new Comp<F, G, X, Y> (f, g)) { }
```

这个构造函数用一个指向 Comp<F, G, X, Y>的指针初始化了类型为 Comp_base<X, Y>的成员 p。由于类 Comp<F, G, X, Y>继承自类 Comp_base<X, Y>，所以这个初始化是有效的。

析构函数只删除 p 所指向的对象：

```
template<class X, class Y>
Composition<X, Y>::~Composition()
{
        delete p;
}
```

复制构造函数和赋值操作符利用了类 Comp_base 中的纯虚函数 clone：

```
template<class X, class Y>
Composition::Composition(const Compostion& c):
        p(c.p->clone()) { }
template<class X, class Y>
Composition& operator=(const Compostion& c)
{
        if (this != &c) {
                delete p;
                p = c.p->clone();
        }
        return *this;
}
```

最后，operator()运用类 Comp_base 中的虚 operator():

```
template<class X, class Y>
Y Composition::operator() (X x) const
{
        return (*p) (x);                        //p->operator()(X)
}
```

至此，我们希望可以这样写：

```
extern int f(int);
extern int g(int);
extern int h(int);

int main()
{
        Composition<int, int> fg(f, g);
        Composition<int, int> fgh(fg, h);
}
```

并且希望 **fg** 和 **fgh** 是同一类型的，尽管它们所做的工作互不相同。

21.8 讨论

研究这个例子的意义之一，是让大家体会到我们必须做大量的工作才能绕过一个看似简单的语言局限。另一点就是这个例子也说明，扩展语言以使其允许函数组合，绝不像看上去的那么简单。另外，如果我们已经一次性定义了这些函数对象，以后就可以直接使用它们了。一旦理解了这些概念，我们就能够用清晰简洁的形式来使用它们，而跟这个错综复杂的形式挥手道别。

例如，有一个叫作 transform 的标准库函数，它对序列中的每个元素都运用函数或者函数对象，从而获得一个新的序列。如果 a 是一个有 100 个元素的数组，那么

```
transform(a, a+100, a, f);
```

将依次对 a 的每个元素运用 f，并将结果存回到 a 的对应元素中。

假若我们希望用 transform 使数组的每个元素都加上一个整数 n 呢？那么，我们可以定义一个加整数的函数对象：

```
class Add_an_integer {
public:
        Add_an_integer(int n0): n(n0) { }
        operator() const (int x) { return x+n; }
private:
        int n;
}
```

然后应该调用

```
transform(a, a+100, a, Add_an_integer(n));
```

为了这个目的而定义一个独立的函数对象是很麻烦的[1]。

实际上，我们可以做得更好。标准库提供了一种叫作函数配接器的模板，我们可以在联合的过程中使用它们来定义类似 Add_an_integer 的类，而不必去编写类的定义。这些模板的基本思想正是第 22 章的主题。

---

[1] 为了检查你是否理解，请解释一下这里为什么要使用函数对象而不使用函数。

第

22

章

函数配接器

第 21 章介绍了一个叫作 transform 的函数，它是标准库的一部分。它对序列中的每个元素运用函数或者函数对象，并且可能获得一个新的序列。这样，如果 a 是一个有 100 个元素的数组，f 是一个函数，则

```
transform(a, a+100, a, f);
```

将对 a 的每个元素调用 f，并把结果存回到 a 的相应元素中。

第 21 章还举了一个例子，说明如何使用 transform 来定义一个让数组的每个元素和一个整数 *n* 相加的函数对象：

```
class Add_an_integer {
public:
        Add_an_integer(int n): n(n0) { }
        int operator() const (int x) { return x + n; }

private:
        int n;
};
```

我们可以把这些函数对象之一当作传给 transform 的参数。

```
transform(a, a+100, a, Add_an_integer(n));
```

为了这个目的定义一个类有点小题大做，所以标准库提供了用于简化这项工作的类和函数。本章将对它们中的一部分进行解释。

22.1　为什么是函数对象

首先要记住的是，Add_an_integer 是函数对象类型，而不是函数类型。之所以要用函数对

象，是因为使用函数对象可以将一个函数和一个值捆绑到单个实体中。如果我们愿意把 n 放到具有一个文件作用域（file scope）的变量中，也可以使用函数：

```
static int n;
static int add_n(int x) { return x + n; }
```

于是，我们就可以给 n 设置一个合适的值，并调用

```
transform(a, a+100, a, add_n);
```

这样使用文件作用域变量是非常不方便的，所以我们还是采用函数对象。

函数对象的优点就在于它们是对象，这就意味着，原则上对别的对象可以做的事情，对它们一样可以做。实际上，标准库为我们提供了所有需要的东西，使我们根本不必定义辅助函数或者对象就能获得与 **Add_an_integer** 同样的效果。要让序列的所有元素都加 n，只需写如下函数：

```
transform(a, a+100, a, bind1st(plus<int>(), n));
```

看上去似乎不很明白，但是子表达式

```
bind1st(plus<int>(), n)
```

使用标准库创建了一个函数对象，该函数对象具有与

```
Add_an_integer(n)
```

相同且以后作为 transform 最后那个参数所必需的属性。

那么，这个子表达式是如何工作的呢？

22.2　用于内建操作符的函数对象

为了理解表达式

```
bind1st(plus<int>(), n)
```

我们从子表达式

```
    plus<int>()
```

开始。这里的 plus 表示的是一个类型，而不是一个函数，所以 plus<int>() 是一个等价于类型为 plus<int> 的无名对象的表达式。这样的对象就是那些把两个类型为 int 的值相加，并以它们的和作为结果的函数对象。所以，如果我们有如下代码

```
plus<int> p;
int k = p(3, 7);
```

则 k 被初始化为值 10。类似地，我们可以定义

```
int k = (plus<int>()) (3, 7);
```

该语句也令 k 为值 10。

除了使 plus<int>()成为函数对象的 operator()成员外，类 plus<int>还有 3 个其他成员，它们是类型名。这 3 个类型分别成员是 first_argument_type、second_argument_type 和 result_type；从它们的名字就可以知道它们的含义。比如说 plus<int>::first_argument_type 就是 int 的一个完全名称。稍后我们会明白为什么说访问这些类型会很有用处。

标准库包括内建操作符所需要的绝大多数函数对象。它们存在的原因是显而易见的。C++没有办法在类似

```
bind1st(plus<int>(), n)
```

的表达式中直接应用内建操作符+。

22.3 绑定者（Binders）

我们已经知道如何用标准库创建一个将两个值相加的函数对象；现在我们需要创建一个能够记住一个值，并把该值加到它的（单个）参数上的函数对象。两个分别叫作 bind1st 和 bind2nd 的库模板函数简化了这项工作。

如果 f 是类似 plus 的函数对象，有一个接受两个参数的 operator()，而且如果 x 是一个可以作为 f 的第一个参数的值，那么

```
bind1st(f, x)
```

将生成一个新的函数对象，该函数对象只接受**一个参数**，它有一种有趣的特性，就是

```
(bind1st(f, x)) (y)
```

具有和

```
f(x, y)
```

相同的值。取名为 bind1st 是为了表现该函数的特点：创建一个函数对象，该函数对象绑定了函数的第一个参数。也就是说，调用 bind1st 后返回的函数对象记住了某个值，并把这个值作为第一个参数提供给用户调用的函数。

以下是 bind1st 的定义说明：

```
(bind1st(plus<int>(), n)) (y)
```

等价于 n+y，这正是我们想要的。但是它是如何工作的？

理解这样一个表达式的最简单的方法就是将它分成几块来分别研究。为此可以编写这样的代码：

```
// p是一个将两个整数相加的函数对象
plus<int> p;

// b是一个将参数加到n上去的函数对象
```

```
some_type b = bind1st(p, n);

// 初始化 z 为 n+y
int z = b(y);
```

但是 b 的类型是什么呢？

获得答案还需要另一个标准库模板类型，叫作 binder1st。其第一个模板参数就是传给 bind1st 的第一个参数的类型（也就是将要调用的函数或者函数对象）。也就是说，要声明前面的 b，我们应该编写语句：

```
// p 是一个将两个整数相加的函数对象
plus<int> p;

// b 是一个将参数加到 n 上去的函数对象
binder1st<plus<int> > b = bind1st(p, n);

// 初始化 z 为 n+y
int z = b(y);
```

现在可以更容易看清楚发生了什么事情：与前面一样，p 是一个函数对象，负责把两个数相加；b 是一个函数对象，负责将 *n* 绑定在（被相加的）两个数中的第一个数上，于是 *z* 就成为 *n+y* 的结果。

22.4 更深入地探讨

假定我们来写 binder1st 的声明。起初很简单，我们知道 binder1st 是个函数对象，所以需要一个 operator()：

```
template<class T> class binder1st {
public:
        T1 operator() (T2)
        // …
};
```

于是就出现了我们的第一个问题：T1 和 T2 的正确类型是什么？

当我们用参数 f 和 x 来调用 bind1st 时，希望得到的是一个函数对象，这个函数对象可以用 f（未被绑定）的第二个参数作为自己的唯一参数来加以调用，其返回结果与 f 的结果类型相同。然而我们怎样才能区分它们的类型各是什么呢？我们曾在第 21 章尝试过用函数组合，但是困难很大。

幸运的是，22.2 节介绍的一个约定极大简化了我们的工作，就是函数对象具有名叫 first_argument_type、second_argument_type 和 result_type 的类型成员。

如果我们要求只有遵循这个约定的类才能使用 binder1st，就能很容易地为 operator() 和相同情况下的构造函数填写类型：

```
template<class T> class binder1st {
public:
        binder1st(const T&, const T::first_argument_types&);
        T::result_type operator()
                (const T::second_argument_type*);
        // …
};
```

利用同一个约定，我们还可以这样声明 bind1st：

```
template<class F, class T>
        binder1st<F> bind1st(const F&, const T&);
```

关于 bind1st 和 binder1st 的定义留作读者练习。

22.5　接口继承

模板类 plus 是函数对象类家族的成员之一，这些类都定义了成员 first_argument_type、second_argument_type 和 result_type。只要我们的一些类都具有某些相同的特殊成员，就应该考虑把这些成员放到一个基类中。C++库正是这样做的。实际上，plus 有一个叫作 binary_function 的基类，定义如下：

```
template<class A1, class A2, class R>
class binary_function {
public:
        typedef A1 first_argument_type;
        typedef A2 second_argument_types;
        typedef R result_type;
```

它极大地方便了其他函数对象的定义工作。例如，我们可以这样定义 plus：

```
template<class T> class plus:
        public binary_function<T, T, T> {
public:
        T operator() (const T& x, const T& y) const {
                return x + y;
        }
};
```

除了包括类 binary_function 外，标准库还有一个 unary_function 基类，定义如下：

```
template<class A, class R> class unary_function {
public:
        typedef A argument_type;
```

```
        typedef R result_type;
};
```

比如，这个类可以当作 negate 的基类使用，negate 的对象对值执行一元操作-：

```
template<class T> class negate:
    public unary_function<T, T> {
public:
        T operator()(const T& x) const {
                return -x;
        }
};
```

还有很多类似的函数；在任何一本关于 STL 或者 C++标准库的书中都能找到全部细节。

22.6　使用这些类

假设 c 是某种标准库容器，x 是一个可能存放到容器中的值，那么
```
find(c.begin(), c.end(), x);
```
将生成一个指向 c 中第一个与 x 相等的元素的迭代器；如果不存在等于 x 的元素，则获得一个指向紧跟在容器尾部后的元素的迭代器。我们可以使用函数配接器以一种更精巧的方法来得到同样的结果：

```
find_if(c.begin(), c.end(),
        bind1st(equal_to<c::value_type(), x));
```

除了使用 bind1st 外，本例还使用了一个约定，即所有库容器都有一个名叫 value_type 的成员，该成员用来表示容器中元素的类型。

类似地，我们可以查找一个大于 x 的元素：

```
find_if(c.begin(), c.end(),
        bind2nd(greater<c::value_type>(), x));
```

这里，因为我们想知道对于每个元素 e 是否都存在 e>x，所以采用 bind2nd，而不用别的方法。

假设 x 和 w 都是容器，且具有相同个数的元素。那么，就可以通过下面的代码将 w 的每个元素与 v 中的相应元素相加：

```
transform(v.begin(), v.end(), w.begin(),
        v.begin(), plus<v::value_type());
```

这里，我们采用了具有 5 个参数的 transform。前两个参数用来限制区间范围的迭代器；第三个参数是要和第一个区间大小相等的第二个区间的头部。这个版本的 transform 依次获得每个区间的元素，并用它们作为参数来调用作为 transform 的第五个参数，结果存放到由 transform 的第四个参数指定开始位置的序列中。本例中 transform 的第五个参数是一个函数对

象，它将两个类型为 v::value_type 的值相加，并获得一个相同类型的结果。

更为普遍的是，本例可以不局限于数字：只要 v 和 w 的容器类型允许+操作，就可以对每对参数采用适当的+操作。

标准库包括能够用普通函数构造函数对象的函数配接器。与上一个例子一样，如果有类似

```
char* p[N];
```

的字符指针数组，我们就可以找出每个指向包含"C"的以 null 结尾的字符串的指针，并用指向字符串"C++"的指针进行替换：

```
replace_if(p, p+N,
           not1(bind2nd(ptr_fun(strcmp), "C")), "C++");
```

本例使用了库函数 replace_if。它的头两个参数限定了一个区间，第三个参数用来判断是否替换容器元素，第四个参数用于替换的值。

第三个参数的判断本身就涉及 3 个函数配接器：not1、bind2nd 和 ptr_fun。配接器 ptr_fun 创建了一个适合于传递给 strcmp 的函数对象。bind2nd 使用这个对象来创建另一个函数对象，新产生的函数对象将用"C"来和它的参数进行比较。对 not1 的定义否定了判断的意义，如果它的参数相等，而 0 又被普遍当作 false 解释，那么这个否定对于适应 strcmp 返回 0 的情况是很必要的。

22.7 讨论

这种编程方式是不是很难理解？为什么每个人都要这样编写程序？

原因之一是理解的难易程度总是和熟悉程度密切相关。大多数学习 C 和 C++的人都在某个时候遇到过这样的问题：

```
while ((*p++ = *q++) != 0)
    ;
```

最初几次看到这样的代码时可能会困惑不解，但是概念的强化很快就会在心理上打开通道，以致于理解这种水平的程序反而比理解单独的操作要容易。

另外，这些程序不比相应的那些常规程序运行得慢。理论上它们可以更快：因为这些函数配接器是标准库的一部分，编译器在适当的时候可以识别它们，并生成特别高效的代码。

这种编程方式使得一次处理整个容器成为现实，而不必采用循环来逐个处理单个元素。这也使得程序更短小，更可靠。如果你熟悉了，就会觉得易于理解了。

第 四 篇

库

C++ 是可扩展的。用户不能改变底层语言本身，即不能增加新的操作符或者改变语法，但是可以为这门语言增加新的类型。在这方面，C++与某些自然语言相似。如在英语中，人们可以发明新词，但是很难改变语法。然而，扩展语言说起来容易做起来难。

迄今为止我们所见过的绝大多数类都是为解决特定问题而设计的。我们曾经考虑过类是否可在所有情况下为所有用户使用。我们曾花费过精力来改进类，但最关注的还是在原有条件下使用类。这是大部分类被设计和创建的过程。但是，有时我们想做的不仅仅是为方便自己使用而增加新类型，还希望支持其他用户的使用需求。如果某一组类的设计和实现是希望得到广泛应用，那么我们就称之为库。

为了设计其他人也能使用的类，库作者需要承担许多类似语言设计者的工作。类的使用者希望这个类足够"聪明"。他们希望类设计者提供的行为，与我们通常希望编译器提供的行为相似：正确地创建、复制、赋值或者销毁对象。他们还希望类有一些合理的语义：要有足够的操作供他们以直观的或者自然的方式使用这个类。第 25 章将讨论这些话题。

所谓的"聪明"，还要求类接口的设计有助于减少用户可能犯下的错误，这一点总是被人忽视。在第 24 章，我们将重新设计一个常用操作系统机制的接口，从而对这个话题进行探讨。

让用户进行语言设计也有不利的一面，因为 C++语言本身必须按照库设计者的需求来设计。这涉及范围广泛的问题，从允许用户自定义类成为完全类型，到类型安全的连接，不一而足。第 26 章将探讨 C++中为了支持库设计者而设计的一些语言功能。

为了结合实际讨论这些话题，我们将从第 23 章开始，研究如何通过运用设计良好的库来简化编程工作。

第23章

日常使用的库

1993 年 7 月，我志愿成为 ISO C++标准委员会的项目编辑。很快我就发现这项工作太庞大了，我一个人不可能完成，必须寻求他人的帮助。因为标准委员会是一个志愿组织，我不能发号施令；相反，我只能接受人们的自愿帮助。如果人们所给予的帮助不是我所需要的，有时我就要用计算机来弥补需求与供给之间的差距。

本章将要展示这样的一个例子。我要解决的特定问题是把两份重要文本加以合并。这两份文本分别是标准库提案描述，以及标准库工作组所维护的开放讨论列表。这个问题之所以成为问题，是因为这两个文件的合并不是一劳永逸的：不同的人维护不同的部分，而且彼此之间并不是随时进行相互交流。

23.1 问题

为了把问题具体化，我们研究一下标准库提案描述的开始部分（稍加简化）：

```
.H1 "Library" lib.library 17
.H2 "Introduction" lib.introduction
.P
A \*C implementation provides a
.I "Standaed \*C library"
that defines various entities:
types, macros, objects, and functions.
```

以点号开始的行都是格式命令；我所用的文档工具是 troff,它负责翻译这些文本。比如,.H1 标记一级标题，.P 标记段落，.I 使文字变为斜体字，等等。符号*C 转换为 "C++"，而+号另有别的更有意义的用场。

绝大多数以.H 开始的行都包括一个**符号名**（symbolic name），比如本例中的 lib.library 和

lib.introduction。有了这些名字，我们就可以关联文本的某个部分而不必知道实际部分的编号；这些编号总是随着时间而变化。

库工作组负责维护另一个文件，我称之为**注释文件**（commentary file）。这个文件包括类似下行的内容：

```
### _lib.introduction_
The library working group needs to review this section.
```

每行都以###开头来表明主体文本的某部分的符号名（由于某些无趣的原因用下划线圈注出来），后面紧跟对这部分的注释。各部分在注释文件中出现的顺序没有必要和在主体文本中一致。同时，一些注释可以用于同一个部分。

那么，问题就是怎样才能有机地结合这两个文件。例如，假设我希望从上述两个样例中得到的结果是：

```
.H1 "Library" lib.library 17
.H2 "Introduction" lib.introduction
.eN
The library working group needs to review this section.
.nE
.P
A \*C implemention provides a
.I "Standard \*C library"
that defines various entities:
types, macros, objects, and functions.
```

这里，由

```
### _lib.introduction_
```

标识的文本被紧紧安插在符号名为 lib.introduction 的部分的第一行后面，并被指令.eN 和.nE 包围。这些指令被定义为宏包的部分，用于产生工作草案；它们告诉 troff 把文本放入一个矩形框中，这样文本就呈现为打印后的文档了。

这个例子很像程序员在实际中经常碰到的问题，算是个好的例子：松散，有点混乱，并且与花费大量时间得到完美的解决方法相比，大多数人更倾向于快速获得仅仅够用的解决方案。这种问题正适合于类似 Awk、Perl 或者 Snobol 这样的模式匹配语言，至少第一眼看上去绝对不适合 C++。但是，既然这个程序本身的目的就是产生 C++标准文档，我认为最好还是用 C++才名正言顺，除非能找到一个有说服力的反对理由。

后来证明使用 C++比我想象的还简单，主要是因为我采用了一个通用库，而不是仅仅依赖于原始的 C++。我所用的库是"标准组件"（Standard Component），这个库一度由 USL 出售，但没有延续下去。我选择这个库是因为当它还由 AT&T 进行开发的时候，我个人曾为它的开发尽过绵薄之力。我相信也可以使用其他的任何库来写一个相似的程序。从现在开始，我将在本章中把这个库称为"程序库"。

23.2 理解问题：第 1 部分

由于注释文件可能以任何顺序涉及各个部分，因此不能并行读取这种文件和主体文本，然后把它们简单地合并在一起。相反，我们必须以一种方式来存储这个文件，以便能在文件内部方便地跳转。注释文件比主体文本小得多，所以我们决定首先保存这个文件，然后再顺序处理主体文件。

我们必须以这样的方式保存注释文件：每次读取主体文件标准行之后，我们能判断是否存在同样使用这个符号名称的注释。最直接的处理方法就是采用**关联数组**（associative array），这是一种类似数组的数据结构，允许采用任何值作为下标。值得庆幸的是，程序库有这样一个数据结构。

要按节保存注释文件，我们需要一种方法来记录这些节的位置。因此，就必须能够方便地判断注释文件中的某行是否表示某个新节的开始。程序库中有一个正则表达式匹配器，可以轻易地解决这个问题。

我们还希望忽略有关读取变长字符串和存储注释文件行的细节。为此，我们将使用由程序库提供的 String 类和 List 类。

23.3 实现：第 1 部分

现在，我们可以编写代码来解决问题的第一部分：读取注释文件，把它分成若干节，将每节放入关联数组的一个元素中。由于创建和打开特定的注释文件的细节没什么意思，所以我们将省略它们，并假设已经打开了一个叫作 comments 的输入流，并与文件关联上了。

首先，声明后面要用到的变量：

```
String line;
String section;
Map<String, List<String> > map;
Regex pat("^###[ \t]*_(.*)_[ \t]*$");
Subex substrings;
```

变量 line 和 section 分别包含注释文件中按顺序排列的个别行与各节的对应符号名。变量 map 是一个如前所述的关联数组。假定有一个符号名 x，则 map[x]的值将是一个包括所有与这个符号名相关的注释行链表。我们在这个链表中保存注释的每一行内容。

变量 pat 的值看上去有点恐怖。简而言之，它是一个描述要查找何种字符串的**正则表达式**。在这种情况下，它描述的是为注释节起头的行。

正则表达式的第一个字符是^，它规定后面所跟的内容要从主题字符串的第一个字符开始与之相匹配。3 个#字符就代表它们本身，所以^###要求这一行的开头要与###相匹配。

在此之后，我们看到了[\t]*，它匹配任意个空格或者制表符。其后是下划线，是符号名的第一个字符。(.*)匹配任何字符；圆括号正如我们将会看到的那样，可以使我们以后能够判断匹配了哪些字符。再后是另一个下划线、任意数目的空格和制表符，最后是一个表示行尾的$。

换言之，对 pat 的定义描述了一个正则表达式，该表达式匹配任何以###开头，后面紧跟数量不限的空格，然后是任何由下划线标注的字符串，并且在任意数量的空格后中止的文本行。我们说过，可以得到用括号括起来的 pat 所匹配的子表达式（字符）。我们将使用变量 substrings 来获取这些信息，方法下面会具体介绍。

注释文件的第一行要求是一个以###开始的行。如果不满足这个条件，就要根据适当的判断删除位于第一个以###开始的行之前的所有内容。遍观整个程序，我们会发现一个要点，就是 line 包括输入文件的当前行，所以我们首先把握住这个要点：

```
line = sgets(comments);                 //读取一行
```

现在，正如所愿，我们删除了注释文件头部的没用的部分：

```
while (comments && !pat.match(line, substrings)) {
        cerr << "skipping leading junk: " << line << endl;
        line = sget(comments);
}
```

在 while 条件下这样使用 comments，是一种表示"当我们还没有到达文件尾部时"的便捷方法。表达式!pat.match(line, substrings)则更有意思。它有一个叫作 match 的成员函数，接收一个 String 作为第一个参数。如果正则表达式成功地表述了 String，则结果为非零；否则，结果为零。因此，我们可以这么来理解这个循环：只要还有输入并且当前行不是以###开头，那么就打印一个错误信息并删除这一行。还有一个副作用是，match 函数在 substrings 中存储了关于匹配输入部分的信息。

现在，我们要么位于一个以###开头的行，要么到达了文件尾部。程序的这个部分的主循环就开始了：对于每个以###开头的行，都读取相应的文字，并输出到 map 中。

```
while (comments) {
        String key;
        substrings(1, key);
        List<String>& contents = map[key];

        if (contents) {
                contents.put(" .nE");
                contents.put(".eN");
        }

        line = sgets(comments);
        while (comments && !pat.match(line, substrings)) {
```

```
                    contents.put(line);
                    line = sgets(comments);
            }
    }
```

前面对 match(line, substrings)的调用将被匹配的用括号括起来的子表达式信息存储在 substrings 中。这就是在为什么要把.*放在括号里的原因。然后，我们可以声明一个局部变量 key，通过

```
    substrings(1, key);
```

用匹配模式库在 key 中保存由(.*)匹配的子字符串。接下来，我们在 map 中查找用来表达与关键词 key 对应的注释的 List<String>。方便起见，我们创建了一个参考变量 contents，并把它与链表绑定起来。如果该关键词不在 map 内，就会自动创建一个，并用一个空链表作为它的值。

我们通过检查 contents 是否指向一个空链表来充分利用这种设计的好处。如果链表不为空，我们就知道正在处理的是针对一个符号名的第二个注释或者后续的注释，于是就可以插入一个结束定界符.nE 和一个开始定界符.eN，从而将两个注释放入不同的单元中。我们不必担心第一个.eN 或者最后一个.nE，因为我们是在生成输出的时候插入的。

这并不是处理第一个和最后一个分界符问题的最聪明的做法。如果我要写一个程序作为软件工程课的例子，就可能会想办法把关于.eN 和.nE 的信息抽象出来放到单独的类中。但是，这个程序的目的是要花最少的精力得到正确答案，并且以后还要不难修改。程序很小，所以若采用额外的抽象机制复杂度可能会比当前方案高出许多。有时候，完成一项工作的最好方法就是直接去做。

总之，我们现在从注释文件中读取行，直到找到另一个以###开头的行。所有读取的行都保存到 contents 中。当循环结束时，我们可能回到了某个以###开头的行，也可能到达了文件的末尾。如果是位于某个以###开头的行，所在的循环就会读取这一行。否则，就完成了对注释文件的处理，该转而处理主体文本了。

23.4　理解问题：第2部分

现在我们在变量 map 中有了一个数据结构，它告诉我们对应于主体文本的某节是否有相应的注释。接下来我们必须做两件事。

其一，当我们读取主体文本时，必须判断是否读到了节的头部。如果是，就可以打印对应的注释（如果有的话）。

其二，打印注释时，必须标注已经打印完的各节，这样当完成打印后可以检查漏打了哪些节。这种情况是会发生的，比如，如果一个注释节的名字被拼错了，拼错的名字就会与主体文本中标示的符号名字不相符。

23.5　实现：第 2 部分

整个程序最难读写的部分就是主体文本中用于识别各节头部的正则表达式：

```
Regex cpat("^\\.H.*[ \t]+([^ \t]*[^ \t0-9][^ \t]*)"
        "([ \t]+[0-9]+)?[ \t]*$);
```

由于这个字符串太长，所以我们采用了 C 和 C++的一个约定，即两个或两个以上只用空格（包括换行符）分隔的字符串（用双引号括住）在编译时被联合起来当作一个字符串处理。这个庞大的正则表达式的用途就是要能够以下面任何一种形式挑选出各节头部的符号名：

```
.H1 "Library" lib.library 17
.H2 "Introduction" lib.introduction
```

注意它们中的一个的尾部有数字——这里是 17。正则表达式提供了这个可以选择的数字。下面是关于模式是如何工作的明细清单。

`^`	文件的头部。
`\\.H`	字符.H；由于正则表达式中的.通常匹配所有字符，所以.前面需要一个\，另一个\则是当要将一个字符串当作程序的一部分显示出来时需要用到的，常常需要用\\来表示一个\。
`.*`	任意字符串。
`[ \t]+`	一个或多个空格或者制表符。
`([^ \t]*[^ \t0-9][^ \t]*)`	零个或多个不是空格或者制表符的字符，后面跟的字符既不是空格或制表符，也不是零个或者多个非空格和制表符之前的数字。
`([ \t]+[0-9]+)?`	一个或多个空格或者制表符，后面跟着一个或多个数字（+要求所跟的无论是什么，都要有一个或者多个），或者后面什么也没有（?要求所跟的无论是什么，都要是零个或一个字符）。
`[ \t]*$`	最后一行前的零个或多个空格或者制表符。

如果严格遵守这个逻辑，就会发现可以在以.H 开始的行中高效地查找以空格结尾的单词，该单词至少包含一个非数字的字符，该字符后面可能紧跟一个数字，然后就是该行的结尾。这正是从头部提取出符号名的方法。

这个正则表达式后面的部分就很浅显易懂了。首先，我们开始读取整个文本文件的循环，并打印每个被读取的行：

```
while (line = sgets(text), text) {
      cout << line << endl;
```

接下来，判断被打印的行是否是一个新节的开始：

```
if (cpat.match(line, substrings)) {
```

如果是，就提取出符号名（对应于上面的正则表达式的第一个圆括号），并它放到 s 中：

```
String s;
substrings(1, s);
```

然后，检查 map 看是否有对这个名字的注释：

```
if (map.element(s)) {
```

对 map.element(s) 的调用可以高效地判断 map 中是否存在一个下标为 s 的元素。如果有，我们有一个必须要写的注释节。我们写了以后将其删除，从而确定它已被打印。与以前一样，为了方便，我们使用局部变量 contents：

```
List<String>& contents = map[s];
if (contents) {
        cout << ".eN" << endl;
        String line;
        while (contents.get(line))
                cout << line << endl;
        cout << ".nE" << endl;
    }
        }
    }
}
```

唯一不明显的事情就是成员 get 的职责：它要提取出链表的第一个元素，并把这个元素放到它的参数中，返回一个表示成功与否的值。所以，get 具有破坏性；反复执行它的副作用就是会将 mpa[s] 设置为空链表。

到目前为止，本程序已经完成了主要任务。然而，正如前面提到的，我们应该检查 map 中剩余的部分，确定是否用到了每个符号名：

```
Mapiter<String, List<String> > it = map.first();
while (it) {
        if (it.value())
                cerr << "unmatched section: "
                        << it.key() << endl;
        ++it;
}
```

这里，我们用 map iterator 来调用 it，以便访问关联数组的所有元素。我们检查是否每个元素都是空链表；如果不是，则报告这一异常情况。

23.6　讨论

这段程序写起来既不算容易也不算困难。但是，如果没有库的帮助，写起来肯定相当麻烦。它依赖于库的 4 种功能：

- 变长字符串；
- 链表（或者至少是字符串的链表）；
- 关联数组；
- 正则表达式。

不用链表我们也能做到。一个简单的办法就是在一个长字符串中保存关于每个符号名的完整注释。尽管如此，其他 3 个功能看上去都是这个特殊应用必不可少的。实际上，正是它们使得类似 Awk 的语言在这类问题上别具魅力。

这个例子确实需要大量专业知识。但是，这些知识不难获得。实际上，在开始写这个程序之前，我从没使用过正则表达式类。尽管如此，我只花了两小时就完成了整件事情，其中还包括学习所用的时间。

如果不是因为存在这个库，我是不会用 C++ 来解决这个问题的。相反，我可能采用 Awk、Perl、Snobol 或者其他类似的语言。有趣的是，C++ 库使我们不必借助特殊的工具，就能轻松地解决这样的问题。

第
24
章

一个库接口设计实例

为什么向不熟悉的人解释抽象数据类型（ADT）会是一件很有挑战性的事情呢？因为很难找到一个与实际情况一样复杂，但又小巧易懂的例子。毕竟，数据抽象的目的就是控制复杂度，所以要找一个简单的例子简直是自相矛盾。

尽管如此，还是有一个很好的例子——一个得到广泛应用的 C 库例程集，它能够检查文件系统目录的内容。C 程序可以在种类繁多的操作系统中运行，而且大多数操作系统中文件和目录的概念都相似。因此，我们可以泛泛地讨论这些概念，而不必具体针对某种操作系统。

这个例子的意义在于着重说明对那些不直接支持数据抽象的语言中十分通用的约定，如何使用数据抽象来自动进行管理。通过在类中隐藏这些约定，可以使用户免于处理它们。这样做不仅使类更简单，而且也增强了类的健壮性。

要知道 C 库例程是如何工作的，最简单的方法就是观察一个使用这些例程的程序：

```c
/* 这是一个C程序 */
#include <stdio.h>
#include <dirent.h>

main()
{
        DIR *dp = opendir(".");
        struct dirent *d;

        while (d = readdir(dp))
                printf("%s\n", d->d_name);

        closedir(dp);
```

```
        return 0;
}
```

C 程序通过两个分别叫作 DIR 和 struct dirent 的类型与库进行通信。指向 DIR 对象的指针被当作**神奇的 cookie**（magic cookie）——一种具有超自然力且能使程序作某些事情的小对象。

我们并不打算弄清楚 DIR 对象里面有什么东西。调用 opendir 就会获得一个 DIR 指针，我们把这个指针传递给 readdir 去读取一个目录条目，还把它传给 closedir 去释放由 opendir 分配的资源。

对 readdir 的调用将返回一个指向 struct dirent 的指针，该 struct dirent 表示刚才读取的目录条目。另外，我们也不想知道 struct dirent 的完整内容，而只要知道它的一个成员是一个以 null 结尾且包含了这个目录条目名字的字符数组，该数组叫作 d_name。

这个范例程序的工作方式就是调用 opendir 获得表示当前目录的神奇 cookie；反复调用 readdir 从这个目录中取出并打印目录条目；最后调用 closedir 清理内存。

尽管这个小程序没有用到它们，但是为了完整性，我还是应该说说另外两个库函数。telldir 函数获得表示目录的 DIR 指针，并返回一个表示目录当前位置的 long。函数 seekdir 获得 DIR 指针和由 telldir 返回的值，并将指针移动至指定位置。

24.1　复杂问题

所有这些看上去都非常简单，但是果真如此吗？先前的非正式描述忽略了几个真正问题，它们在程序员编写代码时会带来麻烦。下面我们来看看一些更重要的问题。

- **如果目录不存在会怎样？** 如果给 opendir 的是一个不存在的目录名，它不能直接死机了之——它必须做点什么。这种情况下通常返回一个空指针。这样做有助于程序检查到底有没有打开。想法还不错是吧，可是就带来了下一个问题。

- **如果传给 readdir 的参数是一个空指针会怎样？** 如果在前面的程序中目录 "." 不存在，就会出现这种情况。对于这个问题至少有两种可能的答案。readdir 可能找不到空参数，此时我们很自然就会预料到内核转储或者其他的灾难性后果。或者，readdir 可以实施某种检查，并进行相应处理。后一种情况再次引起一个新问题。

- **如果传给 readdir 的参数既不是一个空指针也不是一个由 opendir 函数返回的值又会怎样？** 这种错误是很难察觉的：要检测到这种错误，需要构建存放有效 DIR 对象的表，每次调用 readdir 时都要搜索该表。这太复杂，并且相应的消耗也太大，所以 C 库例程通常不这样做。于是衍生出 readdir 返回结果的一个问题。

- **对 readdir 的调用返回指向由库分配的内存块指针。什么时候释放这块内存？** 在这个例子中，对 readdir 的每次调用都返回一个保存在 d 中的指针值。如果程序照下面这样写会发生什么情况呢？

```
d1 = readdir(dp1);
d2 = readdir(dp2);
print("%s\n", d1->d_name);
```

我们怎么样才能知道调用 readdir(dp2)后指针 d1 是否还指向一个有效的位置？是否只有当 dp!=dp2 时 d1 才有效？还是另有某个其他规则？弄清楚这段代码是否有效的唯一方法就是弄清楚哪些操作会使 d1 所指向的值无效，以及我们的实际做法如何。

24.2 优化接口

现在先不回答这些问题，我们先重新设计 C++中的接口，以便在可能的地方不必考虑这些问题。我们将用对象取代那个神奇 cookie，并取消对指针的使用，从而实现对接口的重新设计。

在 C 版本中我们看到的第一个神奇 cookie 是 DIR 指针，让我们把这个指针放到一个名为 Dir 的类中。Dir 对象表示对目录的一次查看。C 版本中除了两个控制 DIR 指针的函数外，其他所有函数都应该变成 Dir 类的成员函数。那两个控制指针的函数分别是 opendir 和 closedir，必须对应于构造函数和析构函数。那么，类定义就与下面的类似：

```
class Dir {
public:
        Dir(const char*);
        -Dir();
        // 关于 read、seek 和 tell 的声明
};
```

read、seek 和 tell 成员函数的参数及结果类型是什么？我们先解决 seek 和 tell，因为它们最简单：由于 C 版本采用了神奇 cookie，所以 C++版本应该用一个小型类来表示偏移量。这个类的对象表示目录内的偏移量，所以我们称之为 Dir_offset：

```
class Dir_offset {
        friend class Dir;
private:
        long l;
        Dir_offset(long n) { l = n; }
        operator long() { return l; }
};
```

注意这个类没有公共数据，尤其是其构造函数也是私有的。因此，创建 Dir_offset 对象的唯一方法就是调用知道如何创建它的函数——推荐设为 Dir 类的成员函数。一旦有了这样的对象，当然就可以复制它，但是由于这个类的定义方式，用户不能直接探查该类的对象。

Dir_offset 对象唯一的数据成员是一个对应于由 telldir 返回的值的 long 对象。

现在该讨论 read 函数了。由于一个非常重要的原因，C 版本返回一个指向 struct dirent 的

指针：这样就可以通过返回一个空指针来标识到达目录尾部了。我们在这儿没有费力封装
dirent 结构体，而是改变 Dir 读取它的方法。在 C++中，我们可以以不同的方式检测是否到达
目录尾部：为 read 提供一个表示可以放入其结果中的对象的参数，并让它返回一个表示读取
是否成功的"布尔值"（实际上是一个整数）。

这个讨论目前只说明了 Dir 类的公共部分应该类似以下代码：

```cpp
#include <dirent.h>

class Dir{
public:
        Dir(const char*);
        ~Dir();
        int read(dirent&);
        void seek(Dir_offset);
        Dir_offset tell() const;
};
```

有了这个接口，我们现在就可以如下所示重写范例程序：

```cpp
#include <iostream.h>
#include "dirlib.h"

int main()
{
        Dir dp(".");
        dirent d;

        while (dp.read(d))
                cout << d.d_name << endl;
}
```

这里，头文件 dirlib.h 包括关于 Dir 和 Dir_offset 的声明。

24.3　温故知新

因为还没有用成员函数定义来充实 Dir 类，所以还不能运行这个程序。但是，我们已经知
道一些改进程序的方法。

首先，注意这个库的 C 版本在全局名称空间中加入了 7 个名字：DIR、dirent、opendir、
closedir、readdir、seekdir 和 telldir。相反，C++版本只用了 Dir、dirent 和 Dir_offset。

其次，我们发现程序的 C++版本根本不包括指针变量。尤其是 d 是一个表示目录条目的
对象，而不像 C 版本中那样是一个指向这种对象的**指针**。因此，我们就去掉了一个可能有问
题的类：没有使用指针的程序不会导致因未定义指针而引起的崩溃。

再次，因为 C++不需要在声明对象时在前面加上 struct 或者 class 关键字，所以 d 的声明就变得更简洁了。

最后，C++版本回答了 C 版本没有回答的问题。

1. **如果目录不存在会怎样？**我们还是必须处理这个问题。实际上，使用 C++令我们更明确了要解决这个问题，因为类似下面的程序

```
Dir d(some directory);
d.read(somewhere);
```

必须做些有意义的事情：即使打开目录失败，d 也是一个对象。要注意确保 Dir 构造函数将它的对象置于一种恒定的状态，即使下一次对 opendir 底层调用失败也是如此。如果在库中一次性把这件事解决，使用这个库的人就不必担惊受怕地顾虑这个问题。

另一种做法就是，如果我们被要求创建一个 Dir 对象，该对象指向一个不存在的目录，可以抛出一个异常。再一种可行的办法是允许创建 Dir 对象，但是对于读取它的请求要抛出异常。

2. **如果传给 readdir 的参数是一个空指针会怎样？**这在 C++版本中不再是问题：我们必须对某个对象调用 read，而那个对象必须已经创建。

3. **如果传给 readdir 的参数既不是一个空指针也不是一个由 opendir 函数返回的值又会怎样？**这也不是问题，理由同上。

4. **对 readdir 的调用返回一个指向由库分配的内存的指针。什么时候释放这些内存？**我们让 read 读取用户提供的对象，而不是返回一个指针。这样就把内存分配的职责交给用户了，但是我们通过使用 read 读取局部变量，减轻了这个负担。

显然，我们仅仅通过把这些例程改写成 C++版本，就使它们更加健壮了。这主要是因为我们尝试将 C 接口中的底层概念转化成了 C++接口中的显式对象。

24.4　编写代码

应该注意的是我们已经明确了接口，设计它的实现应该不难。Dir 类封装了一个 DIR 指针，所以我们将在 Dir 类的私有数据中包括这个指针。我们还将通过赋值和初始私有化使得对 Dir 对象的复制无效：

```
class Dir {
public:
        Dir(const char*);
        int read(dirent&);
        void seek(Dir_offset);
        Dir_offset tell() const;

private:
        DIR* dp;
```

```
                // 禁止复制
                Dir(const Dir&);
                Dir& operator=(const Dir&);
        };
```

我们不希望允许复制 Dir 对象，因为对一个对象进行读操作会影响另一个对象的状态。另外，复制一个 Dir 对象后，原来的 Dir 对象和副本都不得不被销毁。我们可以设计一个更复杂的 Dir 对象，使它适用于这种可能的情况；如何实现就留作读者自己练习。

现在我们可以写成员函数了。构造函数调用 opendir：

```
Dir::Dir(const char* file): dp(opendir(file)) { }
```

因此，我们必须弄清楚如果 opendir 失败会发生什么情况。答案当然是 dp 将为空；我们必须记得在其他成员函数中检测这种情况，并作出相应处理。

析构函数很简单——我们调用 closedir，除非打开失败：

```
Dir::~Dir()
{
        if (dp)
                closedir(dp);
}
```

如果打开失败，则 dp 将为 0。检测 dp 就是为了弄清楚打开是否成功，这样就不依赖于底层 C 库是否正确地允许我们对一个没有指向打开的 Dir 的 Dir 指针调用 closedir。

seek 和 tell 函数也简单：调用 seekdir 或者 telldir。唯一的问题就是如果打开失败，从 tell 返回什么。幸运的是，返回什么无关紧要，因为任何相应的 seek 都不会针对发现的错误作任何反应：

```
void Dir::seek(Dir_offset pos)
{
        if (dp)
                seekdir(dp, pos);
}

Dir_offset Dir::tell() const
{
        if (dp)
                return telldir(dp);
        return -1;
}
```

最后，我们就有了 read 成员。这是所有成员函数里面最复杂的一个，但还是相当简单：

```
int Dir::read(dirent& d)
{
        if (dp) {
```

```
                  dirent* r = readdir(dp);
                  if (r) {
                          d = *r;
                          return 1;
                  }
          }
          return 0;
  }
```

我们遵循了"对于错误返回 0 和对于成功返回 1"的约定。这段代码首先检查打开是否失败，如果失败则立即返回 0。然后调用 readdir 来读取一个目录条目；如果得到一个，则马上复制这个条目到调用者提供的 dirent 对象中。于是我们就回答了前面的问题：读取一个不存在的目录的行为类似于该目录根本没有条目。

将*r 的值复制到用户的空间，用户就不必再担心*r 的生存期，因为当读取关于 struct dirent（*r 类型）的描述时，我们知道它不依赖于任何位于该结构体外的成员。如果不是这种情况，就必须在 C++中用一个动态字符串类定义一个独立的 dirent 类，而不是用 C 版本的 dirent 结构体。

如果有个函数能够显式地检查 Dir 对象是否成功地打开了它的底层目录就更好了。这个函数并不比我们已经在这里见过的函数难，就留给读者作为练习吧。

顺便提醒一点，就是可以通过内联 Dir 成员函数减小这个接口原本已经很小的开销。

24.5　小结

这个库的 C++接口是采用一种很有效的方法对 C 接口稍微加以改进得到的。所有这些改进都得益于数据抽象的观念：如果对某个类对象的所有单个操作都将对象置于一种合理的状态，那么对象的状态就会始终保持合理。

C 接口具有几种我们前面的问题暴露出来的隐藏约定。不遵守这些约定的程序运行起来可能会出现奇怪的情况，从而导致失败。使这些约定显式地作为接口的一部分，可以更早检测到错误，程序员工作起来也会更有信心。

第25章

第

25

章

库设计就是语言设计

    C++中一个更为重要的思想（尽管这个思想不是 C++特有的）是用户自定义类型可以很容易地当作内建类型使用。通过定义新类型，用户可以出于自己的目的来定制语言。

    这种思想很强大，如果被错误地使用，便会十分危险。例如，某种类型的设计者可以匪夷所思地给这种类型的对象赋值，以便 x=y 就会取到 x 的值并放入 y 中，而不是取到 y 的值并放入 x 中。但是，这样做肯定会令使用这个类的用户感到困惑不解。

    任何一个类设计者，如果还希望自己的东西为人所使用的话，都有责任避免这种混淆的产生。实际上，设计类库和设计编程语言是相似的，而且应该给予高度的重视。

25.1　字符串

    为了使讨论更具体一些，我们看一个简单的通用类，它使拥有变长字符串成为可能。你肯定已经在别的地方看到过一些相似的例子。

```
class String {
public:
        String(char* p) {
                sz = strlen(p);
                data = new char[sz + 1];
                strcpy(data, p);
        }

        ~String() { delete[] data; }

        operator char*() { return data; }
private:
```

```
        int sz;
        char* data;
    };
```

这个类定义可以说是能够像字符串一样使用的最简单的类了。下面的例子说明了如何使用它：

```
String s("hello world");
cout << s << endl;
```

这个例子初始化了 s，然后使用类型转换操作符 operator char*()获得一个 char*，这个 char*将被传递给标准 iostream 库中定义的输出操作符。

尽管在这个特例中，这个类算差强人意，但它完全无法满足进一步的需求。它既不能提供所有可以对 String 执行的操作，也不能成功处理可能出现的所有错误情况。想使用这些类的用户通常都能如愿，但是有时也会陷入奇怪的情况。正是由于要理解什么时候会发生这些奇怪的情况，还要决定如何处理，这使得设计通用类成为了一项困难的工作。

25.2　内存耗尽

有个问题是可能没有足够的空间包含被分配的 String。由于用户请求了一个很大的 String，而又没有足够的内存空间，就会发生这种情况。

这种情况下会发生什么事情？简短的回答是类定义没有考虑这种情况，所以我们不知道。冗长的回答是构造函数里的 new 表达式失败了，我们必须了解失败的原因。

"new 表达式失败"的确切含义在各个实现中不同，在各个时期也不一致。在目前的实现中，通常会发生 3 件事情中的一件：库抛出异常；整个程序伴随着一个适当的诊断信息退出；new 表达式返回 0。如果抛出异常或者整个程序退出，最起码可以确定之后不会出错。标准 C++可能会要求实现抛出异常。然而，要使所有实现都遵守这一点还需要时间——许多实现会提供一种还是返回 0 的"兼容模式"，我们必须适应这种做法。因此，假设本章中的 new 返回 0。

如果指针 data 被置为 0，next 会怎样？如果 strcpy 试图向 data 中写入数据，就可能在 strcpy 内部导致崩溃！显然，复制之前需要检查 data 是否已经分配。其他操作呢？对零指针运用 delete 是无操作（no-op），所以析构函数不存在问题。但是 operator char*()呢？很明显，对分配失败的 String 运用 operator char*()将会返回一个零指针。如果用户要使用这个值会出现什么情况？在大多数实现中都不会检查这样的操作；结果可能是得到垃圾数据，或者是内核转储（core dump）。

因此，我们知道了分配内存时的内存耗尽会导致 String 被正常释放，而任何使用它的企图都会引起不确定行为。

解决这个问题有几种方法。

我们可以使用偷懒的方法，声明内存耗尽的结果是不确定的：如果用光了内存，就会得到该得到的东西。

通过说明检测 operator char*的返回值是用户的责任，我们可以把这个负担转交给用户。例如，我们可以要求对 String 的每次使用都要检查内存是否可用：

```
char* p;
String s(p);
if (s) {
        cout << s << endl;
}
```

当然，几乎所有用户实际上都会忽视检查这块或者那块内存。我们能够在某种程度上强迫用户检查吗？

最直接的强化方法就是在构造函数中检查内存分配是否成功，如果失败就采取强硬措施：

```
class String {
public:
        String(char* p) {
                sz = strlen(p);
                data = new char[sz + 1];
                if (data == 0)
                        error();
                else
                        strcpy(data, p);
        }
        // …
};
```

实质上，我们是在自己动手替用户检查内存耗尽的情形，这样用户就不必自己检查了。这个方法似乎是可行的，但是有一个严重的问题：error 能返回吗？如果不能，除了试着创建一个 String 外，这个类的用户就没有办法检查内存耗尽了——如果程序还在往后运行，内存就不是问题！这不是碰运气吗？

另外，如果 error 能返回，问题还是没有解决：error 返回后，我们有一个无效 String，必须弄清楚用户是否会在不进行第一次检查的情况下使用它。因此，很有必要在 operator char*() 内部检查对象是否有效。如果访问 String 之前就检查了内存耗尽问题，就可以在不强迫用户修改他们的 String 的情况下，捕获内存耗尽的所有情况了：

```
class String {
public:
        operator char*() {
                if (data == 0)
                        error();
                return data;
```

```
        }
        // ...
    };
```

这段代码的问题在于，如果不调用 error，用户就无法检测内存耗尽。事实上，许多用户反对库函数无条件地中止程序。因此我们应该增加一个函数来显式地检查内存耗尽。例如，可以再增加一个成员函数

```
int String::valid() { return data != 0; }
```

谨慎的用户在使用 operator char*()之前会调用这个成员函数。这可以使得在编写程序时不必明显关注内存耗尽：如果内存耗尽确实发生了，客户可以调用 error 中止程序，此外不再提供更多保障。这样做的代价是，希望显式检查内存耗尽的用户可能会由于没有提示而忘记检查。这是一个小小的妥协，类设计者必须认为用户会认真做到。

当然，还有一个性能问题：每次访问 String 时都要检查 data==0。既然创建 String 时碰到 data==0，那就很难避免这个检查。另外，如果 error 可以返回，就很难避免创建这样的 String。

使用异常处理可以解决这个问题：

```
class String {
public:
    String(char* p) {
            sz = strlen(p);
            data = new char[sz + 1];
            if (data == 0)
                    throw std::bad_alloc();
            else
                    strcpy(data, p);
    }
        ~String() { delete[] data; }

        operator char*() { return data; }

private:
        int sz;
        char* data;
};
```

简单地说，主导思想就是 throw 语句是当检测到错误发生时无条件退出出错环境的一种方法，同时还允许程序员通过写与下面类似的语句来检测错误：

```
try {
        String s(p);
        // 处理与 s 有关的
} catch (std::bad_alloc) {
```

```
// 这里处理内存耗尽
}
```

如果 s 不能分配足够的内存，throw 语句就会使得控制权传给相应的 catch 子句。一旦控制权到了这一点，s 就越出作用域而无法进行访问了。这段代码采用了标准库中定义的异常 std::bad_alloc。

按照这种方式使用异常会极大地简化我们的程序，因为只要 String 存在，就能保证已经成功分配了 String 的内存。所以，就不用在 String 类的别的地方检查内存耗尽了。

25.3   复制

现在我们不继续探讨处理内存分配的各种方法，而是研究当有人要复制 String 时会发生什么情况。

我们的小 String 类的定义中没有复制构造函数和赋值操作符。在这种情况下，C++编译器代表程序员创建了它们，并用对类成员的相应复制操作递归地定义它们。因此，复制一个 String 就相当于复制 String 的 sz 和 data 成员的值。

这导致了一个严重的问题：复制完后，原来的 data 成员和副本的 data 成员将指向相同的内存！所以，当两个 String 被释放时，该内存也会被释放两次。

照例也有很多可行的方法来处理这个问题。最简单的办法就是通过私有化复制构造函数和赋值操作符来规定不能复制 String：

```
class String {
private:
        int sz
        char* data;
        String(const String&);                    //复制保护
        String& operator=(const String&);         //复制保护
        //
};
```

只要这些成员不是虚函数（复制构造函数当然不能是虚函数，但赋值操作符就可能是虚函数），就有必要声明它们，但不必定义它们。尽管如此，用注释来说明声明这些成员的原因以防人们复制对象仍是一个好主意。

但是，要阻止用户复制 String 可不明智，所以我们似乎应该考虑如何允许复制 String。复制构造函数的任务是显而易见的，但是赋值操作符的情况就不很明确了。将某个长度的 String 赋给一个长度不同的 String 应该：

- 是一个错误？
- 改变目标 String 的长度？
- 按照源 String 和目标 String 中短的那个长度复制？

- 用源 String 填充目标 String 的长度？

这些方法肯定都能适合某种情况。为了简化，我选择了一个：改变目标 String 的长度。这种方法最能令赋值操作符像复制构造函数一样运作。也就是说，当我们执行完

```
String x = y;
x = z;
```

后，x 的值将与执行

```
String x = z;
```

所得的值相等。让我们想想复制构造函数、赋值操作符以及析构函数之间的关系，因为这种关系在涉及许多类型的类时会显现出来。赋值操作符和复制构造函数表面上彼此非常相似。在这个类中，它们各自都用一个 String 作为参数，任务都是复制该参数到当前 String 中。复制构造函数和赋值操作符之间的主要区别在于，赋值操作符复制新值前必须删除旧值。这就意味着复制部分可以交给一个通用子例程去处理；我们称这个子例程为 assign，并且先写好它。稍加思考，我们也可以对接受一个 char*参数的构造函数使用这个函数：

```
class String {
private:
        void assign(const char* s, unsigned len) {
                data = new char[len + 1];
                if (data == 0)
                        throw std::bad_alloc();
                sz = len;
                strcpy(data, s);
        }
        // …
};
```

复制构造函数现在只需调用 assign：

```
class String {
public:
        String(const String& s) {
                assign(s.data, s.sz);
        }
        // …
};
```

这个赋值操作符有一点点问题；我们不能先删除数据然后调用 assign，因为把一个 String 赋给它自身肯定会失败！预防这个问题的最简单方法就是把它当作一个特例来检查：

```
class String {
public:
        String& operator=(const String& s) {
                if (this != &s) {
                        delete [] data;
                        assign(s.data, s.sz);
```

```
            }
            return *this;
        }
        // …
};
```

现在我们的类定义大致如下：

```
class String {
public:
        String(char* p) {
                assign(p, strlen(p));
        }

        String(const String& s) {
                assign(s.data, s.sz);
        }

        ~String() {
                delete[] data;
        }
        String& operator=(const String& s) {
                if (this != &s) {
                        delete [] data;
                        assign(s.data, s.sz);
                }
                return *this;
        }

        operator char*() {
                return data;
        }

private:
        int sz;
        char* data;

        void assign(const char* s, unsigned len) {
                data = new char[len + 1];
                if (data == 0)
                        throw std::bad_alloc();
                sz = len;
                strcpy(data, s);
        }
};
```

25.4　隐藏实现

适当地隐藏实现是类设计者一个很重要的职责。我们通常把数据隐藏视作保护类设计者的一种措施。隐藏实现给我们带来了一定的灵活性，方便以后根据需要**修改**实现。而适当地隐藏实现也是防止用户出错的重要方法。

String 类看上去好像很好地隐藏了其实现。毕竟，这个类里面没有 public 数据。但是 operator char*()呢？通过返回一个指向 data 的指针，这个类暴露了 3 个漏洞。

1. 用户可以获得一个指针，然后用它修改保存在 data 中的字符。这就意味着 String 类没有真正控制它自己的资源。

2. 释放 String 时，它所占用的内存也被释放。因此，任何指向 String 的指针都会失效。我们当然可以说任何指针都有同样的问题，用户必须意识到这些问题。

3. 我们决定通过释放和重新分配目标 String 使用的内存来将一个 String 的赋值实现为另一个。这就是说，这样的赋值可能会导致任何指向 String 内部的指针失效。

通过定义一个向 const char*（而不是向 char*）的类型转换，我们可以解决第一个问题。这也使我们声明函数为 const 类型：

```
class String {
public:
        operator const char*() const {
                return data;
        }
        // …
};
```

这将使类设计者不必担心用户会改变存储的字符串，但无法防止"某 String 对象被析构或改变之后，继续使用原来指向该对象的指针"这样的错误。

可能我们也应该一起放弃类型转换。毕竟，既然我们立志要提供一个精彩的 String 类，那么用户为什么非得取得存储在 String 中的实际字符呢？我们可以提供输入和输出操作，甚至可以提供 string.h 中所有标准字符串函数的相似功能。当然，我们不可能模拟已经存在的无数个操作 char*的非标准函数，我们根本无法预知它们的存在。字符串是一种普遍使用的数据结构，它们在 C 中被牢固地表现为一个指向以 null 结尾的 char 数组的指针，以至于有成百上千个这样的函数。你必须确认能够承受放弃这些函数的代价，之后才可以考虑禁止 String 到 char*的转换。这显然是很困难的选择。

那么我们似乎必须要让用户得到一个 C 串。不过，我们至少可以使这个操作显式进行，而不是隐式进行。按照现在的情况，用户甚至可能在没有意识到自己正在做什么的时候就获得字符指针，因为向 char*的转换是隐式进行的。这说明我们应该用一个非操作符函数来代替 operator const char*()。比如：

```
class String {
public:
        const char* make_cstring() const {
                return data;
```

```
        }
        // …
    };
```

这样至少应该让用户更容易知道他们在哪里获得了一个出错的指针。

我们可以再深入些，消除讨厌的指针使用。要做到这一点，我们必须处理交还给用户的字符串的内存管理。make_cstring 函数可以分配内存和复制 data 到这个内存中。但是，String 类不知道什么时候释放这个内存。释放内存就成了用户的责任。请记住，用户往往会忘记释放非显式获得的资源，所以更明智的做法是让用户提供将 data 复制进去的空间。如果我们希望用户提供用于复制的空间，就必须给他们一个判断 data 长度的方法。

```
class String {
public:
        int length() const {
                return sz;
        }

        void make_cstring(char* p, int len) const {
                if (sz <= len)
                        strcpy(p, data);
                else
                        throw("Not enough memory supplied");
        }
        // …
};
```

由于用户可能已经提供了错误的空间大小来存储 data 的副本，所以我们要进行检查。这里，我们随意地规定允许用户提供过大的空间，而将空间太小视为错误。另一方面，我们可以从 data 中复制 len 个字符。我们不知道到底哪种策略正确；只要作出决定并写成文档就可以了。

25.5　缺省构造函数

我们的类还存在另一个问题：如果不知道 String 的初始值，就无法创建它。换句话说，语句

```
String s;
```

会导致编译时错误，因为我们还没有指出给 s 赋什么初始值。这就意味着如下创建一个 String 数组是不可能的：

```
String s_arr[20];
```

我们正在创建一个有 20 个对象的数组，其中所有对象都是 String 类型的。这是错误的，因为没有给每个 String 赋初始值，而且也没有缺省值。

这个问题严重吗？这很难说。我们可以简单地通过为这些 String 确立一个缺省值来回避

这个问题，但是这个值应该是多少呢？

实际上，String 类的设计者可能会花大量时间来设计存储 String 的快速分配策略，而这些策略将决定应该如何处理空字符串。但是我们在这里只关心用户能够看到的类行为，所以要做个小小的改进。处理空 String 有两种简便的方法：可以设置 data 为 0；可以让 data 指向一个空字符串。如果给空 String 一个为 0 的 data 指针，那么就必须检查关于 data 的每次解引用（dereference）。为了使表现形式保持简单，我们令缺省构造函数指到一个空字符串上：

```
class String {
public:
        String(): data(new char[1]) {
                sz = 0;
                *data = '\0';
        }
        // …
};
```

25.6　其他操作

到目前为止，我们的类还是相当简单。我们可以创建、复制和销毁类型为 String 的对象，还可以从 String 中获得一个 char*。我们还应该支持哪些操作呢？

实际上可能有很多。例如，我的系统中的 C 编译器自带的 string.h 头文件中就声明了 20 个函数。这些函数中有的用于合并两个字符串，有的用于比较两个字符串，还有许多函数用于检查和修改字符串的子字符串。因为字符串处理不是 C 的强项，所以我们希望稍微思考一下如何改进这些操作。

第一个观察结果是，重载操作符可以为比较和合并操作提供更自然的接口。例如，我们可以让用户写

```
String s1("hello"), s2("world");
String s3 = s1 + " "  + s2;
```

而不是

```
char s1[] = "hello", s2[] = "world";
char* p = (char*) malloc(strlen(s1) + strlen(s2) + 2);
strcpy(p, s1);
strcpy(p, " ");
strcat(p, s2);
```

正如例中所示，我们希望能够把两个 String 或者一个 String 与一个 char*"相加"。另外，假设我们有操作符+，它可能还是一个提供复合赋值操作符的好方法。由于+=修改左边的 String，所以应该把它作为类 String 的成员：

```
String& String::operator+=(const String& s)
{
```

```
char* odata = data;

assign(data, sz + s.sz + 1);
strcat(data, s.data);
delete [] odata;
return *this;
}
```

关于赋值，有一点很重要，就是要防止把一个 String 与它自身连接；我们在调用 assign 分配新内存之前，保存一个指向旧值的指针，从而避免这个问题。assign 操作之后，还必须记住要将右边的部分连接到新分配的空间中，这样才能安全地删除原来的字符。

然而 operator+ 呢？也应该是个成员函数吗？通常，最好将二元操作符定义为非成员函数。这样做就允许对两个操作数进行类型转换。如果我们令 operator+ 为 String 的成员，那么该操作符的第一个操作数的类型就必须是 String。因此，对于

```
String s;
char* p;

s + p;
```

下面的表达式是错误的：

```
p + s;
```

这样似乎限制得太过分了。所以，我们定义：

```
String operator+(const String& op1, const String& op2)
{
        String ret(op1);
        ret += op2;
        return ret;
}
```

这个函数只使用了 String 的 public 接口，所以不必将它声明为 friend。另外，注意到返回的是一个 String，而不是 String&。我们该返回对哪个 String 的引用？合并不应该改变任何操作数（实际上也不能，因为它们都被声明为 const 类型），我们肯定也不希望返回一个指向 ret 的引用。更重要的是，返回一个值而不是引用就与内建类型的操作方式保持一致了。当把两个 int 对象相加时，就会得到一个新的 int 对象，而不是对某个已有 int 对象的引用。

我们还得实现 6 个关系操作符。每个都可以用 strcmp 来进行实现：

```
int operator==(const String& op1, const String& op2)
{
        return (strcmp(op1.data, op2.data) == 0);
}
```

显然，这些函数都必须是 String 的友元函数。

我们可能还要定义输入和输出操作符。可以使用标准 iostream 库或者第 30 章介绍的提供
I/O 库独立性的技术。应该采用什么方法，仍然要取决于对用户使用方式的设想。依赖 iostream
的输出操作符很简单：

```
ostream& operator<<(ostream& os, const String& s)
{
        return os << s.data;
}
```

我们简单地将输出操作符定义为只打印字符，不做任何别的事情。你可能很想做些格式
化处理，比如打印完 data 后换行。但是如果这样做了，用户反而不好用输出操作符将几个字
符串连成一行输出了。一般说来，最好让用户全权控制格式，输出操作符只打印未经修饰的
对象内容。

输入操作符也不是特别难。它必须分配内存和读取字符，直到到达 String 尾部为止。唯
一有意思的事情是判断何处是 String 的尾部。通常正确的做法都是读取字符，直到遇到第一个
空格字符为止。具体实现留作读者自己练习。

25.7　子字符串

肯定还有更多可以提供给 String 的操作。但是正如在 string.h 中看到的选项一样，其中许
多操作都是处理子字符串的。有的从字符串中提取子字符串，还有的为子字符串赋新值。我
们应该考虑如何实现子字符串。

我们要支持的操作种类如下所示。

- 返回某个子字符串的第一次、第二次……和最后一次出现的位置。
- 将第一次出现的某个字符，或者所有该字符替换为某个其他的字符。
- 将第一个出现的某个子字符串，或者所有该子字符串替换为某个其他子字符串；这里
  所替换的子字符串的长度不必相同。

有了这些操作，从函数中返回子字符串并把它们当作参数就很有用处了。因此，我们不
妨编写一个 Substring 类。Substring 的使用与值类似，所以我们必须能够对它们进行创建、复
制、赋值和销毁操作。

然而什么是 Substring？我们可以认为它是一个指向包含它的 String 的指针和某个长度；
或者两个指向 String 内部的指针——一个指向子字符串的头部，另一个则指向尾部。

所以 Substring 显然就是一个指向 String 的指针和一系列该 String 内的字符位置。Substring
应该提供的一些操作包括遍历 String、返回"下一个"符合某种规定的 Substring。这些数据和
操作使 Substring 的工作方式与迭代器（第 14 章）非常接近。显然，设计 Substring 类时，我
们必须考虑这里列出的所有问题。

实际上，在"怎样提供访问子字符串的方法"这个问题上，库设计者考虑的通常与语言

设计者一样多。如果 s 和 t 都是 String，我们希望 s(i, j)是 s 的一个从字符 i 开始、长度为 j 个字符的子串，我们可能希望允许

```
t = s(i, j);
```

或者

```
s(i, j) = t;
```

什么样的实现策略会允许后面这个例子？考虑一下，如果我们这么做：

```
s(i, j) = s(k, l);
```

而这两个区间又互相重叠，该当如何？如果删除 s 后，我们又要保存 s(i, j)的值，会出现什么情况？类似这样的问题不仅会影响库设计者，同样也会影响语言设计者。

25.8　小结

但愿我已经讲解得足够详细了，能够提供具有说服力的证据，证明即使一个简单的通用类也引发出大量的设计问题。C++的类机制赋予了库设计者非同寻常的力量，效果上相当于把他们转化成了潜在的语言设计者。我们必须把判断力、技巧和品位结合起来使用，从而驾驭这种力量，这一点十分重要。

第

26
章

语言设计就是库设计

在第 25 章，我们展示了在库的设计过程中，将会涉及的设计问题与编程语言设计过程中遇到的问题何其相似。本章则探讨相反的关系：C++中那些简化库设计的部分。理解 C++的各种功能是如何支持库的构造的，可以帮助我们更容易地理解和记住这些功能的用法。

对于那些希望不必理解内部工作原理便可以使用程序库的人来说，这尤为重要。例如，如果你的库提供了一个字符串类，用户应该不必知道，甚至毫不在意字符串在内部到底被表示为指向 null 结尾的字符数组的指针，还是被表示为（计数，地址）对，或者完全是用某种其他的方式来表示的。换句话说，设计一个好程序库的要求之一就是彻底隔离接口和实现。

26.1 抽象数据类型

显然，如果我们准备在接口和实现之间实现完全隔离，就会希望语言支持数据抽象。C++提供的许多抽象数据类型的概念都值得细细研究。

26.1.1 构造函数与析构函数

在 C++语言中，将接口与实现分隔开的一种最基本的方法就是采用构造函数和析构函数。正是这两个函数允许类设计者能够说："这个类的对象使用对象本身内容之外的信息。"构造函数本身提供了生成给定类对象的方法；析构函数则提供了与构造函数相反的行为。

例如，考虑这样一个类，即它表示在图形系统中进行屏幕定位：

```
class Point {
public:
        // stuff
```

```
private:
        int x, y;
};
```

这个类的使用者为什么要在意甚至调查 x 和 y 在类定义中声明的先后次序呢？可能有一台机器具有一种神奇的显示硬件，当坐标以逆序存储在数组中时，两个坐标值可以被同时送至显示硬件，从而使显示速度大大加快。如果为了配合此种硬件，只需要改变库的实现，然后重新编译用户程序，岂不美哉！

构造函数提供了一种基本方法，将用户看待对象的方式与对象的实际表示方式解耦。尽管 Point 类可能有一个与下面代码类似的构造函数：

```
Point(int p, int q): x(p), y(q) { }
```

由于这个看似毫无意义的构造函数的存在，以后我们可以改变内部表示方式，而用户不必知道这个变化。因此，我们可以把坐标放入一个数组，并颠倒它们的顺序：

```
class Point
public:
        Point(int p, int q) { points[1] = p; points[0] =q; }
        ************

private:
        int points[2];
};
```

用户永远不必知道这些东西。

与构造函数隐藏创建对象的细节一样，析构函数也隐藏了销毁对象的细节。对于某些类而言，"销毁对象就等同于销毁该对象的成员"是不准确的。对使用这些类的用户来说，与忽略构造细节一样，忽略析构细节也是非常重要的。

所以，析构函数是撰写优秀库组件的第二关键要素。

26.1.2　成员函数及可见度控制

另一个重要的思想就是要能够防止用户访问那些他们不应该看到的类成员。如果用户无论如何都可以直接使用 x 和 y，那么煞费苦心地用构造函数和析构函数隐藏 Point 类，又有什么意义呢？通过私有化这些成员，我们可以进一步隔离行为和实现。

26.2　库和抽象数据类型

目前为止，我们所看到的当然都只是 C++支持数据抽象的一系列方法中的一部分。C++针对程序库提供的语言支持是不是有所不同？换句话说，如果一门语言要支持程序库设计，是不是需要做的事情与支持数据抽象要进行的操作不同？

关键的区别在于，"程序库"概念包涵了类设计者对类的内涵理解，而类设计者与类使用者不同。比方说，某个人可能把由另外两个人写的类结合起来供第四个人使用。因此语言为了要支持程序库的设计，就必须超越数据抽象。

26.2.1　类型安全的链接(linkage)

作为一个例子，C++曾经要求程序员在重载全局函数时显式编写类似下面的语句：

```
extern double sqrt(double);
extern float sqrt(float);                          // 曾经是个错误
```

这样写是为了让 C 和 C++函数更容易在单个程序中共存。因为 C 不允许两个函数共用同一个名字，所以 C++必须增加一个类似的限制以便能与 C 共存。

当然，希望享用函数重载便利的程序员需要一种表示重载的方法；他们通过编写一个显式的 overload 声明来达到目的：

```
overload sqrt;                                     // 曾经是必需的
extern double sqrt(double);
extern float sqrt(float);
```

通过语句 overload sqrt，程序员表示："是的，我知道不能有两个叫 sqrt 的 C 函数，但是我并不坚持要求这些函数的名字和那个 C 函数一模一样。"这样，编译器将选择用给定名字——这里是 sqrt(double)——声明第一个函数，并且说明这个函数要和用 C 写的 sqrt 函数相同。

由于要在头文件中声明，组合库的工作反而更难了。为了弄清楚原因，首先假设有一个包含了 sqrt(double)声明的头文件，叫作 math.h，而且暂时还没有 sqrt(float)。现在考虑如果有人写了一个表示复数的库，希望包含一个能对复数参数进行运算的 sqrt 函数，这时会发生什么情况？这个库肯定会有一个 Complex.h 文件，其中包含了如下声明：

```
extern Complex sqrt(Complex);
```

Complex.h 应不应该包含一个关于 sqrt 的 overload 声明？

由于程序库设计者不知道包含 Complex.h 的用户会不会包含 math.h，所以任何一种答案都会引起麻烦。也就是说我们不可能断定 sqrt(Complex)是不是第一个 sqrt 函数声明。程序库设计者无法控制在库中定义的 sqrt 函数是否应当被认为等价于 C 版本的 sqrt。如果用户试图合并两个独立编写的程序库，而这两个库中都有名叫 sqrt 的函数，此时问题就更为突出。

C++于 1989 年完全废弃了 overload 声明，从而解决了这个问题。所有函数反而能被隐式重载了，这使得组合 C++库的工作更加简单了。当然，与 C 程序通信的问题依然存在；引进一个新的声明语法就解决了这个问题：

```
extern "C" double sqrt(double);
```

这里 extern "C"的意思是，在链接时，sqrt(double)应该视作 C 函数来处理。当然，这种处理的确切含义取决于特定系统处理 C 函数的具体方式。

当时很多人认为这是一个版本性的变化。这种变化至少意味着所有 C++程序都必须重新编译。但是它也有重要的贡献：在绝大多数情况下，库设者不再担心自己函数的名字是否会和其他库里的函数名冲突。它还有一些附加作用，那就是在不同的编译单元之间进行类型检查时，可以提高效率。

26.2.2 命名空间

命名空间解决了一种在 C 中十分突出，而在 C++愈加严重的问题：如何防止不同的程序库设计者为各自组件采用同样的名字。

为了充分认识这个问题的严重性，我们可以用最喜欢的 C 编译器编译下面的程序：

```
#include <stdio.h>

void write()
{
        printf("Hello world\n");
}

int main()
{
        write();
        return 0;
}
```

这是一个严格合乎标准的 C 程序。表面看它毫无特别之处，但是在很多系统上都会出错，因为 printf 库函数使用一个叫作 write 的系统函数来完成它的工作。通过定义同名的函数，我们就剥夺了这个系统函数的名字，从而带来了无法预测的后果。ISO C 标准规定：编译器不能允许像这样使用隐藏函数。但是实际上许多 C 编译器都没有完全遵循该标准。

用 C 编译器完成试验后，可以再试试 C++版本：

```
#include <stdio.h>

extern "C" void wrtie()
{
        printf("Hello world\n");
}

int main()
{
        write();
}
```

这里将函数 write 定义为 extern "C" 可能会与碰巧是作为操作系统库一部分的同名函数相冲突。实际上，在 C++中，由于各种程序库的大量涌现，很难知道如何能够避免与不同厂家提供的库相冲突。想想看，几乎每个库都有一个叫作 string 或者 String 的类啊！

原则上，这个问题是很容易解决的：让每个库提供者都采用唯一的对应于该提供者的字符串作为外部名字的前缀。这样，Little Purple Software Company 应该定义一个名叫

```
LittlePurpleSoftwareCompany_String
```

的类，而不是叫作 String 的类。该公司通过注册一个前缀作为商标，从而确保了名字的唯一性。

当然，这也会给用户带来一些次要问题，即不能使用语句

```
String s;
```

而必须使用语句

```
LittlePurpleSoftwareCompany_String s;
```

这个实例给了强类型化概念一个全新的范围。另外，如果该公司的董事会认为紫色不好，而将公司名字改为 Little Violet Software Company，会出现什么情况？是不是所有用户都必须修改他们的程序？

名称空间被引入到这门语言中以解决这些问题。本质上，名称空间允许库设计者对会被库放到全局作用域的所有名称指定一个包装器（wrapper）。用户有两种选择。他们可以使用由名称空间标识的名字：

```
LittePurpleSoftwareCompany::String s;
```

另一种方法是可以从一个名称空间引入所有名字到程序中：

```
using namespace LittlePurpleSoftwareCompany;
String s;
```

无论使用哪种方法，库设计者和库使用者都可以联手合作，避免名字冲突。

26.3　内存分配

C++程序员总是很关心特殊用途的内存分配，要么调整分配策略以适合特定应用，要么使用具有特殊性质的内存。正如 C++能够允许库设计者控制类对象的构造和析构一样，C++程序员也可以控制这些对象的内存分配。

既然类设计者可以按照多种不同的方法管理内存，所以控制形式也应该多样化。

比如，类 Foo 的作者可以认为该类的对象应该由某对特定的函数分配和释放。他们的实现方法就是命名该特定函数为 operator new 和 operator delete，并且给出类 Foo 的函数成员：

```
class Foo {
public:
        void* operator new(size_t);
        void operator delete(void*);
        // …
};
```

现在，无论何时想在动态存储区分配一个 Foo 对象，都会调用 Foo::operator new 来分配内存；无论何时想释放一个动态分配的 foo 对象，都会调用 Foo::operator delete 来释放内存。

内存分配的另一种通用形式是在容器类的构造过程中完成。这里，容器设计者可能希望分配一大块内存，并在这块内存的已知位置放入各个对象。相应的语法就是：

```
void* p = /* 获得一些空间 */
T* tp = new(p) T;
```

本例的第二行在由指针 p 定址（addressed）的内存中分配一个类型为 T 的对象。更确切地说，它是对函数 operator new(size_t, void*)的一次调用。这个函数在标准库中的定义如下：

```
void* operator new(size_t, void* p)
{
        return p;
}
```

除非用户重新定义它，否则 new(p) T 就是要求在由 p 指向的内存中分配一个 T 对象。

你可能已经注意到这两种分配内存的形式会相互冲突。想象一下，如果有人想把前面定义的 Foo 对象放入到一个容器中，而该容器又要把自己的对象放入到由它自己分配的内存中时，会发生什么情况呢？

答案是容器具有优先权：new(p) Foo 将在由 p 定址的内存中分配一个 Foo 对象，即使类 Foo 有自己的内存分配器（allocator）。这种选择是在经过深思熟虑和无数次讨论之后作出的，几乎所有的思考和讨论都基于程序库设计者的实际行为。

26.4　按成员赋值（memberwise assignment）和初始化

程序库设计者的需求对于语言设计最普遍深入的影响可能就是赋值和初始化的递归缺省定义了。这些规则都继承自 C，但是增加了一些针对 C++的新细节。

举个例子，思考前面的 Point 类的简化版本：

```
struct Point {
        int x, y;
};
```

这里，我们将类精简成一个 C 结构体。虽然如此，C 的隐含规则实际允许用一个 Point 对象为另一个 Point 对象赋值：

```
Point p1;
p1.x = 3;
p1.y = 7;
Point p2 = p1;
```

问题是最后一个语句中 p2 由 p1 初始化的含义是什么？

在 C 中，关于"复制结构体"的含义是毫无疑义的。这样的操作可能这么实现：将组成该结构体的底层机器表示——复制过来，从用户的角度来看，这与单独复制结构体的成员没有大的分别。

AT&T 的第一个 C++版本中，复制一个类对象的缺省定义是复制底层 C 结构体。对于和 Point 类差不多简单的类来说，即使该类需要一个构造函数，这个定义也能良好工作。对于更复杂的类，类设计者当然可以定义他们自己的复制操作和赋值操作。

但是有一种情况总会制造麻烦：有着复杂类成员的简单类。例如，假设某个通用 String 类具有构造函数、析构函数、赋值操作等。语言会被仔细调整以保证该类的设计者能够控制发生在这个类的对象上的所有事情。可是有一个例外，缺乏经验的用户可能这么写这么一个结构体：

```
struct Person {
        String name, address, telno;
};
```

成员 name、address 和 telno 都有自己的赋值操作符，我们可能预期可以像为 Point 对象赋值那样简单地为 Person 对象赋值。尽管在 C++的第一个版本中还不可行，但是其效果是复制底层 C 对象，并且绕过复制每个成员所应该执行的操作。所幸的是，编译器也会产生提示信息，提醒说："我将这个赋值实现为按位复制，这可能不是你要的结果。"

本着 C++ "以工程实际为准则"的精神，我们可能认为生成提示信息已经足够好了。毕竟，编译器会告知 "为了能够正确运行，这个类必须包括它自己的赋值操作和复制操作"。实际上，这种方法已使用了很久。

导致它发生改变的一件事情是我们发现类似 Person 的类的作者如果十分细心，可能会始终包含显式的赋值和复制操作。毕竟，即使 String 类的定义不需要这样的显式操作，也没有明显的理由相信 String 类的设计者以后不会改变这个类。

另一个原因是太多的人没有掌握所有需要的东西。例如，要使 Person 结构体有效，我们应该这样编写代码：

```
struct Person {
        String name, address, telno;
        Person();
        Person(Const Person& p): name(p.name),
                address(p.address), telno(p.telno) { }

        Person operator=(const Person& p) {
                name = p.name;
                address = p.address;
                telno = p.telno;
                return *this;
        }
};
```

注意，没有必要给 Person 类一个显式的析构函数；编译器会正确地从 String 类的析构函数中继承析构函数。如果它可以通过自动继承得到析构函数，为什么不能同样得到赋值操作和复制构造函数呢？

正是因为这些问题，我们最终决定使缺省的赋值和复制操作不仅仅是像相应的 C 版本的结构体那样实施按位复制，而是递归地依赖于底层类的成员的赋值和复制的定义。

26.5　异常处理

错误处理是很困难的。考虑下面的代码：

```
template<class T> class T> class Vector {
public:
        Vector(int size): data(new T[size]) { }
        ~Vector() { delete [] data; }
        T& operator[] (int n) { return data[n]; }

private:
        // …
}
```

在这个小例子中有很多语句会导致错误：

- 使用创建长度为负的向量；
- 没有足够大的内存来保存长向量；
- 下标越界；
- 元素构造函数内部出错。

不仅会有很多事情出错，而且我们也不清楚应该如何处理这些错误。我们能做的选择似乎是终止程序或者设置某种错误状态。实际中两者的效果都不好。

编写交互式程序或者其他长生存期应用程序的人希望，即使他们的用户做了类似"设置长度为一万亿的数组"这样的蠢事时，他们也能够继续执行程序。这就意味着这种应用程序中使用的类应该足够健壮，遇到糟糕的事情之后，最好也不要放弃工作和终止程序。

但是返回一个错误标志也不起作用：人们未必会检查错误。部分原因是，如果他们检查所有的错误值，程序就会变得极其复杂，这多少是一个障碍。

我们所需要的是一种方法，用来说明出现了不应该忽视的错误，用户如果愿意可以进行检查。C++异常处理机制就设计成具有这些特性。

26.6　小结

库设计是一种语言设计。在 C++语言的现阶段，它已经可以对用来创建实用 C++库的各种程序提供支持。我们已经看过了几个关于这方面内容的具体例子。仔细学习 C++还会发现更多其他的例子。

第 五 篇
技 术

目前为止，我们所见过的大多数类都表示某种数据结构或者某种数据结构家族。在这一篇，我们把注意力转向另一些类。它们非常实用，但不能简单划分，因此很难界定它们究竟是属于数据抽象还是面向对象。

例如，我们怎样才能确定 C++程序确实释放了由它分配的所有对象？一种方法是定义一个类，该类的对象不做任何工作，只在被构造和销毁时做记录日志。第 27 章介绍了如何定义和使用这样的类。另一种方法是由于对象位于容器之中，所以在创建容器时就做好安排，以便将来一次性销毁整个容器；这种方法在 28 章中介绍。

讨论完内存管理的技术后，我们将研究创建通用抽象的两种技术。这些章节回顾了早期模板机制；我认为那时候它们非常原始，但世界就是自那时发生改变的。而且，这些技术不仅仅只具有历史意义。

第 29 章中介绍的技术已经是 I/O 库的基础技术之一。我们所面对的问题是如何使用与"向文件中写入普遍数据"相同的语法来给文件发送一个类似"清空输出缓冲区"这样的带外（out-of-band）信号。

```
cout <<"Hello,world!"<<endl;
```
或者
```
cout <<"Hello,world!"<<"\n"<<flush;
```
而不必写
```
cout <<"Hello,world!"<<"\n";
flush(cout);
```

在这个讨论之后，我们在第 30 章使用模板技术设计了一个应用程序，它不依赖任何特定的 I/O 库。

第
27
章

自己跟踪自己的类

C++的一个基本思想就是通过类定义可以明确指明当这个类的对象被构造、销毁、复制和赋值时，应该发生什么事情。这意味着设计得当的类可以为理解程序的动态行为提供一个强有力的工具，这一点往往比人们所认识的更重要。第 0 章简单地接触了这些观念，现在我们更深入地考虑如何用 Trace 类去阐释类机制的本质。这里我们将更深入地研究该类能够以怎样的方式提供有关函数执行和类操作的调试信息。

27.1 设计一个跟踪类

下面是一个可以用来跟踪程序执行情况的简单类：

```
class Trace {
public:
        Trace() { cout << "Hello\n"; }
        ~Trace() { cout << "Goodbye\n"; }
};
```

主要思想就是使程序在明显改变自身行为的同时说明自己在做什么。例如，如果我们有函数：

```
void foo()
{
        // 在这里做点事情
}
```

而且想知道这个函数何时被调用，就可以插入一个对 Trace 对象的声明：

```
void foo()
{
```

```
        Trace xxx;
        // 在这里做点事情
}
```

函数开始时会自动打印问候消息，结束时打印告别消息。这样做的原因自然是对象 xxx 是在它被声明的地方进行构造的，并且在退出时自动从包含它的声明的内存块中销毁的。

当然，我们的 Trace 类并不像看上去那么有用。比如，假设用它来跟踪几个函数。我们就不知道究竟是**哪个**函数生成了作为输出的 Hello 和 Goodbye 消息。

有一种方法可以使我们的程序更灵敏：

```
class Trace {
public:
        Trace(const char* p, const char* q): bye(q) {
                Cout << p;
        }
        ~Trace() { cout << bye; }

private:
        const char* bye;
};
```

我们现在在构造 Trace 对象时给它提供了两个参数：一个将在构造对象时被打印；另一个则在销毁对象时打印。我们在 Trace 对象中保存第二个参数，这样就可以在适当的时候打印它。使用这个类只比前面的那个稍微困难一点：

```
void foo()
{
        Trace xxx("begin foo\n", "end foo\n");
        // 在这里做些事情
}
```

我们从这个版本中得到了更多有用的信息。

然而，如果我们使用这个类一段时间之后，会发现以下 3 件事。

1．我们要打印的消息有很多共同点。例如，它们都以 \n 结尾，以 begin 或者 end 开始。

2．使跟踪消息成为可选，这会带来好处。我们不希望在禁止调试时也得到大量调试输出。

3．我们可能会想在别的地方（而不是 cout）输出调试消息，这样它就不会打断程序的其他输出。

可以让构造函数记住被跟踪的函数的名字，并且指定构造函数和析构函数打印 begin 和 end 消息，以减少用户输入的文本量。是禁止输出还是重定向输出，我们还需要三思而行。

大多数操作系统都提供了一种方法将输出发送到一个特殊的"文件"中，使其实际效果相当于抛弃输出数据。禁止输出其实就等同于将它发送到这样一个特殊文件中，或者等同于使用一个指向输出流的指针并设该指针为 0。因此，可以说禁止输出实际上是重定向输出的一种特殊情况。

我们可以添加一个全局指针，指向调试消息输出流。问题在于，程序的某个部分可能令这个全局文件指针指向某个流，从而打开调试开关，而程序的另一个部分又要关闭调试开关，或者将指针重定向到另一个文件。通常来说，在正确使用全局数据时必须加倍小心。

另一个极端是将输出流指针放入 Trace 对象中，但是接下来每次想跟踪程序时我们就必须告诉要往哪个文件中打印——一个脆弱且易错的策略。

第三种可能性是意识到跟踪请求通常都是聚集在一起的。存在一些代码段与某些行为乖张的特性或子系统直接相关。逻辑上，我们需要所有 Trace 对象同时将消息发送到给定文件。这个观察结论与 C++编程的基本原则（**用类表示概念**）一起提示我们，应该创建一个类，管理整组 Trace 对象的输出。我们把这个类叫作 Channel。它将包含一个指向输出流的指针，并允许 Trace 类访问这个指针。每个 Trace 对象都可以选择使用哪个 Channel。然后，我们可以在程序的某一个地方针对绑定到某个 Channel 的所有 Trace 对象重定向跟踪消息的目标。

这样就产生了一个类似下面的 Channel 类：

```cpp
class Channel {
        friend class Trace;
        ostream* trace_file;

public:
        Channel (ostream* o = &cout): trace_file(o) { }
        Void reset(ostream* o) { trace_file =o; }
};
```

我们将在 Trace 类中使用这个类来重定向输出：

```cpp
class Trace {
public:
        Trace(const char* s, Channel* c): name(s), cp(c) {
                if (cp->trace_file)
                        *cp->trace_file << "begin"
                                                << name << endl;
        }

        ~Trace() {
                if (cp->trace_file)
                        *cp->trace_file << "end "
                                                << name << endl;
        }
private:
        Channel* cp;
        Const char* name;
}
```

我们现在先定义用于跟踪消息的逻辑分组：

```
Channel subsystemX(&cout);
Channel subsystemY(0);
// 其他
```

这就是说与 subsystemX 相关的 Trace 对象将去往 cout 进行打印，而那些与 subsystemY 相关的对象则不会产生输出。现在，在任何要跟踪的函数中加入：

```
void foo()
{
        Trace xxx("foo", subsystemX);
        // 在这里做些事情
}
```

与前面的版本比较，这样节省了大量精力。另外，通过重新设置 Channel，我们可以关闭或者重定向跟踪输出：

```
subsystemX.reset(0);                     // 关闭跟踪
subsystemX.reset(&some_stream);          //重定向跟踪
```

调用 subsystemX.reset 将会影响所有与 subsystemX 对象相关联的 Trace 对象的输出；如果传给 reset 的参数是零，就会彻底禁止输出。

27.2　创建死代码

调试类的一个潜在问题是，即使关闭了输出，在测试 trace_file 时进入和退出每个函数都要耗费时间和空间。然而，如果我们的 C++实现相当聪明，就可以在不必重写用户代码的前提下免除几乎所有代码生成的开销。

还有一个问题是要使编译器能够识别出 Trace 构造函数和析构函数的代码在某些环境中是死代码。我们大概可以这么考虑：通过测试一个全局变量，把实际的构造函数和析构函数"监视"起来，在生成产品代码时，我们可以把该全局变量的值设为常数零：

```
static const int debug = 0;

class Trace {
public:
        Trace(const char* s, Channel* c) {
                if (debug) {
                        name = s;
                        cp = c;
                        if (cp->trace_file)
                                *cp->trace_file << "begin "
                                << name << endl;
                }
```

```
        }

        ~Trace() {
                if (debug) {
                        if (cp->trace_file)
                                *cp->trace_file << "end "
                                << name << endl;
                }
        }

private:
        channel* cp;
        const char* name;
};
```

注意，name 现在是由显式赋值操作初始化的，而不是在构造函数初始化器中初始化的。这就保证了当 debug 已知为零时跳过初始化；如果不这样做，初始化代码就可能包含在产品代码中。

当需要跟踪发挥作用时，这项技术使得所执行的代码稍微复杂了些。然而，如果 debug 变量是常数零，许多 C++编译器都会认为不必生成任何由 if (debug)监视的代码。出于对大多数性能因素的考虑，不同的实现运行方式不同；如果你很在意这一点，请自己测试一番。

27.3　生成对象的审计跟踪

我们当然可以不断地对这个类进行润色，直到累了为止。不过我们在这里要开发一种不同的方法来使用这个类。只考虑跟踪函数的情况是很容易的，因为这个思想在大多数编程语言中都普遍存在。其实不必做大的改变，这个类就可以用来跟踪对象。对此需要更深入研究才能认识到。

例如，假设我们有一个 String 类：

```
class String {
        // 完整的语句段
};
```

仅仅通过往类中增加一个额外的成员，我们就差不多可以为每个被构造的或者被销毁的 String 生成一条消息：

```
class String {
        // 与前面一样的语句段
        Trace xxx;
};
```

这段代码还不能工作，唯一原因就是我们还需要给 Trace 对象的构造函数传递参数。先不忙这样做，我们来修改 Trace 类的构造函数，使它不需要显式参数就能做些有用的事情。因为我们是为了跟踪对象，而不是为了跟踪函数才使用这个类的，我们称这个类为 Obj_trace。为了使这个例子简短一些，我们直接对 cout 进行写操作，这样也便于日后推广使用这个类：

```
class Obj_trace {
public:
        Obj_trace(): ct(++count) {
                cout << "Object " << ct << " constructed" << endl;
        }

        ~Obj_trace() {
                cout << "Object " << ct << " destroyed" << endl;
        }

        Obj_trace(const Obj_trace&): ct(++count) {
                cout << "Object " << ct << " constructed" << endl;
        }

        Obj_trace& operator=(const Obj_trace&) {
                return *this;
        }

private:
        static int count;
        int ct;
};
int obj_trace:: count = 0
```

每次创建一个 Obj_trace 对象时，该对象都会获得一个由构造函数和析构函数打印的唯一序列号。无论对象是从子程序中创建的还是从别的对象中复制来的，都会获得序列号；在所有的情况下，一个新序列号对应一个新对象。基于这样的原因，为 Obj_trace 对象赋值无须复制它的序列号。

现在我们可以这样编写 String 类了：

```
class String {
        // 与前面一样的语句段
        Obj_Trace xxx;
};
```

Obj_trace 成员的存在将使所有 String 对象都用类似下面的消息记录该对象的出现：

```
Object 1 constructed
Object 2 constructed
Object 3 constructed
Object 2 destroyed
Object 4 constructed
```

```
Object 1 destroyed
Object 4 destroyed
Object 3 destroyed
```

27.4 验证容器行为

这种输出格式对于检查容器类的内存管理非常有用。我们可以检查每个被构造的对象是否都被销毁了。至于类似本例中的简短输出，用眼睛进行检查也不难。当然，实际的程序会生成更多输出；有没有简单的方法来验证输出呢？

有一件事情可以极大地简化验证工作：通过对跟踪输出进行排序，我们把所有关于某个特定对象的信息收集在一起。例如，对 27.3 节中的输出进行排序后得到如下结果：

```
Object 1 constructed
Object 1 destroyed
Object 2 constructed
Object 2 destroyed
Object 3 constructed
Object 3 destroyed
Object 4 constructed
Object 4 destroyed
```

这不仅简化了检查小型输出文件的工作，还使我们可以轻易地写出检查大型输出文件的程序。

为了说明如何使用这样的类，我们列举一个类似数组的简单容器：

```cpp
// 这段代码正确吗
template<class T> class Array {
public:
        Array(int n = 0): data(new T[n]) { }
        ~Array() { delete data; }
        T& operator[](unsigned n) {
                return data[n];
        }
private:
        T* data;
};
```

为了保持代码的小巧，我们已经进行了两处有意的简化。首先，我们不检查 new 表达式是否成功，而是假设内存分配失败会抛出异常。其次，我们没有在 operator[] 中检查下标是否越界。在继续往下读之前，你可能想知道还可以在这段代码中找出多少个错误。

通过使用这个模板来保存 Obj_trace 对象，我们可以知道很多关于这个模板的行为信息。例如，即便这个小程序也揭示了一些问题：

```
int main()
{
        Array<Obj_trace> x(3);
}
```

执行这个程序获得下面的输出：

```
Object 1 constructed
Object 2 constructed
Object 3 constructed
Object 1 destroyed
```

显然，我们正在创建永远不会被销毁的对象。根据这个提示不难发现问题：我们必须显式地说明我们正在通过改变

```
delete data;
```

为

```
delete[] data;
```

来删除一个数组。修改后的输出如下：

```
Object 1 constructed
Object 2 constructed
Object 3 constructed
Object 3 destroyed
Object 2 destroyed
Object 1 destroyed
```

注意数组的元素正是按逆序销毁的，这就对了。当然，我们在对跟踪输出进行排序之前必须进行检查。

接下来，让我们看看复制数组时会发生什么情况：

```
int main()
{
        Array<Obj_trace> x(3);
        Arrray<Obj_trace> y = x;
}
```

奇怪的是，输出保持不变：

```
Object 1 constructed
Object 2 constructed
Object 3 constructed
Object 3 destroyed
Object 2 destroyed
Object 1 destroyed
```

稍加思考就会发现原因：我们的类的复制构造函数并不复制数组元素。显然，内存分配

器辨识到它们已经被删除了两次，就不会再运行析构函数了；这不是我们希望看到的。

然而，只要我们认识到这个问题，增加一个复制操作函数是小事一桩。唯一的技巧就是必须记住数组的大小，以便知道要复制多少个元素：

```cpp
// 这段代码正确吗
template<class T> class Array {
public:
        Array(int n = 0): data(new T[n]), sz(n) { }
        Array(const Array&);
        ~Array() { delete [] data; }

        T& operator[](unsigned n) {
                return data[n];
        }

private:
        T* data;
        int sz;
};

template<class T> Array<T>::Array(const Array<T>& a):
        data(new T[a.sz]), sz(a.sz)
{
        for (int i = 0; i < sz; i++ ) {
                data[i] = a.data[i];
        }
}
```

用这个修改后的 **Array** 类定义来运行主程序，我们将得到希望得到的输出：

```
Object 1 constructed
Object 2 constructed
Object 3 constructed
Object 4 constructed
Object 5 constructed
Object 6 constructed
Object 6 destroyed
Object 5 destroyed
Object 4 destroyed
Object 3 destroyed
Object 2 destroyed
Object 1 destroyed
```

下面我们看看赋值操作是否正确：

```cpp
int main()
{
```

```
            Array<Obj_trace> x(3);
            Array<Obj_trace> y = x;
            x = y;
}
```

当然不正确，现在输出如下：

```
Object 1 constructed
Object 2 constructed
Object 3 constructed
Object 4 constructed
Object 5 constructed
Object 6 constructed
Object 6 destroyed
Object 5 destroyed
Object 4 destroyed
```

创建了 6 个对象（构造 x 时创建了 3 个对象，从 x 初始化 y 时又创建了 3 个对象），但是只销毁了 3 个对象。检查一下 Array 赋值操作符就会发现一个问题：根本就没有赋值操作符！在定义赋值操作符的过程中，我们注意到它有一个与复制构造函数类似的循环，所以可以把循环做成一个独立的私有的成员函数：

```
// 我们做完了吗
template<class T> class Array {
public:
        Array(int n = 0): data(new T[n], sz(n) { }
        Array(const Array& a) { init(a.data, a.sz); }
        ~Array() { delete [] data; }

        Array& operator=(const Array& a) {
                delete[] data;
                init(a.data, a.sz);
                return *this;
        }
        T& operator[] (unsigned n) {
                return data[n];
        }

private:
        T* data;
        int sz;
        void init(T*, int);
};
```

```
template<class T> void Array<T>::init<T* p, int n)
{
        sz = n;
        data = new T[n];
        for (int i = 0; i < sz; i++)
                data[i] = p[i];
}
```

现在，当我们运行同样的主程序时，又得到另一个意外：

```
Object 1 constructed
Object 2 constructed
Object 3 constructed
Object 4 constructed
Object 5 constructed
Object 6 constructed
Object 3 destroyed
Object 2 destroyed
Object 1 destroyed
Object 7 constructed
Object 8 constructed
Object 9 constructed
Object 6 destroyed
Object 5 destroyed
Object 4 destroyed
Object 9 destroyed
Object 8 destroyed
Object 7 destroyed
```

我们确实构造和销毁了对象，但不是 6 个。为什么？

再一次查看赋值操作符就会得到答案。我们是通过删除所有旧值和复制新值来为数组赋值的。由于源数组和目标数组的大小可能不一致，所以这样做是必需的。但是这也意味着赋值语句

```
x = y;
```

实际上先销毁，而后又生成元素，这导致多出来了 3 个元素。

这种行为提醒我们问一下当把数组赋给其自身时会发生什么情况。这种情况太常见了，答案就是，源数组的元素先被删除掉，接着又会（非法地）进行复制。通过显式检查自我赋值，可以清除这个 bug：

```
Array& operator=(const Array& a)
{
        if (this != &a) {
                delete[] data;
                init(a.data, a.sz);
```

```
        }
    return *this;
}
```

27.5　小结

我们已经看了两个类，它们存在的唯一目的就是为了让世界知道它们的存在。我们常用这样的类来跟踪函数的进入和退出。实际上，可以把它们设计得足够好，以至于在绝大多数情况下，可以把它们直接放到产品代码中。

一个较少见的用法是把这种类内嵌到其他类的定义中。只要设计得合适，这样的类就可以成为验证其他类运行状况的强大工具，对于容器类尤其如此。

第 28 章

在簇中分配对象

C++程序经常要为一整组对象分配内存，随后将它们同时释放。解决这个问题的一个方法是定义一个包含这样的集合的类。事实证明，为了让一个集合包含不相关的类的对象，一个好方法是使用多重继承。

28.1 问题

假设你有一堆各式各样的 C++ 对象需要一块儿释放。这种情况经常发生，尤其在交互式程序或者长时间运行的程序中。

例如，交互式程序通常要在从键盘读取请求，在处理这些请求之间交替切换。处理过程中创建的某些对象可能必须始终存在，而其他的对象则可以在创建它们的处理过程结束时被删除。作为另一例子，容器类总是控制它们所包含的对象的内存分配。由于这些分配在许多不同的情况下都十分有用，所以我们来看看通过以抽象的方法考虑问题，都可以做些什么。

28.2 设计方案

要解决的问题就是跟踪一些对象，准备一起释放。为了在这个问题上取得进展，我们运用 C++ 设计的基本原则来解决它：**使用类来表示概念**。

这就意味着我们需要一个类来表示"一些要一起释放的对象"的想法。我们把这个类称之为 Cluster：

```
class Cluster {
        // …
};
```

如果 Cluster 是个类，我们就必须能够创建这个类的对象：

```
Cluster c;
```

而且对象 c 必须明显包含将在某个适当的时候被释放的其他对象。

适当的时候指的是什么时候？如果没有别的规则，那么销毁 c 时必须释放 c 中的对象，否则我们将错过最后一次释放这些对象的机会。类 Cluster 的析构函数必须释放包含在 Cluster 对象中的要被销毁的对象。

对于这些对象我们可以说些什么呢？很简单，必须有一种方法来分配一个对象到某个特定的 Cluster 里面。假设 T 是这样一个对象的类型，我们需要以某种方式来说："在簇 c 中分配一个类型为 T 的对象"，而这样就提示了一种方案：

```
T* tp = new(c) T;
```

为了使这个方案有效，类 T 需要一个成员 operator new 来将 Cluster 作为参数。因为在 Cluster 中分配对象可能会改变这个 Cluster，所以这个参数必须按引用传递。因此，类型 T 显然必须有一个成员：

```
void* T::operator new(size_t, Cluster&);
```

这个要求使我们的解决方案意义不大。问题在于我们必须在类 T 的定义中做一些调整，但是这种调整显然会限制 Cluster 类的用途。关键是要能够将任何自定义类的对象放入到簇中。有没有办法来避免修改已经存在的 T 的定义呢？

解决方法就是使用继承。正如我们将要看到的，通过使用继承和一个间接层（indirection），我们可以将任何类的对象放入一个 Cluster 中。而且，通过明智地使用多重继承，我们可以在不必修改类 T 的定义的情况下将对象放入 Cluster 中。我们首先定义一个基类，然后从这个基类中派生出派生类，而这些派生类对象就可以分配在簇中。我们称这个类为 ClusterItem：

```
class ClusterItem {
public:
        void* operator new(size_t, Cluster&);
        //
};
```

我们还需要类 ClusterItem 里有些什么？某些 C++ 实现有个限定，即只要我们有 operator new 成员函数，就必须保证其中至少有一个 operator new 是只有一个参数类型的，只有如此才能确保该类的对象可以用普通的 new 表达式分配。即便在这种情况下，我们还是**不希望**这样做——如果要分配一个 ClusterItem，最好只在 Cluster 中进行！为了强化这个限定，我们将定义一个普通的 operator new，但是会使它私有化。

我们在私有化 operator new 的同时，也要私有化复制构造函数和赋值操作符，这样才不必考虑复制 ClusterItem 的含义。

```
class ClusterItem {
public:
        void* operator new(size_t, Cluster&);

private:
        void* operator new(size_t);
        ClusterItem(const ClusterItem&);
        ClusterItem& operator=(const ClusterItem&);
        // …
};
```

根据现在的情况，这个类还是没有什么用处，因为我们不能创建 ClusterItem 对象。为了解决这个问题，我们至少需要一个缺省构造函数。考虑这个问题的同时，我们还应该决定销毁 ClusterItem 对象时要做些什么。由于 ClusterItem 将被当作基类使用，所以我们必须给它一个虚析构函数。另外，我们还要决定何时以何种方法销毁 ClusterItem 对象。最便于实现的设计是假设 ClusterItem 对象的销毁仅仅是伴随着相关的 Cluster 对象的销毁而发生的，这就意味着我们不能把 ClusterItem 析构函数公有化，而是必须将 Cluster 作为一个友元，否则最后就根本没法销毁 ClusterItem！

```
class ClusterItem {
        friend class Cluster;

public:
        void* operator new(size_t, Cluster&);
        ClusterItem();

protected:
        virtual ~ClusterItem() { }

private:
        void* operator new(size_t);
        ClusterItem(const ClusterItem&);
        ClusterItem& operator=(const ClusterItem&);
        // …
};
```

现在让我们把注意力转向类 Cluster。我们需要一个构造函数和一个析构函数，还要将类 ClusterItem 作为友元。另外，我们还要限定 Cluster 对象的复制操作，这样就不必考虑这个操作的含义。因此就有了下面的定义：

```
class Cluster {
        friend class ClusterItem;

public:
        Cluster();
        ~Cluster();
```

```
private:
        Cluster(const Cluster&);
        Cluster& operator=(const Cluster&);
};
```

不先考虑实现问题就很难确定这些类还需要些什么东西，所以下一步就开始考虑实现的问题。

28.3　实现

每个 Cluster 都保存了一个对象集合，并将它们一次性销毁。要做到这一点的最简单的方法是什么？

如果我们有一个可以用的容器库，我们可以从这个库中找一个容器类来使用。不过完全从头写一个容器可以学到更多东西。假定我们采用了这个方法，那么在相应的 Cluster 中保存一个 ClusterItem 的链表就是再简单不过的事情了。结果会按与创建时相反的顺序删除 ClusterItem——这正是我们想要的。这个策略可以说正是局部变量的分配的镜像——回收策略。

这就意味着我们需要增加一个表示链表头的指针到类 Cluster 中，而且还要在 ClusterItem 中添上指针，指向链中的下一个 ClusterItem：

```
class Cluster {
        friend class ClusterItem;

public:
        ClusterItem* head;              // 新增的
        Cluster(const Cluster&);
        Cluster& operator=(const Cluster&);
};

class ClusterItem {
        friend class Cluste;

public:
        void* operator new(size_t, Cluster&);
        ClusterItem();

protected:
        virtual ~ClusterItem() { }
private:
        ClusterItem* next;                      // 新增的
        void* operator new(size_t);
        ClusterItem(const ClusterItem&);
```

```
        ClusterItem& operator=(const ClusterItem&);
};
```

这些新增的语句使我们可以马上定义 Cluster 的构造函数：

```
Cluster::Cluster(): head(0) { }
```

同样，我们也差不多可以马上定义析构函数：

```
Cluster::~Cluster()
{
        while (head) {
                ClusterItem* next = head->next;
                delete head;
                head = next;
        }
}
```

注意：

```
delete head;
```

使用类 ClusterItem 中的虚析构函数，可以删除用户可能从 ClusterItem 中派生出来的任何类。

那么类 ClusterItem 的成员呢？我们必须决定何时创建一个 ClusterItem 对象，然后把它链入到相关的 Cluster 链中。这里有一些技巧性，不过，我们可以看看在整个过程中的各处需要什么样的信息，能够获得什么样的信息，并据此得出设计方案。

当我们用

```
new(c) T;
```

来分配某个继承自类 ClusterItem 的类 T 的对象时，会把适当的 Cluster 作为成员 ClusterItem:: operator new 的参数。这是唯一能判断 Cluster 是否有效的时机。但是，operator new 的任务是分配裸内存（raw memory），而不是处理已经构造好的对象。因此，将 ClusterItem 对象链接到 Cluster 链中的工作应该由 ClusterItem 的构造函数完成，而不是由 operator new 完成。所以，我们需要一种方法让 operator new 在构造函数能看到的地方保存该 Cluster。有几种方法可以做到，最简单的就是使用一个 static（源文件范围内可见的）变量：

```
static Cluster* cp;
```

因为这个变量只在有成员函数定义的文件中有效，所以我们不必担心它的名字。

现在可以定义 operator new 了。它保存了 Cluster 的地址，然后调用全局 operator new 来分配内存：

```
void* ClusterItem::operator new(size_t n, Cluster& c)
{
        cp = &c;
        return ::operator new(n);
}
```

构造函数将从 cp 中得到 Cluster 的地址，并将被构造对象的地址加入到适当的 Cluster 链中。我们可以这样做：

```
ClusterItem::ClusterItem()
{
        next = cp->head;
        cp->head = this;
}
```

但是，谨慎的程序员可能希望避免 cp 未被设置的情况，尽管显然不可能发生这种事情：

```
ClusterItem::ClusterItem()
{
        assert(cp != 0);
        next = cp->head;
        cp->head = this;
        cp = 0;
}
```

最后，有些 C++实现可能会要求我们定义已经声明了的缺省的 operator new，即使我们并不打算使用它。这里有一个方法：

```
void* ClusterItem::operator new(size_t)
{
        abort();
        return 0;
}
```

return 0;语句是必需的，因为编译器未必知道 abort 不会返回，因此可能会报错，以返回一个值。

28.4　加入继承

前面我们曾说过，使用这些类的方法是从 ClusterItem 派生新类。这就是说，要想进行类的簇式分配，我们就必须在定义类时知道并使用 ClusterItem：

```
class MyClass: public ClusterItem {
        // …
};

int main()
{
        Cluster c;

        MyClass* p = new(c) Myclass;
        // …
}
```

这个方法存在两个问题。首先，我们可能希望对某些未定义的类进行簇式分配。其次，由于 ClusterItem 的析构函数是私有的，我们不能声明任何 ClusterItem 派生类局部变量。

所幸的是，只需稍做改动就可以解决这两个问题：

```
class MyClass {
        // …
};

class MyClusteredClass:
        public MyClass, public ClusterItem { };

int main()
{
        Cluster c;

        Myclass* p = new(c) MyClusteredClass;
        // …
};
```

看看 new 表达式：它分配了一个类型为 MyClusteredClass 的对象，并将该对象的地址转换成类型 MyClass*的。我们可以像使用其他任何指向 MyClass 对象的指针一样使用这个指针（只要不试图删除它）。当 Cluster 不存在时，类 ClusterItem 中的虚析构函数就会保证 MyClass 的析构函数被正确调用。

这种技术似乎可以解决所有问题，除了一个小问题：如果 MyClass 除了缺省构造函数外还有构造函数，MyClusteredClass 将不得不重复这些构造函数；所幸的是只需做一次。

28.5 小结

本章讨论了一个问题，解决的关键似乎就是以正确的方式阐明这个问题。一旦我们理解了问题，就清楚地知道解决方案必须采用一种特殊形式（new(c) T）。这种形式反过来会规定几乎全部所需的类定义。这些类的实现也几乎是显而易见的。

直接由问题导出解决方案的情况是很少见的。然而，通过清楚理解问题来简化解决的方法却并不少见。我们很容易放弃任何关于设计的思考，而直接跳到实现这一步。我们在这里已经看了一个例子，理解了要先考虑设计的原因。

第
29
章

应用器、操纵器和函数对象

如果我们能够以类似文件操作的语法，通过某种方式发送一个带外信号（out-of-band signal）给某个类似文件的东西，那会是一个很有用处的东西。例如，如果

```
cout << value
```

使变量 value 的值出现在 cout 文件中，我们也应该可以写

```
cout << flush;
```

来强行立即输出缓冲区数据。

本章将介绍一个相当漂亮的解决方法，该方法基于两种函数。第一个叫作**操纵器**（manipalator），它以某种方式作用于由它的参数表示的数据。第二个叫作**应用器**（applicator），是一个重载操作符，它的操作数是一个可操纵的值和一个作用于这个值的操纵器。

按照上述术语，我们可以将 **flush** 定义为一个操纵器，把<<操作符定义为应用器，从而使上面的语句有效。

我们将对这项技术加以扩展，通过定义一种函数对象得到具有多个参数的应用器。这种函数对象中包含一个指向某个函数的指针，以及指向该函数要得到的参数的指针。

29.1 问题

每个实用的编程语言都必须有办法让程序获得输入和产生输出。这些操作可以算是语言中较难的部分，而且它们经常跨越常见的类型检查功能。

例如，许多 C 程序都使用 printf 函数产生输出。printf 函数违背了 C 语言严格的规定，因为它们可以在不同的时候以不同类型的参数进行调用。所以，我们可以在某个时候调用：

```
printf("%d\n", n);
```

而在另一个时候调用:

```
printf("%d %d\n", n, m);
```

通过分析第一个参数的格式字符串, printf 函数可以知道应当如何得到其参数的数量和类型。

经 printf "扭曲" 之后的语义给了用户很大的方便。否则, 对于每种可能的参数类型, 每次只为写一个值而使用输出函数的需求, 都必须有一个单独的输出转换函数。printf 的实际定义允许我们写诸如

```
printf("%d %d\n", n, m);
```

而不是像

```
printint(n);
printstr(" ");
printint(m);
printstr("\n");
```

的语句。C++提供了比 C 更严格的类型检查。由于这个原因, C++ 输出例程采用了一种不同的方式: 对于我们可以写的每种数据类型都有一个单独的程序, 但是 C++ 的重载机制允许这些程序取相同的名字。因此, 我们可以用 C++ 重写前面的例子:

```
cout << n;
cout << " ";
cout << m;
cout << "\n";
```

这里, cout 表示一个输出文件, << 表示一个重载操作符系列, 用于输出不同类型的值。这种方式不仅严格处于类型系统的限制之内, 而且也可以简单地通过增加另一个重载 operator<< 来为用户自定义的类型增加输出功能。

依照约定, << 操作符返回它的左参数。这就允许我们将上面的例子简化为:

```
cout << n << " " << m << "\n";
```

这样的效果与调用 printf 一样, 但是没有牵涉任何类型欺骗 (type cheating)。另外, 这种方式还简化了用户自定义数据类型的输出。例如, 假设 Complex 类可以用成员函数 re 和 im 来获得对象内容的值, 我们就可以以下面的方式定义一个 Complex 值的输出:

```
ostream&
operator<<(ostream& file, const Complex& z)
{
        return file << "(" << z.re() << "," << z.im() << ")";
}
```

这个定义使用和遵循了 "operator<< 函数应该返回其文件参数" 的约定。

假设我们有一个函数 flush, 其参数和返回值的类型都是 ostream, 它会强迫所有处于等待

状态的缓冲区数据写入文件。这样的函数可能就如同：

```
ostream&
flush(ostream& file)
{
        // 奥妙在这里
        return file;
}
```

这里，注释掉的部分应该是清空输出缓冲区代码。

我们可以像下面那样使用这个 flush 函数：

```
cout << "Password: ";
flush(cout);
```

我们还可以写得更加紧凑一些：

```
flush(cout << "Password: ");
```

想法或者方法就是使用 flush 来确认"Password:"是否真的已经在用户输入之前就已经输出了。

显然，有整整一群这样的函数，它们获得并且返回对某个类型的引用，而且以某种方式操纵该类型的对象。我们称这样的函数为操纵器。操纵器提供了一种便捷的方式，在有特殊要求的情况下操作文件进行读写。

但是，操纵器的技法本身是很笨拙的。试想它会用什么来写几个值，并在每次写完后清空文件：

```
cout << x;
flush(cout);
cout << y;
flush(cout);
cout << z;
flush(cout);
```

可以简写为：

```
flush(flush(flush(cout << x) << y) << z);
```

但是这样就很难写，也很难理解了。

29.2　一种解决方案

可以把前面的用法变得更有意思，这当然是有代价的。做法是定义一个叫作 FLUSHTYPE 的任意类型，以及一个该类型的变量。这个新类型只用于重载 operator<<，因此不需要成员：

```
class FLUSHTYPE { };
FLUSHTYPE FLUSH;
```

现在，我们定义一个作用于这个类型的 operator<<，它将调用我们希望触发的函数：

```
ostream&
operator<<(ostream& ofile, FLUSHTYPE f)
{
        return flush(ofile);
}
```

那么就可以"写"这个变量了：

```
cout << x << FLUSH << y << FLUSH << z << FLUSH;
```

FLUSH 是一个类型为 FLUSHTYPE 的对象，所以

```
cout << FLUSH
```

就是一个对 operator<<(ostream&, FLUSHTYPE)的调用，而后者当然要调用 flush(cout)。

29.3　另一种不同的解决方案

上述技术定义一个类型，然后定义一个该类型的对象，其唯一的目的就是用这个对象进行重载；这种做法实在没有吸引力。原因有两个：第一，对于每个操纵器，必须笨拙地定义一个类似 FLUSHTYPE 的新伪类型，如果有很多操纵器，就必须定义许多的新类型；第二，除了定义这些类型外，我们还必须笨拙地定义一系列类似 FLUSH 的伪对象（dummy object）。

使用一个小技巧就可以消除所有这些额外的负担：

```
ostream&
operator<<(ostream& ofile, ostream& (*func) (ostream&))
{
        return (*func) (ofile);
}
```

我们称这个操作符为应用器。它的右操作数是一个操纵器，左操作数是被操纵的对象。应用器对它的左参数运用操纵器。也就是说，它用左边的值作为参数调用右边的操纵器。

这样的一个效果是对于可获得并返回对 ostream 的引用的函数 f 来说，

```
cout << f;
```

含义和

```
f(cout);
```

相同。因此，我们可以写

```
cout << x << flush << y << flush << z << flush;
```

并且可以放弃那些笨拙的伪类型和变量了。

对于输入也有相似的例子。如前一个方案，通过增加新类型和新对象，我们可以定义一

种机制，用于忽略输出文件中的空格。

```
class whitespace { };
whitespace WS;

istream&
operator>>(istream& ifile, whitespace& dummy)
{
        return eatwhite(ifile);
}
```

这个例子假设有一个叫作 eatwhite 的操纵器，用来忽略文件中的空格。我们就可以写成

```
cin >> WS;
```

以获得与

```
eatwhile(cin);
```

同样的效果。但是，正如我们在输出操作采用的技术，我们可以通过为输入操作定义一个应用器来进行简化：

```
istream&
operator>>(istream& ifile, istream& (*func) (istream&)
{
        return (*func) (ifile);
}
```

现在我们可以写

```
cin >> eatwhite;
```

这可以抛弃关于 whitespace 和 WS 的定义，以及关于用 whitespace 右参数的 >> 的定义。

29.4 多个参数

操纵器和应用器似乎很有用，所以我们希望能够针对任意函数来定义操纵器和应用器，以操纵某种类型。我们尤其想定义具有附加参数的操纵器。例如，我们的 I/O 库可能提供了某个函数，用来设置一个与终端相连的流的数据传输速率。可以定义这个函数，使其控制某个 ostream，并用一个整数参数来指定新的波特率。假设有这样一个函数叫作 speed，我们可以下面这样调用它：

```
cout << speed(9600);
```

可惜的是，这个额外的参数将问题复杂化了。如果 << 是一个应用器，那么无论 speed 返回什么 speed 值，这个值都必须包含设置速率的指令和表示速率值的参数。尤其是 speed 不能返回一个纯函数类型的值，否则就没有地方放置那个表示速率的值了（利用副作用可以解决这个问题，但是讨论这样的技术会在很多方面与 C++ 社群的原则相违背）。因此，我们必须定

义一种类型来容纳一个指向操纵器的指针和一个传给它的参数的指针。

那么，比方让我们先定义一个 setspeed 作为获得一个额外的整数参数的操纵器：

```
ostream& setspeed(ostream& ofile, int n)
{
        //奥妙在这里
        return ifile;
}
```

我们称这个函数为一个**整数操纵器**。现在，我们可以定义一种函数对象来包含需要调用的这个操纵器的信息。它的 operator()成员将用我们给它的输出流和所保存的额外参数来调用已经记录在案的那个操纵器：

```
class int_fcn_obj {
public:
        int_fcn_obj(ostream& (*f) (ostream&, int), int v):
                func(f), val(v) { }
        ostream& operator()(ostream& o) const {
                return (*func) (o, val);
        }

private:
        ostream& (*func) (ostream&, int);
        int val;
};
```

这里，func 是一个指向整数操纵器的指针，val 是用作操纵器参数的整数。构造函数 int_fcn_obj 用一个函数和一个值建立了这些结构。

接下来，我们可以根据上面这个"调用"整数操纵器的整型函数对象（integer function object）定义一个应用器，并且把文件作为参数传递给该操纵器。

```
ostream&
operator<<(ostream& ofile, const int_fcn_obj& im);
{
        return im(ofile);
}
```

最后，我们可以定义一个 speed 函数，它将返回一个以其参数和 setspeed 构造而成的 int_fcn_obj 结构体：

```
int_fcn_obj
speed(int n)
{
        return int_fcn_obj(setspeed, n);
}
```

有了这个函数，我们原来的

```
cout << speed(9600);
```

就可以正确运行了。对 speed 的调用返回一个由 setspeed 和 n 初始化的 int_fcn_obj 结构体。新
创建的对象将被传给 ostream& operator<<(ostream&, int_fcn_obj&)，而后者返回来又用参数
cout 和 9600 调用 setspeed。

　　通过重载 speed 可以避免为 speed 和 setspeed 取不同的名字。如果我们这样做了，就不得
不改变 speed 的内容：

```
return int_fcn_obj((ostream& (*) (ostream&, int)) speed, n);
```

这种强制转型对于选择合适的 speed 函数来说是必需的。

29.5　一个例子

　　我们希望提供这样一个函数，即对于给定的数字，它能把这个数字转换成人能读懂的十
六进制值。所以，比方说要打印十六进制的 *n*，我们希望能够这样写：

```
cout << to_hex(n);
```

　　假设我们不想依赖于任何字符串库，to_hex 应该返回什么类型的值？答案显然是字符指针。
但是，当我们想知道由这个指针寻址的内存应该在什么时候释放时，这个答案就有麻烦了。

　　这个内存必须一直保持到它的内容全部写完后，所以设计者的第一反应可能就是要使
to_hex 返回一个指向静态缓冲区的指针，其中的内容在下一次调用 to_hex 之前保持不变。但
是考虑下面这个例子：

```
cout << to_hex(n) << " " << to_hex(m);
```

　　没有什么可以阻止编译器首先求 to_hex(n)的值，保存结果，紧接着求 to_hex(m)的值，再
保存结果，然后再调用这几个 operator<<函数。如果编译器这样做了，就会打印错误的内容，
因为由两次对 to_hex 的调用返回的指针将同时指向同一个内存。无论哪个结果被打印，一次
调用都会覆盖另一次的结果。

　　一个解决办法是让 to_hex 返回一个指向环形缓冲区的指针。这种办法在实际工作中其实
效果很不错，但是从理论上说，如果某一个表达式拼命地调用 to_hex，一旦超过某一个限度，
结果就会错误。

　　再来考虑下面的解决方法。首先，我们定义一个叫作 long_fn_obj 的长整型函数对象类（即
一个表示接受长整型参数的函数对象的类）和一个长整型的应用器<<：

```
class long_fn_obj {
public:
        long_fn_obj (ostream& (*f) (ostream&, long), long v):
            func(f), val(v) { }
        ostream& operator<<(ostream& o) const {
            return (*func) (o, val);
```

```
        }

private:
        ostream& (*func) (ostream&, long);
        long val;
};

ostream&
operator<< (ostream& ofile, const long_fn_obj& im)
{
        return im(ofile);
}
```

然后，我们定义一个十六进制转换操纵器：

```
ostream&
hexconv(ostream& ofile, long n)
{
        return ofile << to_hex(n);
}
```

因为我们一获得 to_hex 的值就马上使用，所以这个操纵器是安全的。最后，我们重载 hexconv 来生成一个长整型函数对象：

```
long_fn_obj
hexconv(long n)
{
        return long_fn_obj(
                (ostream& (*) (ostream&, long)) hexconv, n);
}
```

现在，我们可以写：

```
cout << hexconv(m) << " " << hexconv(n);
```

并确信，即使 to_hex 返回一个临时结果，转换后的值也能够正确显示。

29.6 简化

我们可能会以这种方式定义和使用很多类型的操纵器。对于每个操纵器，我们都需要有一个函数对象类型，以及一个针对该操纵器的各种参数组合而定制的应用器。但是不同的函数对象和应用器的定义都很相似，这就意味着我们可以使用模板来利用这种相似性。

我们需要定义两个模板：一个生成函数对象；另一个创建 operator<< 应用器。举个例子，我们来重写在 29.5 节建立的 hexconv 函数对象。

这个函数对象模板类类似：

```
template <class stype, class vtype>
class fcn_obj {
```

```
public:
        fcn_obj(stype& (*f) (stype&, vtype), vtype v):
                func(f), val(v) { }
        stype& operator() (stype& s) const {
                return (*func) (s, val);
        }

private:
        stype& (*func) (stype&, vtype);
        vtype val;
};
```

相关的应用器模板是：

```
template <class stype, class vtype>
stype& operator<<
        (stype& ofile, const fcn_obj<stype, vtype>& im)
{
        return im(ofile);
}
```

我们还必须以模板的形式重写返回函数对象的 hexconv 版本：

```
fcn_obj<ostream, long>
hexconv(long n)
{
        ostream (*my_hex) (ostream&, long) = hexconv;
        return fcn_obj<ostream, long>(my_hex, n);
}
```

它的使用方法没有变：

```
cout << hexconv(m) << " " << hexconv(n);
```

29.7 思考

我们已经采用了几种方法来展现这个语言的语法。最简单的方式有效地将

```
z << f;
```

转换为对

```
f(z)
```

的调用。对于 z 能够拥有的每种类型（istream、ostream 等）来说，只有一种类型可以用于 f，因此我们只需要定义一个用于 z 的可能类型的应用器<<。

然后我们考虑具有一个额外参数的操纵器，将

```
z << f(x);
```

与

```
f(z, x)
```

对应起来。这里我们需要为 z 和 x 的每个可能的类型对定义一个应用器<< 和一个函数对象。一旦确定了 z 和 x 的类型，也就确定了 f 的类型。

显然我们可以加以扩展，将

```
z << f(a1, …, an)
```

与

```
f(z, a1, … , an)
```

对应起来。这样，对于 z 和从 a1 到 an 的类型的每个组合，显然都需要一个应用器和函数对象。有了模板后，写起来就相当容易了。

做了这么多，不是自寻烦恼吗？不！写

```
cin >> noecho >> password >> echo;
```

比写

```
noecho(cin);
cin >> password;
echo(cin);
```

或者

```
echo(noecho(cin) >> password);
```

容易一些。相信为了得到这个简单易行的表达式形式，我们所做的努力是值得的。

29.8　历史记录、参考资料和致谢

我第一次写下这些想法是在 1986 年的夏天，并且给一些人看过，之后他们对此相当重视，并倾注了大量的精力进行研究。下面几位是必须提及的。

Jerry Schwarz 在他的 iostream 库中使用了应用器和操纵器。结果，绝大多数 C++程序员都**用到了**这些思想，即使他们没有意识到。例如：

```
cout << "hello world" << endl;
```

使用了叫作 endl 的操纵器和它相关的应用器。

Alex Stepanov 在他的泛型算法库（参见 18.5 节和第 21 章）中加入了函数对象的概念。随着这个库被应用到标准模板库（STL）中，这些思想的新范例得到了更为广泛的传播。

Jonathan Shopiro 开发了几种使用函数对象作为复杂数据结构中占位符的方法。Shopiro 也创造了"函数对象"这个术语。

操纵器的思想源于 Algol 68 的设计过程。Lindsey 和 van der Meulen 在他们的 *Informal Introduction to Algol 68*（North-Holland 出版社，1977）的 7.1.1 节中进行了精辟的介绍。

将应用程序库从输入输出中
分离出来

应用程序库的作者面临着困难的决策：库应该使用哪种 I/O 设备？把库捆绑到某个特定的 I/O 包会限制库的灵活性，可是不这么做问题就会很难处理。

本章解决这个问题的原则依旧：使用类来表示概念。设计一个类来表示任意 I/O 库的接口，从而使应用程序与 I/O 之间的耦合度大为降低。

30.1 问题

考虑一个表示变长字符串的类：

```
class String {
        // 各种定义
};
```

我们怎样设计这个类呢？通常，它应该允许简洁地执行诸如连接之类的常用操作：

```
String fullname = firstname + " " + lastname;
```

同样，能够用惯用的符号打印 String 也是很重要的：

```
cout << fullname << endl;
```

毕竟，我看不出一个 String 类不能进行打印有什么好处。

对于这种类来说，处理输出的传统方法就是在定义 String 时，包含一个输出函数：

```
ostream& operator<<(ostream& o, const String& s)
{
```

```
        // 在输出流 o 中打印字符串 s
        return o;
        //
}
```

实际上，之所以这个方法是"传统的"，部分原因在于它工作得相当好。

但是，用这个方法有两个潜在的严重问题。首先，想使用这个 String 类的人不得不同时使用 iostream 类。因此，不使用 iostream 类而使用另一种 I/O 机制的程序，将不得不包括**两个**完整的 I/O 库，并容忍因此带来的空间开销。其次，也没有简单的方法在另一种 I/O 机制中打印 String。如果一个应用程序使用了专用库，比如说用于进行进程间通信的库，那么我们很难用这个库来打印 String 的内容。

30.2　解决方案 1：技巧加蛮力

解决问题的一个途径就是具体问题具体分析。例如，我们可以通过将依赖于 iostream 库的代码划分为各个编译模块，从而把 iostream 库带来的开销从 String 类中分离出来。

String.h 头文件就会类似：

```
class ostream;

class String {
        // 各种定义
};

ostream& operator<<(ostream&, const String&);
```

注意这里没有类 ostream 的定义。这样做是可以接受的，只要包含在头文件中的函数没有在未先定义 ostream 类的情况下使用任何 ostream 对象即可。因此，要打印一个 String，我们必须包含 iostream.h：

```
#include <String.h>
#include <iostream.h>

int main()
{
        String s = "hello\n";
        cout << s;
}
```

否则，cout 将被认为是未定义的。

类似地，前面声明过的 operator<<的定义也必须包含 iostream.h：

```
#include <String.h>
#include <iostream.h>
```

```
ostream& operator<<(ostream& o, const String& s)
{
        // 在输出流 o 中打印字符串 s
        return o;
}
```

通过单独编译这个函数，我们可以避免 iostream 类所带来的开销，除非真的在实际中用到它。

这个技巧并不能解决问题的另一半：我们怎样才能在不是 ostream 的东西上打印 String？如果可以从 String 中提取出单个字符，我们就能强行解决这个问题。比如，下面显示了我们可以如何打印 String 到一个用 C 类型的 FILE 指针表示的文件中：

```
void putstring(const String& s, FILE* f)
{
        for (int i = 0; i < s.length(); i++)
                putc(s[i], f);
}
```

这个方法很容易理解，而且应该毫无困难地工作。但是运行起来有点慢：从 String 中提取单个字符肯定比直接复制整块字符串到某种 I/O 缓冲区中慢得多。有没有更好的解决办法呢？

30.3 解决方案 2：抽象输出

显然 String 类的设计者不可能知道怎样对每种可能的输出设备产生输出。I/O 库的作者也不可能知道每一种将会依赖于该 I/O 库的对象类型。但是，假设我们可以抽象出输出操作的最基本的部分，并且能够有效表示，那么将提供一种连结 String 和 I/O 库的纽带。

为了使之更具体，我们来看看某个特定种类的输出操作：发送一些字符到某个目的地。我们可以用字符的地址和长度，以及作为目的地的某种未知类的对象来表征它们。因此，我们可以写：

```
dest.send(ptr, n);
```

此语句将把以 ptr 寻址的位置开始的 n 个字符发送到由 dest 指定的目的地。对于不同目的地，dest 的类型也会不同，这就意味着我们应该使用一个类继承体系，其基类中定义有 send 纯虚函数。既然有一个纯虚函数，也就应该有一个虚析构函数，这样我们就可以用指向基类的指针释放派生类的动态对象了。

我们称这个基类为 Write，并记下目前已经知道的关于它的实现：

```
class Write {
public:
        virtual ~Writer();
        virtual void send(const char*, int) = 0;
};
```

如果我们把这个类的声明加入到 Writer.h 中，那么就有可能定义一个通用的 String 输出函数：

```
#include <Writer.h>

Writer& operator<<(Writer& w, const String& s)
{
        for (int i = 0; i < s.size(); i++) {
                char c = s[i];
                w.send(&c, 1);
        }
        return w;
}
```

这个函数有两个问题。第一个问题是它还是运行得慢。我们可以令此函数为 String 类的友元函数，这样它可以获得 String 的特殊实现细节，从而就可以在对 send 的一次调用中发送出完整的 String，而不是一次只写一个字符。这样就解决了问题。

第二个问题就是 String 类现在必须知道 Writer 是如何工作的，所以还有很多我们不愿见到的耦合。我们将在下一节回头讨论这个问题。

为了使这个设计适用于任何应用，我们必须为特定的目的地定义特定的 Writer 类。下面就是我们如何为 C 类型的 FILE 指针定义 Writer 类的：

```
class FileWriter: public Writer {
public:
        FileWriter(FILE* f): fp(f) { }
        void send(const char* p, int n) {
                for (int i = 0; i < n; i++) {
                        putc(*p++, fp);
                }
        }

private:
        FILE* fp;
};
```

我们可以从一个 FILE 指针创建一个 FileWriter，这样做可保存该 FILE 指针。发送字符到一个 FileWriter 将导致这些字符被送到对应文件中。

现在可以用下面的方式在一个 stdout 中写 String 了：

```
FileWriter s(stdout);
String hello = "Hello\n";
s << hello;
```

让我们来总结一下这种方法：

- 定义一个表示写任意字符序列到任意目的地的抽象基类 Writer；
- 使用继承来为每个想使用的 I/O 库创建一个特殊的 Writer 类；
- 为每个知道如何使用何种 Writer 来写该类对象的应用类定义输出操作。

由于 Writer 基类做的事情很少，所以它很小。因此，应用程序只需要承受它们所用的 I/O 库的空间开销。

30.4 解决方案 3：技巧而无蛮力

我们可以把目前所开发的技术看作是在设计一个小小的 I/O 库，其唯一目的就是作为其他 I/O 库的接口。因此，我们的方法还有不足之处：要使它有用，应用库还必须知道 Writer 类本身的特性。

这个缺陷表现在很多方面。例如，尽管我们知道可以编写：

```
FileWriter s(stdout);
String hello = "Hello\n";
s << hello;
```

以及

```
FileWriter s(stdout);
String hello = "Hello\n", goodbye = "Goodbye\n";
s << hello << goodbye;
```

但是，尽管我们觉得应该可以，但事实上却不能这样：

```
String hello = "Hello\n", goodbye = "Goodbye\n";
FileWriter(stdout) << hello << goodbye;
```

这是因为 FileWriter(stdout)是一个临时值，在第一个<<操作完成后，这个临时值就可能被销毁了。换句话说，编译器会做这件事情：

```
FileWriter temp1(stdout);
Writer& temp2 = temp << hello;
// 销毁 temp1
temp2 << goodbye;
```

当引用 temp2 被创建时，它就被绑定到 temp1，但是原理上这个信息对于编译器是无效的。当编译器销毁 temp1 时，temp2 就变成了错误的引用[1]。

解决这个问题的一个方法就是禁止 Writer 生成临时对象，这可以通过显式声明 Writer 类做到。

另一种方法可能就是完全不用引用。我们可以创建一个类似于第 5 章中介绍的句柄类。我们可以增加一个类 WriterSurrogate，它将指向某个继承自类 Writer 的底层类。WriterSurrogate 将是一些简单的对象，能够被自由地复制。这种方法可以和前一节中的 FileWriter 类一起工作，并且会允许 operator<<返回一个 WriterSurrogate，而不是一个 Writer&。

---

[1] 依据 ISO C++标准草案，这里产生的临时对象应该生存到整个语句终结。所以如果一个编译器能够遵守 ISO C++标准，则上面的例子不会有问题。不过，现在流行的编译器恐怕还要好几年才会退出江湖，这些编译器中的一些在销毁析构对象方面迫不及待。所以，在编写这样的代码中，认真考虑临时对象的生存周期还是非常重要的。

这个方法留作读者自己练习。而在这里，我们将尝试一种新方法，更有效地利用在编译期间就能得到的类的相关信息。

我们目前所看到的 Writer 类封装了"写东西到目的地"的概念，这里的目的地可以直到进行实际输出时才被告知。其实我们通常并不需要这么大的灵活性。另外，由于特定 Writer 类与其目的地之间的连接直到执行过程中才建立起来，所以我们可能会错过检查错误的时机，而建立一个会立刻崩溃的连接。

尽管 String 类的设计者不知道 String 类何时被写以及哪个 I/O 包会被采用，可是这个类的用户肯定知道。因此，没有理由非要到执行期才利用这方面的信息。

让我们再看看 Writer 是什么：它是一个类，如果 dest 是这个类的一个对象，ptr 是一个指向某个内存地址的指针，n 是这里的字符个数，那么我们可以用

```
dest.send(ptr, n);
```

来发送这些字符到那个目的地。

一旦我们决定要在编译时将 Writer 连接到目的地，即不再需要使用动态绑定，因此也就不必让 send 作为成员函数了。实际上，这样做有一个很大的好处，我们马上就会知道。

我们将会把 **writer**（没有大写）当作一个概念。一个 writer 属于一个类型族，从这个意义上讲，它与第 18 章种讨论过的"各种迭代器类型同属一族"一样。我们所需的 writer 类型的特性很简单：提供一个函数 send，这样如果 dest 是一个 writer，而 ptr 和 n 的定义跟以前一样，那么我们就可以调用

```
send(dest, ptr, n);
```

来发送相关的字符到目的地。

为了把写入程序与应用类联系起来，我们将使用一个模板。下面是具体实施这个想法的例子：

```
template<class W> W& operator<<(W& w, const String& s)
{
        for (int i = 0; i < n; i++) {
                char c = s[i];
                send(w, &c, 1);
        }
        return w;
}
```

这就代表了无限大的 writer 族——用一个类型 W 代表所有可能的 writer。因此，如果

```
operator<<(FILE*, const String&)
```

没有被明确定义，这个定义将以调用 send(FILE*, char*, int) 的方式有效地定义它。

现在，send(FILE*,char*,int) 当然没有被定义为 stdio 包的一部分，因为 stdio 早在我们记录下任何关于写入程序之前就被写成了。但是，我们只需使用常规的方式访问 stdio，就可以简

单地定义它：

```
void send(FILE* f, const char* p, int n)
{
        for (int i = 0; i < n; i++)
                putc(*p++, f);
}
```

仅仅由于这个 send 函数的存在以及作为 String 类的一部分的 operator<<的定义，我们就可以写

```
String hello = "Hello\n", goodbye = "Goodbye\n";
stdout << hello << goodbye;
```

所以我们可以得出结论，我们能够按如下方法提供 I/O 库的独立性：

* 应用程序中的类采用"使用 send 模板进行所有的输出操作"这样一个约定；
* 每个 I/O 包都需要一个专为它写的适当的 send 函数，这个函数不必由包的作者自己来写；
* 应用程序的库除了要知道如何使用 send 函数外，根本不必知道任何输出操作的细节。

30.5 评论

我承认这个技术还不够细致。不过，本章展示了模板可以如何提供一种对操作进行抽象化的方法，就像类对数据结构提供抽象化一样。

以这种方式使用模板的一个显著收获是，可以在编译时就利用已知的特定 I/O 包相关知识，而不必等到执行时才利用。因此，可以使 I/O 调用的操作内联（inline），从而避免大量的时间和空间开销。另外，编译时的类型检查使得我们可能在开发阶段提前找到错误的位置。

即使不用模板，我们也能够以比原本设想的方案更优越的技术来解除各个程序库之间的耦合。关键在于要将关键概念分离开，然后设计类来表示这个概念。

第 六 篇
总 结

种对 C++ 的常见批评是该语言太复杂。当然，我们可以很轻易地找出很多文献资料来支持这种观点。持这种观点的人甚至可以用 C++ 图书的数量和规模来支持自己的观点。

我认为只有在孤立地看待 C++ 时，这种观点才成立。设计任何一门语言——也可以说是任何软件——都有特定的背景。正如我们在第一篇的介绍中所说的，C++ 面向的是特定的用户群。这个用户群要应付各种复杂的问题，要写出相当长时间运行的解决方案。这些解决方案必须满足任意的性能需求，要工作在不同的硬件和操作系统平台上，还要和许多已存在的系统共存。

考虑到从 C++ 早期就尘嚣日上的对复杂度的抱怨（Bjarne 曾经怀疑具有类的 C 是不是已经太大了），以下的观点逐渐突现：总是有大量对语言新特性的要求。这些要求中的一部分是因为人们对于如何使用现有语言特性来完成某些任务还没有足够的理解。有一部分则是出于人类天生的嗜好，喜欢评价现已成为主流编程语言的东西。但是，更常见的情况是，确实有许多使用者遇到了实际问题，需要语言本身提供支持来解决这些麻烦，因此就提出了新的功能需求。

所以，尽管希望有简单或者"干净"的语言，但人们真正需要的还是有助于解决难题的语言。由于 C++ 相当流行，因此我们最终得出结论：C++ 使用者愿意为了语言所提供的强大的表现力和高效率而放弃对简单性的要求。第 31 章将列出一些原因，说明为什么有时候我们的工具不得不复杂，特别是当我们要解决的问题变得越来越复杂时。在第 32 章中我们将讨论一些关于如何掌握 C++ 的建议，以便使它在你看来不再是一个神秘的特性集合，而是工具箱中的重要组成部分。

第31章

通过复杂性获取简单性[1]

31.1　世界是复杂的

我不时会惊讶于日常生活的复杂性[2]。

例如，就在此时此刻，我正是借助 3 台通用计算机和几台专用计算机的帮助才在家写下了这些文字，同时还在听着巴赫的小提琴奏鸣曲。我想请你用一点时间想想是哪些技术使这一切成为了可能。

首先是家。栖息在郊外一个小镇的山脊的一侧，以今天的眼光来看是不足为奇的。但在哥伦布时代，即使对皇室而言这也可能是一种奢侈。它冬暖夏凉，我所要做的只是拨动一个小小的开关来选择"加热"或是"制冷"，还能设置自己想要的温度[2]。屋子里有冷热水供应，还装有明亮平整的玻璃，这样我能清晰地观赏窗外的景色。大多数窗子是双层玻璃，中间夹着一层空气，以防止散热或者热气透入。我也可以打开它们。想想要花多少气力来做出所有这些东西吧。

现在，再看看我写作本书所用的计算机（而不是打字机）[3]。我屋子里的计算机占据了大约 1 立方英尺的空间，包括它自身的处理器和一个独立的小柜子，里面装有硬盘驱动器和用于备份硬盘的磁带机设备。与它相连的还有显示器、键盘和调制解调器。鼠标[4]连着键盘。这台机器上运行着一个操作系统，之上还有一个窗口系统和许多应用程序。其中之一就是这"半个"文本编辑器。

这"半个"编辑器负责在显示器上显示文本。它"知道"窗口要多大和要显示哪些文本，并指出文本的每个字符应该出现在什么位置。它还能让我在多个窗口中"浏览"同一个文本，这样，我在一个窗口中所做的修改能马上在其他窗口中显现出来。

编辑器的另一半运行在 4 英里外我的办公室里。该程序处理文件和文件的内容，与显示

---

[1] 本章是以一篇杂志文章为基础的，而那篇杂志文章的脚注特别多，而且到处都是。糟糕的是，我现在使用的排版软件不能很好地处理这么多的脚注，会把页面搞得失衡。所以，我们决定把所有的脚注集中放在本章最后。

毫不相关。所以，当我在输入时，这儿的计算机收集了我输入的内容，并频繁地发送给那里的计算机，并由那里的计算机生成磁盘文件[5]。

在这个过程中，包含文本的磁盘文件并不在我的办公室中，而是在同一个楼的另一间机房里。这个楼共享一台文件服务器——我要提到的第 3 台计算机——装有我的一大群同事要用的文件。我不会深入阐述连接这 3 台机器的技术，也不必说明我是如何听到那首曲子的。它创作于 250 年前，8 年前在一个距此 4000 英里远的地方进行的录制。

31.2　复杂性变得隐蔽

我曾了解到[6]成熟工业的产品的生产过程被隐藏起来了。例如早期的汽车就是一个例子。为了方便修理，许多机械部分被暴露在外。随着汽车工业的成熟，发生了两件事。首先，因为人们希望得到更好的性能和更方便的使用，汽车就变得更加复杂。发动机、传动系统、悬架和方向盘……每个东西都变复杂了。其次，这些复杂性隐藏得更深了。现在在美国已经很少见到那种没有自动传动装置或者助力方向盘的汽车了，尽管这些复杂的系统也只是刚刚实现。

另一个例子就是音乐的录制。爱迪生的留声机唱片的制作很简单：传入的声音震动喇叭里的空气，空气又震动了震动膜，从而带动针震动，在蜡质磁道上刻下波形线。这个母版还可以复制其他的唱片，当播放这些唱片时，会以相似的过程再现声音。

目前主流的声音介质是 CD 唱片。数目惊人的各种技术应用到了这些事物当中。要播放声音，我们必须先将唱片上极小的凹点转换为比特，想想要做到这一点得需要多么精确的跟踪装置吧。另外，两层缓冲和纠错使得唱片表面允许有少许瑕疵。然后，比特被转换为模拟电信号。

照相机是另外一个例子。1960 年，照相机一般配有简单的固定焦距的塑制镜头和机械快门。它的设计是基于想当然的假定，即大多数照片会在明亮的阳光下拍摄，而且胶片足够敏感，即使用很小的镜头在这样的条件下拍照也会成功。由于这些假定，镜头的制作很便宜，照相机也不必要采用对焦机制。

尽管现在还有这样的照相机，然而更普遍的是具有由微处理器控制对焦和曝光的照相机，这种照相机的镜头比以前精密得多，通常还有一个内置的闪光单元，以及用于触发闪光和根据物体与照相机间的距离来匹配闪光灯的光强、曝光度的电子装置。胶片也不再只是黑白的，而有了彩色的，技术[7]、质量也比以前高出许多。

31.3　计算机也是一样

世界是复杂的。随着工业的成熟，工业产品也日趋复杂。由此我们应该可以推断出计算机也随着时间推移而趋于复杂，其复杂性也变得更加隐蔽。是这样吗？

答案部分取决于我们怎么定义计算机系统的复杂度。20 世纪 70 年代，哥伦比亚大学的主计算机是 IBM System/360 Model 91，是当时最快的通用计算机。这台机器占满了一间大房子的空间。它需要由装在地下室里的发电机提供大量规则电流[8]，需要一条河那么多的冷水来冷却，还要把地板抬高才能容纳卷在一起的巨大电缆。从体积和耗能方面看，它比我之前用过的任何设备都大得多。以一个机械工程师的眼光看计算机，它的复杂度减少了而不是增加了。

　　但这还不是全部过程。哥伦比亚大学的机器的主存只有 2MB；而现在很容易就可以找到主存为 64MB 的台式机。它读取内存的速度为 0.4ms，耗时是现在的 5 倍多。它的硬盘空间为 1GB，这在今天很容易就能用小到可以装在单个衬衣口袋中的磁盘单元实现。它每秒执行 500 万到 1500 万条指令，今天一台工作站就可以达到这个速度。这样一来，现在的机器是更复杂还是更简单了呢？

　　答案取决于你自己的观念。一台台式工作站除了容量更大外，所拥有的物理部件远比 20 世纪 70 年代的主机少得多。产生这种情况的原因在于复杂度转移到了那些不需要单独制作或配置的部件中了。单块内存条可能可以存储数 MB 的数据，但是生产过程的复杂度也因此增加。要自动获取更大容量的内存，人们不必再将成千上万的磁芯缠在细线上了。换言之，我们知道怎样用工艺技术取代复杂度了。

　　是抽象使这种取代成为可能：能够以相同的方式对待彼此类似的东西，同时又能注意到其差异。例如，对于程序员而言，为了能处理包含了成千上万数据项的计算机内存，唯一行之有效的方法就是系统化地给内存的每个部分设置某种标记（通常是数字），然后将各个内存单元视为仅仅是标记和内容不同，而在其他方面没有分别的东西。为什么在程序中增加一个长度为 n 的数组所花费的设计精力是一定的？原因正在于此。尽管运行这个程序所需要的计算时间可能跟 n 有关，但是写起程序来所花的时间是不变的。

　　在我们的计算机系统变得日益复杂的同时，这种抽象让我们看到了掌握复杂系统的希望。

31.4　计算机解决实际问题

　　毫无疑问，从用户的角度看，我们的计算机系统已经变得更加复杂了。也就是说，并不是这些系统所有的复杂性都被隐藏到视线之外，而是大多数都暴露了出来。今天，即便是普通系统的使用指南也庞大得让大多数人望而生畏：用户只通过请教同事或动手实验了解到极小的部分，然后就裹足不前。怎么会这样？

　　设想现在人们是在用计算机来解决以前未曾试过的问题。比如，我觉得我第一次正儿八经地试图用计算机处理文本是在 1970 年，直到 1977 年我才能做到应付自如。时至今日，我已经想不起来最后一次写东西而完全**不用**计算机是哪天了[9]。

　　另一个例子是，我于 1967 年第一次使用分时系统；即使在那时，系统也提供给用户一种相互发送消息的途径。直到 1977 年我才第一次成功发送消息给与我的计算机型号不同的另一台计算机。而现在，我经常于写作闲暇稍做停顿，回复来自康涅狄格的姐姐的电子邮件。

　　换言之，今天计算机所做事情的复杂性从本质上已经大大超过了以前。所以，用户能感觉到某些复杂性的存在也是不足为奇的。

　　复杂性的另一个根源是大规模产生的副产品：一旦你拥有了一个足够流水化的工厂，那么生产一整套同样的东西比生产不同的东西要容易得多。如果生产时间长的话，这一点就尤为突出。因此，某种车型的每辆汽车都有相同的最省油速度控制（cruise control）系统，在每辆车上配备这一系统比一一跟踪车速要简单得多。同样的现象也发生在那些被广泛应用的软件上 [10]：卖出一个解决几种问题的软件包比卖出针对每个问题采用的独立组件容易。字处理程序动辄占用数十 MB 硬盘空间，并附有 800 页参考指南，也是出于这个原因。

当计算机要处理的问题更加复杂时，就会带来将这种复杂性部分地转入解决方案中的隐患。这样一来，可能又回到了"计算机工业不成熟，所以仍有新问题要解决"的老话上了。

31.5　类库和语言语义

所有编程语言都是帮助人们用计算机来解决问题的工具。由于这些问题越来越复杂，以及越来越多的人想使用计算机来解决不同的问题，所以就不可避免地有了将这种复杂性转交给语言的压力。因为抽象是 C++的主题，所以有理由预测 C++的复杂性大部分是为了要提供某种手段来进行问题抽象的缘故。

下面举一个简单的复数表示的例子。C++没有内建任何关于复数算法的概念。而FORTRAN 有，其他语言也有。但是，在不改变语言本身的前提下，C++允许以**几乎**和 FORTRAN中的内建形式一模一样的方式来实现复数。

当然，我们可以争辩说"**几乎**"只是"**不**"的一个委婉表述，所以 FORTRAN 的方法更好。但是如果要实现其他算术数据结构呢——比如四元数，该怎么办？在 FORTRAN 中建立这样的结构是很难的，而在 C++中则未必很难。C++中的抽象机制使得在别的语言中很困难甚至根本不可能实现的工作变得简单容易。让我们看看 C++中一个看似过于复杂的地方，初看上去，即使是为了要简化 C++程序员的抽象化的工作，似乎也没必要这样复杂。

事实上，每个初学 C++的人都很难理解赋值和初始化的区别。这种理解上的困难部分来源于外部：在大多数语言中，如果是将一个值赋给一个变量，则无论该变量有没有初值都没有区别。即使在 C 中，

```
int x = 17;
```

和

```
int x;
x = 17;
```

也没有什么明显区别。

为什么在 C++中这个区别如此重要呢？

原因就在于在 C++中变量的值是一个比 C 或其他语言中变量的值更一般的概念。C++允许变量"拥有"一定的资源，如果值改变，就必须放弃这些资源。

可能因为这个概念很陌生，所以对于 C++的初学者来说是很难学的。而且，如果只编写简单的 C++类是没有必要了解这个概念的。例如，表示复数的类就不用知道赋值和初始化的差异。

　　但是，当我们要编写的类要处理分配在别处的数据结构时，差异就很重要了。思考一个表示变长字符串的类：

```
class String {
private:
        char* data;
        int len;
        // …
};
```

　　这里，**data** 和 **len** 包括动态分配的内存的地址和长度，该内存包含了字符串内的字符。突然间，

```
String s = "hello";
```

和

```
String s;
s = "hello";
```

的区别变得至关重要：当我们在第二个例子中给 s 赋值时，s 早就有一个值了。

　　我们必须在处理新值之前释放旧值占用的内存。

　　原则上 C++ 没必要划清两者的界限，但是我们本来可以设计 C++，使赋值等价于初始化后紧跟一个析构操作[11]。这样会简化很多程序，但也会使某些类型的抽象变得难以实现。

　　例如，有些 C++ 库提供了一种据说叫作**片**（slice）的类。如果某个对象包括某种数据结构，通常我们可以创建一个指向该数据结构的某部分的片，则给这个片赋值会影响原数据结构中被选中的那部分。

　　我曾看到一个字符串类，其内容为：如果 s 是一个 string，m 和 n 是整数，则 s(m, n) 表示从字符 m 开始的 n 个字符长的 s 的一片。所以，在

```
String s = "the dog";
s(4,3) = "cat";
```

之后，s 的值为 the cat[12]，而在

```
s(4,0) = "big, fluffy";
```

之后，s 的值为 the big, fluffy cat[13]。如果赋值总是等价于紧跟初始化后的析构操作，则此类抽象就难实现得多。

31.6　很难使事情变得容易

　　编写 C++ 类是进行用户界面设计的一个例子，而要设计好的用户界面是很**困难**的[14]。C++ 中有许多资料都是用来给类设计者提供简化工具，帮助他们解决用户界面问题的。因此，用 C++ 设计出一个好的类库要比用其他语言难得多。但是，解决方案的空间也更宽广了：C++ 提

供给库设计者更策略化的可能性，从而使他们能考虑得更多。

作为对这种额外努力的回报，经过精心设计的 C++库非常好用。库的使用者运用他们所知道的任何关于 C++的知识，把与他们自己特定的应用相关的部分关联进来，并且很轻松地编程，就好像正在使用某种恰好适合他们自己的问题的特殊语言一样。

从这个角度看，我们似乎应该按照另一种思路来考虑 C++库的设计。大家都觉得设计一个优秀的变长字符串类和复数类库是非常困难的，但如果让你自己将这些东西补充到编译器里，就会更加困难。实际上，用户很少有权力和能力修改自己的编译器，更别提把这种改变移植到不同编译器上了。C++提供了一种中等程度的抽象粒度：它允许我们无须改变编译器内部的工作模式，就能够详细地定义抽象概念的具体行为，在这一点上，大多数的语言都难以望其项背。

31.7　抽象和接口

现在让我们回顾一下前面描述的情形：用分装在相隔 4 英里的两台机器上的编辑器来编辑位于第三台计算机上的文件。与此同时，这些在 C++之前编写的程序已得到了广泛使用。不过，它们解决问题的特定部分所用的方法没有用 C++设计的简单。

比如，考虑怎样将操作系统中处理文件的部分加以改进，使其能处理位于远程计算机上的文件。一种通常的做法是仔细考察操作系统，并询问："这个操作系统支持哪些文件操作？"答案通常包括半打以上的或者最基本的操作：打开、关闭、读取、写入、查找等。

一旦精确定义了这些操作，就有可能写多组子例程，每一组都实现了针对某种文件的一个特定操作。这样操作系统就可以支持同一台机器上的不同文件类型。我们可以想象一个速度最快的文件系统、另一个设计成用最小的可行的存储空间进行备份的文件系统，以及第三个能表示同一网络中不同计算机上的文件的文件系统等。

这 3 点在此处是十分重要的。第一，要解决这个问题，我们必须从实用的抽象入手——这里是关于**文件**和**文件系统**的概念。如果没有这些概念，我们甚至都不知道该怎么问操作系统支持哪些文件操作——我们该怎么从别的操作系统中区分出文件操作呢？

一旦知道了文件系统是什么，第二个关键的思想就是将接口与之分离，确保接口不会和实现混为一谈。只有分离开来，我们才能实现不止一种的文件系统，甚至能知道不同类型的文件系统。

第三，我们需要一个用来跟踪不同类型文件系统的数据结构——包括关于这个接口的各种实现。操作系统必须知道**这个硬盘**上有一个快速文件系统，**那个硬盘**上有一个重视空间效率的文件系统，而**"这个""那个"硬盘**根本不存在——它只是一种通过网络连接进行对话的方式。要使这种想法生效，我们最好对每个硬盘创建这个数据结构的实例。

C++可以轻松地创建下面这种抽象：使用抽象基类描述界面，为每种实现定义一个继承类。另外，关于支持几种不同实现的抽象界面的整体概念给了我们一个处理现实计算机系统复杂性问题的基本方法。

31.8　复杂度的守恒

现实计算机系统复杂而有阶段性，使这个讨论别具意义。有时可能——甚至最好——忽略这种复杂性，但是这样并不能消除复杂性，而且通常会付出代价。

最好能将复杂性转移到别的地方。如果你现在对这一点还不确定，就先考虑一下把 3 个浮点数相加的问题。即使这种简单的问题也很难解决——如果你想得到正确的答案的话。例如，显而易见的解决方案是

```
double add3(double x, double y, double z)
{
        return x + y + z;
}
```

但是这段代码并不能对 10^{20}、-10^{20} 和 1 的所有排列都提供最精确的可能答案。在几乎所有的计算机上，中间和 $10^{20}+1$ 将等于 10^{20}，1 最终会被完全丢掉。最终结果也因此而很可能是 0 而不是正确答案 1。只有在先把 10^{20} 和-10^{20} 相加时，结果才会正确。

然而，解决这个问题时，我们可以处理或者忽略复杂性。如果决定处理，则要通过确保最精确的可能答案来做到这一点[15]。若是忽略复杂性，则也不会消除复杂性，复杂性会转移到用户的手中 [16]。

处理复杂问题的软件肯定要面对复杂性。有些语言假装复杂性不存在而忽略它。它们提供给用户一个干净整洁的接口，如果这个世界上有些地方不符合他们所设想的模型，就干脆视而不见，将其忽略掉。还有一些语言则是将复杂性扔给用户去处理。

C++采取了折中办法。它允许我们来编写对操作环境实施最底层控制的程序，但也允许我们忽视大多数不重要的细节。为了更加灵活，它付出的代价是比我们希望的更庞大——但这就是生活。

灵活性对于类库的设计者来说尤其宝贵，他们因此能给用户提供适用于不同抽象级别的广泛应用领域的功能。而且长远来看，抽象仍将是我们处理这个复杂世界的最有力工具。

注释：

1．生活是复杂的原因之一是，它既有现实的一面，又有充满幻想的一面。

2．要让我选，我会买一支更精密的温度计来替我决定房子是否需要加热或制冷。我还可以买一个东西，能记住我通常几点起床、几点下班回家以及周末习惯做什么等。但我没有这样做，因为我还得学会怎么使用它们。

3．你可能首先想考虑使用打字机而不是铅笔和纸。或者你会考虑生产铅笔或者纸的原料。

4．我的猫对老鼠没有特别的兴趣。它们更愿意蹲在显示器上面眺望窗外。有时它们会追逐屏幕上的光标，至于光标是否是三维立体对象似乎不会影响它们。

5．刚才我被打断了一会儿：我收到姐姐发自康涅狄格的一封电子邮件。没问题：切换到另一个窗口，读信，答复，再回到我的编辑窗口。我的行为说明编辑器的两半之间的连接必须是多路复用的，这样编辑器才能在我操作另一个窗口的同时继续运行。这次切换还打开了一个电子邮件窗口——电子邮件是另一个极度复杂的领域。

6．我忘了在哪儿读到的。如果谁有这份资料的原件，欢迎告诉我。

7．拍照者的水平比其他所有相关的因素更能决定艺术质量。

8．我从没见过发电机，只听人说发电机安装在坚固的钢筋混凝土的房子里。这样，如果飞轮断裂，只有屋内的人会遭殃。

9．我用手写只言片语，不过这算不上"写东西"。我不记得最后一次使用打字机的时间了。

10．这一点对于用户极少的软件来说不那么明显，因为要解决他们的问题没有那么困难。当然，没有用户的软件只做作者想做的事情。

11．这一点不错：而监测对象何时进行自我赋值对编译器来说将是必需的。把

```
x = x;
```

解释成

```
destroy x
initialize x from x
```

是行不通的。实际上，定义自己的赋值操作符的人必须经常亲自编写代码来进行测试。

12．这个库对从零开始的字符进行计数。大家都是这么做的。

13．它就是脚注 4 中提到的坐在显示器上的猫。

14．我听说过这样一个片段，就是那些买录像机的人从不对他们的机器编程序，因为他们不知道该怎么做。

15．这个关于数值分析的问题留作练习。

16．当然，用户可能不关心——这种情况下，我们就赢了这场博弈。这就是为什么会有这么多不完善的软件产品在尚不完善时就交付使用。

说了 Hello world 后再做什么

假设你决定开始将 C++用于工作中，而你还没有怎么接触过 C++。你可能参加过培训或者读过一两本有关 C++的书，也可能两者都试过。你也已经写过第一个 C++程序：

```
#include <iostream.h>
int main()
{
        cout << "Hello world" << endl;
}
```

接下来再做什么呢？

下面是一点非正规的忠告，希望能帮助你精练而快乐地使用 C++。

32.1 找当地的专家

向那些已经学会了你要学的东西的人请教，这对你学习这种新东西是大有好处的。如果知道附近有谁能回答你的问题并能帮助你解决问题，学 C++就会容易得多。另外，由于 C++源自 C，所以附近如果有 C 用户社群，也可以帮助你学习 C++。

首先要确认你觉得是专家的人确实知道他们在说什么。所幸的是，有一个简单且通常很有效的办法来辨别：专家就是那种不仅理解你所试图掌握的东西，而且还能给你解释清楚的人。不能清楚地回答你提出的问题的人，并不是你所想的专家。还有人能清楚地解释事情，但却是完全错误的，幸亏这种人很少。

类似的忠告也适用于语言之外的事物，比如许多运行在各种操作系统之上的 C++实现。在学习使用某种关于语言和系统的特定组合时，冒出来的问题和系统有关，所以必须有既懂得语言又懂系统的人。记住，任何有用的程序都必须和外部世界交流。

32.2　选一种工具包并适应它

能否向当地专家请教的意义比特定编程环境的客观优缺点更重要。但是，最后分析得出，编程环境中最重要的因素还是使用者。一旦使用某种工具到了一定时间，你就会适应这种工具，并能提高使用效率，也就更不愿意换用另一种工具了。

只要你不谎称它是不可逾越的，那么改变使用工具就一点问题也没有了。如果一旦有最新的工具可用就急着用，你就没有时间做别的事情了。如果你靠评价编程工具谋生，这样做当然很好，否则就会掉进一个危险的陷阱。工具是获取结果的手段，如果你只注意手段而忽视了结果，就是在浪费时间。

当然，仅仅因为新事物是新的就拒绝接受也是危险的。最好采用有用的新工具，而不是因为其他的原因。要做到这一点，有一个办法就是要有明显的证据说明新提供的工具值得你费劲去学习如何使用它。如果不能确定，就别为这个工具伤脑筋。我们再一次将理解作为实用性的衡量标准。

32.3　C 的某些部分是必需的

C++建立在 C 的基础上。C 中的部分思想是任何想有效地使用 C++的人必须理解的。如果你已经使用 C 很长时间并很适应它，这些思想就会成为习惯。如果不是这样，就努力做到这样。

例如，C++程序比起相应的 C 程序要做更多的声明。理解 C 程序时，很大一部分精力是花费在阅读组成程序的函数上。而由于 C++直接支持数据抽象，所以理解 C++程序的工作主要是识别某种标识符的类型，然后阅读该类型的声明。

因此理解声明对 C++比对 C 重要得多。不应该一次又一次地区分指针数组和指向数组的指针之间的区别，以及指向常量的指针和常量指针之间的差别。你应该一劳永逸地掌握。

除了与众不同的声明语法外，C 定义了数组和指针之间的一种独特关系。除了 C 和 C++外，没有哪门主流语言用指针操作来定义数组。事实上 C 的所有程序都运用了这种关系；要彻底学会并理解这一点，而不要每次都从头开始。

由于数组和指针之间的关系，C 程序员倾向于用指针运算来表达数组操作。这种与 C 的++、--操作相关的操作会使程序很短小，但需要花一定精力来理解。

例如，下面是一个 C 函数，接受一个"指向函数的指针数组"作为参数，并且调用每一个数组元素所指向的函数：

```
void call_each(void (**a)(void), int size)
{
        int n = size;
```

```
while (--n >= 0) {
        void (*p)(void) = *a++;
        if (p)
                (*p)();
}
```

尽管 a 从概念上说是个数组，但实际上是一个指针——此时是一个指向"函数指针"的指针。这解释了 a 的声明中的两个*。看看声明我们就可以很容易地发现这一点，并说："**a 的值是一个函数，可以无参调用，并且没有返回值。"所以 a 必须是一个指向函数指针的指针。

接下来，注意表达式--n >= 0，如果这个表达式用于这种情况，就是一种将操作重复 *n* 次的常用方法。另外，我们可以通过令 n=0 和 n=1 来运行该循环，从而证实这一点，同时还可以清楚循环体执行的次数。

然后是关于 p 的声明——如果你理解 a 的声明，在这儿就应该没有问题。稍微难懂的是 *a++的含义：它取回 a 所指向的元素，再增加 a 使之指向序列中的下一个元素。还有，用法 if(p)是 if(p!=0)的简写形式。

最后，表达式(*p)()是用来决定 p 指向哪个函数，然后再调用该函数。

这些事情本身并不复杂；它们都是 C 的一部分，而且被使用了很久。问题在于，如果你开始学习 C++，起码要掌握 C 的这部分知识。好好理解 C 的这些知识是有好处的，这样你在学习 C++时就不用总是停下来去查找关于它们的资料。

32.4　C 的其他部分不是必需的

有些 C 的编程技术直接移植到了 C++中——但是其他的没有。尽管通常可以将 C 程序稍作改动或者根本不作修改地当作 C++程序来运行，然而也可能将 C++程序向 C 所不允许的方向扩展。因此，存在一些编程技术，即使它们在 C 中是合法的，也最好不要在 C++程序中使用它们——因为它们的存在会有限制作用，使这些程序无法向非 C 风格发展。

C 有比以前的语言更强的类型检查能力，C++则具有更强的类型检查能力。例如，假设我们要将一个元素类型为 T 的对象数组复制到另一个数组中。我们假设 N 是一个合适的常量：

```
T source[N];
T dest[N];
int i;

for (i = 0; i < N; i++)
        dest[i] = source[i];
```

或者，我们可以用指针来编写这个循环：

```
int* p = dest;
int* q = source;
```

```
while (p!= dest+N)
        *p++ = *q++;
```

这两种循环都能在 C 和 C++中生效。

然而，C 程序员更愿意用这种方案：

```
T source[N];
T dest[N];

memcpy(dest, source, N * sizeof(T));
```

这种做法在 C 中会很好地工作，但在 C++中就会带来灾难。要知道原因，我们必须看看 C 和 C++中关于如何存储值的概念。

在 C 中每个值都可以看作是位序列。对于任何类型 T，表达式 sizeof(T)告诉我们需要多少个字节。另外，调用

```
memcpy(p, q, n)
```

会将由 q 寻址的位置开始的区域内的 n 个字节复制到由 p 寻址的位置上。

因此，在 C 中，对于任何类型 T，如果我们进行如下声明：

```
T x, y;
```

我们可以确信

```
x = y;
```

和下面语句的效果一样

```
memcpy(x, y, sizeof(T));
```

C 程序员经常用这种现象来复制对象，而不用知道对象是何种类型[1]。

通常这种技术在 C++中是行不通的，因为复制一个类的对象并不总等价于按位复制组成这个对象的字节。相反，复制构造函数和赋值操作符决定要怎样复制这个类的对象。

即使类中没有明确包含复制构造函数或者赋值操作符，这也可能成立。例如：

```
struct PersonnelRecord {
        String name;
```

---

[1]　memcpy 和赋值操作并不等效。对象的字节并不都和对象的值相关。例如，在类似于

```
struct A {
        int i;
        char c;
};
```

的结构体中，c 的值后就可能有一些填充字节用来补充结构体的长度，使之是 int 的长度的倍数。这些字节不构成结构体的值，所以当我们对类型为 struct A 的对象赋值时，没有必要复制这些字节。但是，当用 memcpy 来复制这样的结构体时，这些填充字符一定会被复制，因为它们在 sizeof 所指的范围内。所以，原则上可以区分常规赋值和 memcpy。不过，我们可以通过查看这些填充部分来进行区分。如果有程序需要借助这样的操作才能正常工作，那应当径直把它拿出去扔掉。

```
        String address;
        int id;
        // …
}
```

可以定义一个与此类似的甚至没有写构造函数的记录，因为 C++会缺省地逐成员复制对象。这样，最好假定类 String 中有一个复制构造函数，这样复制一个 PersonnelRecord 就不会等同于按位复制构成对象的字节了。

怎么能知道哪些类可以安全地使用 memcpy 来进行复制，哪些不行呢？如果非问不可，答案是最好别用 memcpy。应该只依赖于完全理解和肯定的东西。

32.5 给自己设一些问题

如果你只依赖自己完全理解的那部分知识，就必须想办法扩展你的理解范围。增加知识储备的有效方法就是用已知的方法尝试新问题。选择一个你还不理解的 C++特性，使用这个特性写个程序，但是注意除此之外，只使用你已掌握的东西。然后做一些其他的工作，帮助你确信程序在做什么，以及为什么。

比如，你不确定自己是否理解复制构造函数和赋值操作符之间的区别，就试着写一个程序，来证明你理解两者的区别。设计这样的程序将会比只看书更加有效。

应该怎样写这样的程序呢？一种方法就是设计一个既用到复制构造函数，又用到赋值操作符的类：

```
class Test {
public:
        Test(const Test&);
        Test& operator=(const Test&);
};
```

然后可以在不同的情况下使用这个类的对象，来观察类是怎样工作的。例如，如果从前面的程序开始，只要输入

```
Test t;
```

很快就会发现一个问题。尽管这个类有一个复制构造函数，但它不是缺省构造函数。所以，你至少要给出一个缺省构造函数：

```
class Test {
public:
        Test();
        Test(const Test&);
        Test& operator=(const Test&);
};
```

当然，你必须定义赋值操作符和两个已经声明了的构造函数：

```
Test::Test()
{
        cout << "Test default constructor" << endl;
}

Test::Test(const Test&)
{
        cout << "Test copy constructor" << endl;
}
Test& Test::operator=(const Test&)
{
        cout << "Test assignment operator" << endl;
        return *this;
}
```

这样，通过编写使用这个类的对象和认真地观察结果，你能够学到很多关于构造函数和赋值操作符如何工作的知识。

如果为你的类添加了一个析构函数，你就会学到更多知识。然后就能确定每个创建的对象都被销毁了。当然，这并不能说明创建的对象和销毁的对象是一模一样的，因此我们必须想法区分每个对象。这里有一个可行方法（模仿第 27 章中的设计）：

```
class Test {
public:
        Test();
        Test(const Test&);
        ~Test();
        Test& operator=(const Test&);

private:
        static int count;
        int id;
}

int Test::count = 0;

Test:Test()
{
        id = ++count;
        cout << "Test " << id
            << " default constructor" << endl;
}

Test::Test(const Test& t)
{
        id = ++count;
        cout << "Test " << id
            << " copied from " << t.id << endl;
}
```

```
Test& Test::operator=(const Test& t)
{
        cout << "Test " << id
            << " assigned from " << t.id << endl;
        return * this;
}

Test::~Test()
{
        cout << "Test " << id << " destroyed" << endl;
}
```

你的类现在能报告对象的创建、销毁、赋值以及每个对象一个的识别号。例如，考虑下面这个简单的主程序：

```
int main()
{
        Test s;
        Test t(s);
        s = t;
}
```

运行时程序打印：

```
Test 1 default constructor
Test 2 copied from 1
Test 1 assigned from 2
Test 2 destroyed
Test 1 destroyed
```

如果你能够理解为什么这样输出，就说明你知道了许多关于构造函数、析构函数和赋值操作符的知识。构造这种小巧的类在许多领域都是加强理解的好办法。

32.6 小结

我可以用两句话总结我的建议。
- 做理解的事情，理解要做的事情。
- 逐步加深扩展理解。
下面附加的想法可能会有用。

- **做练习时要把握分寸，过犹不及**。通过选择一个与你目前的工作相关的问题来学习 C++ 是很有诱惑力的。这是个好主意——只要你不会因为工作太累而忘了学习。
  学习新的语言时，你应该在自己熟悉的领域里选择练习课题，这会使你收获更大。如果你做了十几年的窗口组件，那么请尽一切努力让你的练习程序与窗口组件相关。但是，别过分自信，别试图把第一个窗口组件练习做成一个支持窗口组件生成机制的成熟应用程序。如果你又一次从头做起而完全不利用第一次的成果，你肯定会收获更多[1]。

- **依据操作思考**。从 C 到 C++最大的观念性变化就是要停止考虑程序的结构，而开始考虑程序数据的**行为**。例如，类 Test 开始仅有一个构造函数和一个析构函数；只有到后来我们知道要它做什么之后，才给它增添数据成员。类所支持的操作——其接口——通常比其结构更重要，因为我们可以容易地改变结构，却很难改变接口。

- **早些考虑测试**。如果你的大部分程序写成了类定义，就应该能确信你的类符合预期。有个好办法就是在写类的代码时也写出测试框架。如果在把程序块连起来之前就对每个块分别进行测试而不是连接后再查找问题，可以省下很多时间。

  测试完后别忘了保存测试程序。因为 C++中接口和实现是分开的，有可能还要回过头来重新实现你的类，以改善它们的性能。一个好的测试结构可以在日后节省很多时间。由于以后可以重新实现，所以第一次的实现可以简单些。只做那些你理解并知道如何测试的事情。如果遇到了性能问题，你可以经常重来。如果幸运，你甚至可能发现第一次的实现就够用了。

- **思考**。所有的建议都只是建议。是否对你有用是由你决定的。你可以依照我的建议做任何事情：尽量确切地遵循它，或者拼命反其道而行之，或者忽略它，或者对此嗤之以鼻。不管怎么对待，你都要清楚为什么要这样做。不管你是否理解都要对结果负责。

---

[1] 业余望远镜制造者有一句谚语："先造一块三英寸镜片，再造一块六英寸镜片，要比一上来就造六英寸镜片容易一些。"

附录　Koenig 和 Moo 夫妇访谈

作者：Andrew Koenig、Barbara Moo

采访：王曦、孟岩

译者：孟岩

【译者注】Andrew Koenig 和 Barbara Moo 夫妇是 C++领域内国际知名的技术专家、技术作家和教育家。最近，他们的几部著名作品《C++沉思录》（*Ruminations on C++*）、《C 陷阱与缺陷》（*C Traps and Pitfalls*）和《Accelerated C++中文版》即将问世。作为 *C++ View* 的成员和《C++沉思录》一书的技术审校，我与 *C++ View* 电子杂志的主编王曦一起对 Koenig 夫妇进行了一次电子邮件形式的采访。下面是这次采访的中文译稿。

【Koenig 的悄悄话】你们问的问题，我们已经答复如下。大部分问题我们都是分别回答的，有些问题是我们两个人一起回答的，只个别情况是一个人作答。我们是在尼亚加拉瀑布度假期间完成这次采访的，我脑子里一直在想，对我们的中国读者说些什么好呢？这事让我想得头疼。也许结束度假之后，我们能说得更好些。

提问：请介绍你们自己的一些情况好吗？"Koenig"是个德国姓氏吗？怎么发音呢？"Moo"呢？

Koenig："Koenig"是一个很常见的德国姓氏，在德文里写成"König"，意义是"国王"（king）。不过我的情况很特殊。我祖上是波兰和乌克兰人，不是德国人。这个名字其实是一个长长的波兰姓氏的缩写。我读自己名字的时候，重音放在前面的音节，整体的音韵类似"go"的发音。而一些与我同名的人发音时，第一个音节的音韵类似"way"的发音，我们家里人从来不这么说。

Moo：谈到我这个姓氏，最重要的一点就是，其发音跟牛叫的声音一模一样——当我还是孩子的时候，小伙伴们经常模仿牛叫声来取笑我。我父辈从斯堪迪纳维亚移民来到美国，这个姓是个挪威姓。我在自己的 C++技术生涯中最快乐的时刻之一，就是在遇到 Simula 阵营里的 Kristen Nygaard 时，他告诉了我这个姓氏的起源。他说这个姓氏多少反映了我祖先居住的地方——Moo 是一个很少见的挪威姓氏，其意义是"荒芜的平原"，既不是亚欧大陆上那种一望无际、水草丰茂的大草原，也不是沙漠。我想这不是个很浪漫的姓氏，不过能够跟祖先联系起来，还是很有趣的。

顺便一提，中国读者可能会对以下事实感兴趣。很多人在见到我之前，都以为我是中国人。我甚至收到过来自中国的电话推销，希望我去中国作一次远程旅行，认祖归宗。

提问：Stanley Lippman 在 *Inside the C++ Object Model* 一书中提到了贝尔实验室的 Foundation 项目，他这么说："这是一个很令人激动的项目，不仅仅因为我们所作的事情令人激动，而且我们的团队同样令人激动：Bjarne、Andy Koenig、Rob Murray、Martin Carroll、Judy Ward、Steve Buroff 和 Peter Juhl，当然还有我自己。除了 Bjarne 和 Andy 之外，所有的人都归 Barbara Moo 管理。她经常说，管理一个软件开发团队，就像放牧一群骄傲的猫。"请问，这段与 Bjarne 和其他人共事的日子，对你们二位真的那么美好吗？

Koenig：那一段日子在我看来不过是我长达 15 年的 C++ 生涯中的一部分，而 Foundation 项目里的人也只不过是一个更大社群中的一部分。当时我已经开始在标准委员会中开展工作，所以我不仅要与同一屋檐下的人讨论，还要经常与全世界各地的数十位 C++ 程序员互相交流。

Moo：我倒是更喜欢当年围绕 Cfront 的那段工作经历。Cfront 是最早的 C++ 编译器，那是一个伟大的团队，而且我们处于一个新语言的创造中心，一种新的更好的工作方法的创造中心。那是一段令人激动的时光，我将永远保存在记忆里。

提问：作为 C++ 标准委员会的项目编辑，哪件事情最令您激动？我们都知道，是您鼓励 Alex Stepanov 向标准委员会提交 STL，并建议将其并入标准库。关于这个传奇故事，您还能向我们透露一些细节吗？

Koenig：当时 Barbara 和我跑到位于加州帕洛阿尔托的斯坦福大学去教授一星期的 C++ 课程。当时 Alex Stepanov 在惠普实验室工作（也在帕洛阿尔托），我们以前在 AT&T 共事过，所以对他以前的工作有所了解。很自然地，我们邀请他共进午餐。席间他非常兴奋地提起他和他的同事正在开发的一个 C++ 库。

不久之后，标准委员会在圣何塞开会，那里距离帕洛阿尔托只有不到一小时车程。我觉得 Alex 的想法实在很有意思，就邀请他给标准委员会的成员讲了一课。我们都觉得，当时标准化的工作已经十分接近完成，他的工作不可能对标准构成什么影响。但是，我们至少应该让委员会成员知道它的存在，起码以后我们可以说 STL 是被拒了，而不是我们孤陋寡闻，致有遗珠之憾。

那次交流会是我所参加过的技术报告中最令人激动的几个之一。在长长的一天之后，会议接近结束时，一半人已经疲惫不堪——可是 Alex 的精力极其充沛，而且他的思想如此先进，大大超越我们以前见过的任何东西。因此，当会议快结束时，委员们开始认真地讨论是否应该将这个库并入 C++ 标准。

当然，后来这个库就被渐渐纳入标准，但其实际过程还是相当惊险的。有好几次至关重要的投票，都可能把它扼杀掉。有一次，程序库子委员会甚至决定投票拒绝考虑 Alex 的建议，幸好我及时指出，"我们通常的议事规程是，先解决旧的议题，然后再考虑新的议题，就算是准备拒绝建议，也不应该违例"。我们围绕 Alex 的建议展开了大量的讨论，最后，终于有足够多的人改变了主意，促使委员会逐渐接受了它。

提问：你们二位对于现在的 C++ 教育状况怎么看？我们是否应该更加重视标准库教育，而不是语言细节的教育？或者你们有别的看法？

Koenig：当前 C++ 的教育状况实在太糟糕了。很多所谓的 C++ 教材不过是 C 语言书，只是在结尾粘贴一点点 C++ 的材料而已。结果呢，他们告诉读者，字符串乃是定长字符数组，应该用标准库中的 strcpy 和 strcmp 来操作。一个程序员一旦在一开始掌握了这些东西，就会根深蒂固，多年挥之不去。就其本身而言，C++是一种非常低级的语言，唯有利用库才能写出高层次的程序来。初学者还不能自己构造库，所以他们要么用现成的标准库，要么自己去写低层次的程序。确实有不少程序应该用低层次技术来构造，但是对于初学者不合适。

Moo：当然是库优于语言细节，这有两个原因：首先，学生可以不必费力包装低层次的语言细节，从而更容易建立整体语言的全局观念，了解到其真实威力。根据我们的经验，学生在掌握如何使用程序库之后，就会很容易理解类的概念，学会如何构造类的技术。如果首先去学习语言细节，那么就很难理解类的概念及其功能。这种理解上的缺陷使他们很难设计和构造自己的类。

不过，更重要的一点是，首先学习程序库，能够使学生培养起良好的习惯，就是复用库代码，而不是凡事自己动手。首先学习语言细节的学生，最后的编程风格往往是 C 类型的，而不是 C++风格。他们不会充分地运用库，而自己的程序带有严重的 C 主义倾向——指针满天飞，整个程序都是低层次的。结果是，在很多情况下，你为 C++的复杂性付出了高昂代价，却没有从中获得任何好处。

提问：在《C++沉思录》中，你们提到："C++希望面对把实用性放在首位的社群。"不过在实践中，很多程序员都在抱怨，要形成一个好的 C++设计实在是太难了，他们觉得 Java 甚至老式的 C 语言都比 C++更为实用。这种看法有什么错误吗？你们对奉行实用主义的 C++程序员有何建议？

Koenig：你们中国人有没有类似这样的谚语："糟糕的手艺人常常责怪自己的工具"？还有一句，"当你手里拿着锤子的时候，整个世界都成了钉子"。编程问题彼此不同。在我看来，就一个问题产生良好的设计方案的途径，就是使用一种允许你进行各种设计的工具。这样一来，你就可以选择最适合该问题的设计方案。如果你选择了这样的工具，那么你就必须负责选择合适的设计方案。

Moo：关于这个问题，我想用一个项目的实例来说明，那是 AT&T 最早采用 C++开发的一个项目。他们在写一个已经建成的系统的第 2 版，所以认为对问题域已经有足够深入的了解。他们估计学习 C++是整个工作中比较困难的一部分。然而实际上，他们在开发中发现，他们对问题领域并没有很好的理解，于是花费了大量的时间来形成正确的抽象。设计是很困难的，语言问题相对容易得多。我们相信，C++在运行时性能上做了一个很好的折中，能够在"一切都是对象"的语言与"避免任何抽象"的语言之间取得恰到好处的平衡。这就是 C++的实用性。

提问：有一点看起来你们与几乎所有的 C++技术作家意见不同。其他人都高声宣扬，面向对象编程乃是 C++最重要的一面。而你们认为模板才是最重要的。我仔细阅读了《C++沉思录》中有关 OOP 的章节，发现你们所给出的几个例子和解决方案在某些方面是很相似的。你们是否认为所有"良好"的面向对象解决方案都具有某种共同的特质？是否在很多情况下，OO 都不如其他的风格？为什么认为"基于对象"和"基于模板"的抽象机制优先于面向对象抽象机制？

Koenig：所谓面向对象编程，就是使用继承和动态绑定机制编程。如果你知道有一个很好的程序使用了继承和动态绑定，你能做出怎样的推断？在我们看来，这意味着该程序中有两个或两个以上的类型，至少有一个共同的操作，也至少有一个不同的操作。否则，就不需要继承机制。此外，程序中必然有一个场景，需要在运行时从这些类型中挑选出一个，否则就不需要动态绑定机制。再考虑到我们所举的例子必须足够短小精悍，能够放在一本书里，还不能让读者烦心，所以对我们来说，很难在所有这些限制条件下想出很多不同的程序范例。

某些面向对象编程语言，如 Python，其所有类型都是动态的，那么技术图书的作者就不会面对这样的问题。例如，C++ 中的容器类大多数用模板写成，因其可以容纳毫无共同之处的对象，所以要求元素类型必须是某个共同基类的派生类毫无道理。然而，在 Python 中，容器类中本来就可以放置任何对象，所以类似模板那样的类型机制就不必要了。

所以，我认为你所看到的问题，其实是因为很难找到又小又好的面向对象程序来做范例，才会产生的。而且，对于其他语言必须烦劳动态类型才能解决的问题，C++ 能够使用模板来高效地解决。

Moo：我同意，我们写的东西让你很容易地得出上述结论。但是在这个特例里，我们所写的东西并不能代表我们的全部观点。我们针对 C++ 写了很多的介绍性和提高性的材料。在这本书里，"基于对象设计"中的抽象机制就已经很难掌握了，而又必须在介绍面向对象方法之前讲清楚。所以，我们所写的东西实际上是想展示这样的观点：除非你首先掌握了构造良好类的技术，否则急急忙忙去研究继承就是揠苗助长。

另一个因素是，我们希望用例子来推进我们的教学。若要展示良好的面向对象设计，问题可能会变得很复杂。这种例子没法很快掌握，也不适合本书的风格。

提问：如果说我只能记住你的一句话，那一定是这句："用类来表示概念。"你在《C++ 沉思录》中反复强调这句话，给我留下了极其深刻的印象。假设我能再记住一句话，你们觉得应该是什么？

Koenig & Moo："避免重复"。如果你发现自己在程序的两个不同部分中做了相同的事情，则试着把这两个部分合并到一个子过程中。如果你发现两个类的行为相近，则试着把这两个类的相似部分统一到基类或模板中。

提问：你们在《C++ 沉思录》中有两句名言："类设计就是语言设计，语言设计就是类设计。"你们对 C++ 标准库的未来如何看待？人们是应该开发更多的实用组件，比如 boost::thread 和 regex++，还是继续激进前行，支持不同的风格，像 boost::lambda 和 boost::mpl 所做的那样？

Koenig：我觉得现在回答这个问题还为时尚早。从根本上讲，C++ 语言反映了其社群的状况，而当前整个社群中各种声音都有。我看还需要一段时间才能达成共识，确定发展的方向。

提问：有时，编写平台无关的 C++ 程序比较困难，而且开发效率也不能满足需求。你是否认为把 C++ 与其他的语言，尤其类似 Python 和 TCL/TK 那样的脚本语言合并使用是个好主意？

Koenig：是的。我最近在学习 Python，得出的看法是，Python 和 C++构成了完美的一对组合。Python 程序比相应的 C++程序短小精悍，而 C++程序则比 Python 的运行速度要快得多。因此，我们可以用 C++来构造那些对性能要求很高的部分，然后用 Python 把它们粘在一起。Boost 中的一个作者 Dave Abrahams 写了一个很不错的 C++库，很好地处理了 C++与 Python 的接口问题，我认为这是一个好的想法。

提问：你们的著名作品《C 陷阱与缺陷》、《C++沉思录》和《Accelerated C++中文版》即将问世。想对你们的中国读者说些什么？

Koenig & Moo：我们应该保持谦虚，有很多人已经从我们的书中学到了一些东西。我们很高兴将会有一个很大的群体成为我们读者群的一部分，希望你们从书中有所收获。

提问：我在你们的主页上看到不少漂亮的照片。你们有没有访问中国的计划？那一定可以让你们拍到更多的好照片。

Koenig：几乎所有的照片都是用一架中型照相机拍摄的，它又大又重，以至于在 1995 年的一次旅行时，我们被禁止把它带上飞机。当然，现在飞机对行李的控制更加严格了，所以我觉得不太可能带着这台相机去中国旅游。现在我只在车程范围内进行严肃的艺术摄影。

提问：最后一个问题，我们都希望成为更好的 C++程序员。请给我们 3 个你们认为最重要的建议，好吗？

Koenig & Moo：

1．避免使用指针；

2．提倡使用程序库；

3．使用类来表示概念。